新工科应用型人才培养电子信息类系列教材

# 移动通信技术

## （第二版）

谭　祥　余晓玫　主　编

霍佳璐　刘文晶　副主编

西安电子科技大学出版社

# 内 容 简 介

本书详细介绍了现代移动通信的基本概念、基本技术、基本原理,以及几代移动通信系统的网络结构、关键技术和业务应用。本书内容充分反映了当前移动通信的发展现状及技术需求。全书共 9 章,具体介绍了移动通信的概况,分析了移动信道电波传播理论,讨论了编码及调制技术、组网技术以及抗信道衰落技术,详细分析了第二代(2G)、第三代(3G)、第四代(4G)、第五代(5G)移动通信系统结构组成上的变化。

本书可作为通信工程、通信技术、电信工程及管理、电子信息工程及相关专业的本科、专科生专业必修课程的教材或教学参考书,也可作为移动通信行业技术人员的参考书。

☆本书提供配套教学 PPT,可在出版社网站查阅。

**图书在版编目(CIP)数据**

移动通信技术 / 谭祥,余晓玫主编. —2 版. —西安:西安电子科技大学出版社,
2020.11(2023.4 重印)
ISBN 978 - 7 - 5606 - 5717 - 2

Ⅰ. ①移… Ⅱ. ①谭… ②余… Ⅲ. ①移动通信—通信技术
Ⅳ. ①TN929.5

中国版本图书馆 CIP 数据核字(2020)第 096951 号

策    划    李惠萍
责任编辑    王斌    李惠萍
出版发行    西安电子科技大学出版社(西安市太白南路 2 号)
电    话    (029)88202421    88201467        邮    编    710071
网    址    www.xduph.com            电子邮箱    xdupfxb001@163.com
经    销    新华书店
印刷单位    咸阳华盛印务有限责任公司
版    次    2020 年 11 月第 2 版    2023 年 4 月第 8 次印刷
开    本    787 毫米×1092 毫米    1/16    印张 14.25
字    数    335 千字
印    数    13 501～15 500 册
定    价    36.00 元
ISBN 978 - 7 - 5606 - 5717 - 2/TN

**XDUP 6019002 - 8**

* * *如有印装问题可调换* * *

# 前　言

移动通信技术的发展日新月异，特别是随着第五代移动通信技术(5G)在全国的全面推广，移动通信已成为通信行业发展最活跃、最快的领域之一，它给社会带来了巨大的变化，成为备受青睐的通信手段。然而，这种快速的变化给我们的教学带来了很大的困难。因为在我们编写的第一版教材中，有些内容已比较陈旧、落后，难以适应教学的要求，所以需要修订或重新编写。如何编写一本理论与实践相结合并能适应当前技术变化的教材就显得尤为重要。为此，我们在参考大量教材、专著及文献资料的基础上，并结合多年的教学和实践经验，力求用图文并茂的形式，较详细地介绍移动通信的相关技术、基本原理及应用，期望能编写出一本既能反映当前移动通信技术发展现状，又符合学生实际需求且理论和实践相结合的教材。因此，本书在编写过程中考虑和兼顾了以下几个方面：

(1) 本书对本专科院校均适用，考虑不同院校学生的实际情况，此次修订在介绍移动通信相关理论基础知识时，删去了繁琐的公式推导，浅显易懂地阐明移动通信的基本概念、基本技术和基本原理等。

(2) 考虑到当前移动通信的发展现状，对当前商用的第四代移动通信系统(4G)的网络架构、关键技术等做了详细介绍，并对第五代移动通信系统(5G)的现状及基本架构等做了介绍，突出反映了移动通信的最新研究成果。

(3) 充分考虑到教材容量和课程学时的限度，在对教材内容的编写安排上主次分明，力争做到精选素材、精心编写，使本书做到篇幅虽小，但覆盖面大。

本书内容可分为三大部分：第1部分(第1、2章)讲述了移动通信的概况、移动信道的电波传播理论；第2部分(第3、4、5章)讲述了移动通信的编码技术、调制技术、组网技术、抗信道衰落技术等几大基础技术；第3部分(第6、7、8、9章)讲述了2G、3G、4G、5G这几代移动通信系统的概况、网络结构、关键技术、业务应用等。

本书是在第一版的基础上修订完成的，我们对 TD-SCDMA 等部分过时的技术和内容进行了删减，并对 4G 和 5G 的部分内容进行了强化补充。其中，第1、2、3、4、5章由谭祥、余晓玫负责修订，第6、7章由刘文晶负责修订，第8、9章由霍佳璐、余晓玫负责修订。全书由谭祥、余晓玫统稿。

本书在编写过程中参考了有关著作和资料，在此对所有相关作者表示诚挚的感谢。

由于时间仓促、作者水平有限，书中难免存在不妥之处，敬请各位老师、学生及其他读者批评指正。

编　者

2020 年 4 月

# 目　　录

# 第 1 章　移动通信概述

　　随着通信行业的发展和科学技术的进步，以手机为代表的移动通信设备已经成为人们日常生活中必不可少的一部分。人们可以用手机打电话、发短信、上网、打游戏等。可以说，手机已成为人们身边的必需品，并大大改变了人们的生活、学习和工作方式，导致了人们对移动通信的依赖不断增加；同时移动通信设备价格急剧下降至可被普通百姓阶层接受的水平，也有力地促进了移动通信的普及。实际上，除了移动通信设备外，移动通信已经渗透到了海、陆、空等现代社会的各个角落。移动通信有力地促进了人们跨区域、跨地区乃至跨全球的信息传输，推动了日益丰富的手机文化的形成。可见，移动通信已成为现代通信领域中至关重要的一部分，因此，与此相关的移动通信技术及应用已成为通信领域学习和研究的重要内容。

## 1.1　移动通信的概念及特点

### 1.1.1　移动通信的概念

　　移动通信就是通信双方至少有一方是在运动中（临时静止状态）实现通信的通信方式，采用的频段遍及低频、中频、高频、甚高频和特高频。例如，固定体(如固定无线电台、有线用户等)与移动体(如人、汽车、火车、轮船、飞机、收音机等)之间、移动体与移动体之间的信息交换，都属于移动通信。这里的"信息交换"，不仅指双方的通话，还包括数据、电子邮件、传真、图像等通信业务。移动体与移动体之间通信时，必须依靠无线通信技术；而移动体与固定体之间通信时，除了依靠无线通信技术外，还依赖于有线通信技术，如公用电话交换网(PSTN)、公用数据网(PDN)和综合业务数字网(ISDN)等。移动通信为人们随时随地、迅速可靠地与通信的另一方进行信息交换提供了可能，适应了现代社会信息交流的迫切需要。

### 1.1.2　移动通信的特点

　　相比于其他类型的通信方式，移动通信主要有以下几个特点。

**1. 移动性**

　　移动性即要保持物体在移动状态中的正常通信，因而移动通信必须是无线通信，或无线通信与有线通信的结合。

**2. 电波传播条件复杂**

　　因移动体可能在各种环境中运动，所以电磁波在传播时会产生反射、折射、绕射、多普勒效应等现象，从而产生多径干扰、信号传播延迟和展宽等效应。目前，大量应用的移动通信频率范围是在甚高频(VHF, 30～300 MHz)和特高频(UHF, 300～3000 MHz)内。该频段的特点是：传播距离在视距范围内，通常为几十千米；天线短，抗干扰能力强；以直射波、反射波、散射波等方式传播，受地形、地物影响很大。例如，在移动通信应用面很广的城市中，高楼林立、高低不平、疏密不同、形状各异，这些都会使移动通信传播路径进一步复杂化，并导致其传输特性变化十分剧烈。

### 3. 噪声和干扰严重

移动台受到的噪声干扰主要来自城市环境中的汽车火花噪声、各种工业噪声等，而对于风、雨、雪等自然噪声，由于频率较低，对移动台影响较小，可以忽略。

移动用户之间的干扰主要有互调干扰、邻道干扰、同频干扰、多址干扰，以及近地无用强信号对远地有用弱信号产生的干扰。所以，在移动通信系统设计中，抗干扰措施就显得至关重要。

### 4. 系统和网络结构复杂

移动通信系统是一个多用户通信系统和网络，必须使用户之间互不干扰，能协调一致地工作。此外，移动通信系统还应与市话网、卫星通信网、数据网等相互连接，在入网和计费方式上也有特殊要求，所以整个移动通信网络结构是很复杂的。

### 5. 要求频谱利用率高、移动设备性能好

无线电频谱是一种特殊的、有限的自然资源。尽管电磁波的频谱很宽，但作为无线通信使用的资源仍然是有限的，特别是随着移动通信业务量需求的与日俱增，资源问题更加严重。如何提高频谱利用率以增加系统容量，始终是移动通信发展中的焦点。

另外，移动设备长期处于移动状态，外界的影响很难预料，这就要求移动设备具有很强的适应能力，还要求其性能稳定可靠、体积小、重量轻、省电、操作简单和携带方便等。

# 1.2 移动通信的发展概况

移动通信从无线电通信发明之日就产生了。1897 年，M. G. 马可尼所完成的无线电通信试验就是在固定站与一艘拖船之间进行的，距离为 18 海里(33.336 千米)。

现代移动通信技术的发展始于 20 世纪 20 年代，大致经历了以下几个发展阶段。

**第一阶段**：20 世纪 20 年代初期至 40 年代初期，为早期发展阶段。在此期间，首先在短波几个频段上开发出专用移动通信系统，其代表是美国底特律市的警察使用的车载无线电系统。该系统工作频率为 2 MHz，到 20 世纪 40 年代提高到 30～40 MHz。可以认为这个阶段是现代移动通信的起步阶段，特点是专用系统开发，工作频率较低。

**第二阶段**：20 世纪 40 年代中期至 60 年代初期。在此期间，公用移动通信业务问世。1946 年，根据美国联邦通信委员会(FCC)的计划，贝尔系统在圣路易斯城建立了世界上第一个公用汽车电话网，称为"城市系统"。当时使用三个频道，间隔为 120 kHz，通信方式为单工通信。随后，西德(1950 年)、法国(1956 年)、英国(1959 年)等相继研制了公用移动电话系统，美国贝尔实验室完成了人工交换系统的接续问题。这一阶段的特点是从专用移动网向公用移动网过渡，接续方式为人工，网络的容量较小。

**第三阶段**：20 世纪 60 年代中期至 70 年代中期。在此期间，美国推出了改进型移动电

话系统(IMTS),使用 150 MHz 和 450 MHz 频段,采用大区制、中小容量,实现了无线频道自动选择并能够自动接续到公用电话网。德国也推出了具有相同技术水平的 B 网。可以说,这一阶段是移动通信系统改进与完善的阶段,其特点是采用大区制、中小容量,使用 450 MHz 频段,实现了自动选频与自动接续。

**第四阶段**:20 世纪 70 年代后期至 80 年代中期。这是移动通信蓬勃发展的时期。1978 年底,美国贝尔实验室研制成功先进移动电话系统(AMPS),建成了蜂窝移动通信网,大大提高了系统容量。1983 年,AMPS 首次在芝加哥投入商用,同年 12 月,在华盛顿也开始启用 AMPS。之后,服务区域在美国逐渐扩大,到 1985 年 3 月已扩展到 47 个地区,约 10 万移动用户。其他工业化国家也相继开发出蜂窝式公用移动通信网。日本于 1979 年推出 800 MHz 汽车电话系统(HAMTS),在东京、神户等地投入商用。瑞典等北欧四国于 1980 年开发出 NMT – 450 移动通信网,并投入使用。西德于 1984 年完成 C 网,频段为 450 MHz。英国在 1985 年开发出全地址通信系统(TACS),首先在伦敦投入使用,以后覆盖了全国,频段为 900 MHz。法国开发出 450 系统。加拿大推出 450 MHz 移动电话系统 MTS。这一阶段的特点是蜂窝移动通信网成为实用系统,并在世界各地迅速发展。移动通信大发展的原因,除了用户要求迅猛增加这一主要推动力之外,还有其他几方面技术的发展所提供的条件。首先,微电子技术在这一时期得到长足发展,这使得通信设备的小型化、微型化有了可能,各种轻便电台被不断推出。其次,提出并形成了移动通信新体制。随着用户数量增加,大区制所能提供的容量很快饱和,这就必须探索新体制。在这方面最重要的突破是贝尔实验室在 20 世纪 70 年代提出的蜂窝网的概念。蜂窝网(即小区制)实现了频率再用,大大提高了系统容量。可以说,蜂窝概念真正解决了公用移动通信系统要求容量大与频率资源有限的矛盾。第三,随着大规模集成电路的发展而出现的微处理器技术的日趋成熟以及计算机技术的迅猛发展,为大型通信网的管理与控制提供了技术手段。

**第五阶段**:20 世纪 80 年代中期至 90 年代初期。这是数字移动通信系统发展和成熟的时期。以 AMPS 和 TACS 为代表的第一代蜂窝移动通信网是模拟系统。模拟蜂窝网虽然取得了很大成功,但也暴露了一些问题。例如,频谱利用率低,移动设备复杂,费用较高,业务种类受限制以及通话易被窃听等,最主要的问题是其容量已不能满足日益增长的移动用户的需求。解决这些问题的方法是开发新一代数字蜂窝移动通信系统。数字无线传输的频谱利用率高,可大大提高系统容量。另外,数字网能提供语音、数据等多种业务服务,并与综合业务数字网(ISDN)等兼容。实际上,早在 20 世纪 70 年代后期,当模拟蜂窝系统还处于开发阶段时,一些发达国家就着手数字蜂窝移动通信系统的研究。到 20 世纪 80 年代中期,欧洲首先推出了泛欧数字移动通信网(GSM)的体系。随后,美国和日本也制定了各自的数字移动通信体制。泛欧网 GSM 于 1991 年 7 月开始投入商用,很快在世界范围内获得了认可,成为具有现代网络特征的通用数字蜂窝系统。由于美国的第一代模拟蜂窝系统尚能满足当时的市场需求,所以美国数字蜂窝系统的实现晚于欧洲。为了扩展容量,实现与模拟系统的兼容,1991 年,美国推出了第一套数字蜂窝系统(UCDC,又称为 D – AMPS)。UCDC 标准是美国电子工业协会(EIA)的数字蜂窝暂行标准,即 IS – 54,它提供的容量是 AMPS 的 3 倍。1995 年,美国电信工业协会(TIA)正式颁布了窄带码分多址(N – CDMA)标准,即 IS – 95A 标准。IS – 95A 系统是美国第二套数字蜂窝系统。随着 IS – 95A 的进一步发展,TIA 于 1998 年制定了新的标准 IS – 95B。另外,还有 1993 年日本推出的采用时分多址(TDMA)方式的太平洋数字蜂窝(PDC)系统。

**第六阶段**：20世纪90年代中期至21世纪初期。20世纪90年代中期开始，伴随着对第三代移动通信的大量谈论，1996年底，国际电信联盟(ITU)确定了第三代移动通信系统的基本框架。当时称该系统为未来公众陆地移动通信系统(Future Public Land Mobile Telecommunication System，FPLMTS)，1996年更名为IMT-2000(International Mobile Telecommunication-2000)，意即该系统工作在2000 MHz频段，最高业务速率可达2000 kb/s，主要体制有WCDMA(Wideband CDMA，宽带码分多址)、CDMA 2000和TD-SCDMA(Time Division-Synchronous CDMA，时分同步码分多址)。1999年11月5日，国际电信联盟ITU-R TG8/1第18次会议通过了"IMT-2000无线接口技术规范"建议，其中我国提出的TD-SCDMA技术写在了第三代无线接口规范建议的IMT-2000 CDMA TDD部分中。

与之前的1G通信和2G通信相比，3G通信拥有更宽的带宽，其传输速度最低为384 kb/s，最高为2 Mb/s，带宽可达5 MHz以上。3G通信不仅能传输话音，还能传输数据，从而提供快捷、方便的无线应用，如无线接入Internet。能够实现高速数据传输和宽带多媒体服务是3G通信的一个主要特点。另外，3G通信网络能将高速移动接入和基于互联网协议的服务结合起来，提高无线频谱利用效率，并能提供包括卫星在内的全球覆盖，实现有线通信和无线通信以及不同无线网络之间业务的无缝连接，还能满足多媒体业务的要求，从而为用户提供更经济、内容更丰富的无线通信服务。

3G通信的发展可分为两个阶段。第一阶段为早期阶段，语音传输在原有的以"电路交换"为基础的网络上继续运行，而数据传输在新部署的以"IP(Internet Protocol)分组交换"为核心的网络上进行。第二阶段为下一代网络(Next Generation Network，NGN)阶段，完全基于"IP分组交换"，"电路交换"完全被淘汰，基于IP的语音传输可以完全实现免费，运营商的主要收入来自数据业务的服务，而不是像现在这样主要收入来自语音服务。不论技术标准如何竞争，市场如何发展，基本的发展方向是**"无线"**＋**"IP"**＋**"高速"**＋**"无缝漫游"**。当下的一些语音服务，如德国的Skype的语音服务就是基于IP分组交换来实施的。

虽然3G系统在许多国家得到大规模商业应用，但另一方面宽带无线接入技术从固定向移动化发展，形成了与移动通信技术竞争的局面。为应对"宽带接入移动化"的挑战，同时为了满足新型业务的需求，2004年底第三代合作伙伴项目(3rd Generation Partnership Project，3GPP)组织启动了长期演进(Long Term Evolution，LTE)的标准化工作。LTE致力于进一步改进和增强现有3G技术的性能，以提供更快的分组速率、频谱利用率以及更低的延迟。在推动3G系统产业化的同时，世界各国已把研究重点转入后三代/第四代(B3G/4G)移动通信系统。这一时期可以称之为移动通信发展的第七阶段。2005年10月，国际电信联盟正式将B3G/4G移动通信技术命名为IMT-Advanced(International Mobile Telecommunication-Advanced)。IMT-Advanced技术需要实现更高的数据传输速率和更大的系统容量，在低速移动、热点覆盖场景下数据传输速率可达到100～1000 Mb/s，在高速移动情况下数据传输速率可达20～100 Mb/s。

2013年12月，工信部向中国移动、中国电信、中国联通颁发TD-LTE的4G牌照，2015年2月，工信部正式向中国电信和中国联通发放FDD制式的4G牌照，至此，移动互联网的网速在我国达到了一个全新的高度，国内三家运营商大规模开展4G业务。4G集

3G 与 WLAN(无线局域网)于一体,能够传输高质量视频图像,其图像传输质量与高清晰度电视质量不相上下。4G 系统能够满足几乎所有用户对于无线服务的要求。而在用户最为关注的价格方面,4G 系统与固定宽带网络在价格方面不相上下,并且计费方式更加灵活机动,用户完全可以根据自身的需求确定所需的服务。此外,4G 系统可以在 DSL(数字用户线路)和有线电视调制解调器没有覆盖的地方部署,然后再扩展到整个地区。

第五代移动通信系统(5G)是 4G 系统的发展,是面向 2020 年以后移动通信需求而发展的新一代移动通信系统,ITU 将其暂命名为 IMT – 2020。工业和信息化部(简称工信部)于 2019 年 6 月 6 日分别向中国电信、中国移动、中国联通、中国广电发放了 5G 商用牌照,中国广电成为第四大基础电信运营商。移动互联网和物联网是移动通信发展的两大主要驱动力,为第五代移动通信提供了广阔的应用前景。移动互联网颠覆了传统移动通信业务模式,其进一步发展必将带来移动流量的超千倍增长,推动技术和产业的新一轮变革。物联网扩展了移动通信的服务范围,从人与人通信延伸到物与物、人与物智能互联,使移动通信技术渗透到更加广阔的行业和领域。

与现有的 4G 系统相比,5G 系统的性能在三个方面提高了 1000 倍:传输速度提高 1000 倍,平均传输速率将达到 100 Mb/s~1 Gb/s;数据流量提高 1000 倍;频谱效率和能耗效率提高 1000 倍。在传输速率、资源利用、无线覆盖性能和用户体验等方面比现有移动通信系统有显著提升。

5G 通信将渗透到社会各个领域,以用户为中心构建全方位的信息生态系统。5G 系统将突破信息的时空限制,提供最佳交互体验,为用户提供身临其境的信息盛宴。5G 系统通过无缝融合的方式便捷地实现人与物的互联,为用户提供光纤般的接入速率、实时的使用体验。5G 系统还将提供超高流量密度、超高连接密度和超高移动性等多场景的一致服务,实现业务与用户感知的智能优化,同时将为网络提供超百倍的能效提升,并大幅度降低网络成本。

**1. 5G 系统的主要技术特点**

(1) 5G 系统更加注重网络吞吐速率、传输时延以及对虚拟现实、3D、交互游戏等新兴移动业务的支撑能力。

(2) 5G 系统力求体系结构实现多点、多用户、多天线、多小区协同组网上有重大突破性提高,室内无线覆盖和支撑能力极大提高。

(3) 有线、无线融合,光载波组网技术及物联网结合技术广泛应用。

(4) 5G 系统实现"软"配置技术,运营商通过动态配置业务,调整网络资源。

**2. 5G 系统的关键技术**

(1) 超高密度的无线组网技术和自组织网络技术。

(2) 无线传输方面,大规模多输入多输出(Multiple Input Multiple Output,MIMO)技术。

(3) 集中与分布控制相结合的技术,网络演进中基础设施是可编程与灵活扩展能力统一融合的平台,适应各种不同规模的应用技术。

(4) 基于滤波器组的多载波(Filter-bank Based Multi-Carrier,FBMC)技术。

(5) 软件定义无线网络(Software Defined Network,SDN)技术与内容分发网络

（Content Delivery Network，CDN）技术。

　　总之，5G 系统将是没有制式之分的大容量、多网融合、云化网络构架；是易于部署和运行维护的网络；是绿色节能、更低延迟、无所不在的，更高速率无线覆盖的网络；是海量智能终端和业务多元化的网络。

# 1.3　移动通信的分类及工作方式

## 1.3.1　移动通信的分类

　　移动通信按照不同的分类准则有以下多种分类方法：
　　（1）按使用对象分为民用通信和军用通信。
　　（2）按使用环境分为陆地通信、海上通信和空中通信。
　　（3）按多址方式可分为频分多址（FDMA）、时分多址（TDMA）和码分多址（CDMA）。
　　（4）按覆盖范围分为广域网、城域网、局域网和个域网。
　　（5）按业务类型分为电话网、数据网和综合业务数字网。
　　（6）按工作方式分为单工、双工和半双工。
　　（7）按服务范围分为专用网和公用网。
　　（8）按信号形式分为模拟网和数字网。

## 1.3.2　移动通信的工作方式

　　移动通信的传输方式分为单向传输和双向传输。单向传输只用于无线电寻呼系统。双向传输有单工通信、双工通信和半双工通信三种工作方式。

**1. 单工通信**

　　单工通信是指通信双方电台交替地进行收信和发信。单工通信通常用于点到点通信，如图 1.1 所示。根据收、发频率的异同，单工通信分为同频单工通信和异频单工通信。

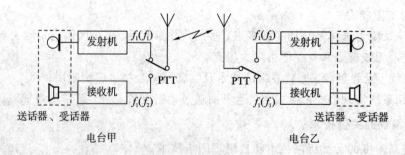

图 1.1　单工通信示意图

　　同频单工通信是指通信双方（如图 1.1 中的电台甲和电台乙）使用相同的工作频率（$f_1$），发送时不接收，接收时不发送。当电台甲要发话时，按下其送话器、受话器的按讲开关（PTT），一方面关掉接收机，另一方面将天线接至发射机的输出端，发射机开始工作。当确知电台乙接收到载频为 $f_1$ 的信号时，即可进行信息传输。同样，电台乙向电台甲传输信息时也使用载频 $f_1$。

同频单工通信的发射机和接收机是轮流工作的，收发天线和发射机、接收机中的某些电路可以共用，所以电台设备简单、省电。但这种工作方式只允许一方发送时另一方接收。例如，在甲方发送期间，乙方只能接收而无法应答，这时即使乙方启动其发射机也无法通知甲方使其停止发送。另外，任何一方发话完毕时，必须立即松开其按讲开关，否则接收不到对方发来的信号。

异频单工通信是指通信双方使用两个不同的频率分别进行发送和接收。例如，电台甲的发射频率和电台乙的接收频率为 $f_1$，电台乙的发射频率和电台甲的接收频率为 $f_2$。不过，同一部电台的发射机与接收机是轮换进行工作的。

**2. 双工通信**

双工通信是指通信双方可同时进行消息传输的工作方式，亦称全双工通信，如图 1.2 所示。双工通信分为频分双工（FDD）和时分双工（TDD）。在图 1.2 中，基站的发射机和接收机各使用一副天线，而移动台通过双工器共用一副天线。双工通信一般使用一对频道，以实现频分双工（FDD）的工作方式。这种工作方式使用方便，同普通有线电话相似，接收和发射可同时进行。但是，在电台的运行过程中，不管是否发话，发射机总是工作的，所以电源消耗大，这对用电池作电源的移动台而言是不利的。为解决这个问题，在一些简易通信设备中可以采用半双工通信。

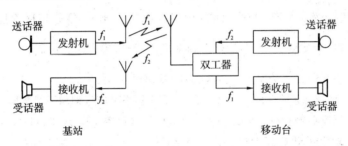

图 1.2　双工通信示意图

**3. 半双工通信**

半双工通信是指移动台采用单工方式，基站采用双工方式的通话方式，如图 1.3 所示。该方式主要用于解决双工方式耗电大的问题，其组成与图 1.2 相似，差别在于移动台不采用双工器，而是通过按讲开关使发射机工作，而接收机总是工作的。基站工作情况与双工方式完全相同。

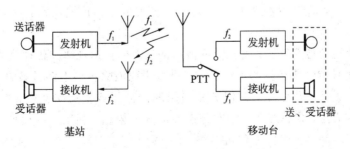

图 1.3　半双工通信示意图

# 1.4　移动通信采用的基本技术

移动通信采用的基本技术包括调制技术、电波传播技术、多址技术、抗干扰技术、组网技术等。

## 1.4.1　调制技术

第二代移动通信是数字移动通信，数字调制技术是其关键技术之一。对数字调制技术的主要要求有以下四点：

(1) 已调信号的频谱窄和带外衰减快。

(2) 易于采用相干或非相干解调。

(3) 抗噪声和抗干扰的能力强。

(4) 适宜在衰落信道中传输。

数字调制的基本类型分为振幅键控(ASK)、频移键控(FSK)和相移键控(PSK)。此外，还有许多由基本调制类型改进或综合而获得的新型调制技术。

在实际应用中，有两类用得最多的数字调制方式：

(1) 线性调制技术，包括 PSK、四相相移键控(QPSK)、差分相移键控(DQPSK)、交错四相相移键控(OQPSK)、$\frac{\pi}{4}$ – DQPSK 和多电平 PSK 等。这类调制技术会增大移动设备的制造难度和成本，但是该方式可获得较高的频谱利用率。

(2) 恒定包络(连续相位)调制技术，包括最小频移键控(MSK)、高斯滤波最小频移键控(GMSK)、高斯频移键控(GFSK)和平滑调频(TFM)等。这类调制技术的优点是已调信号具有相对窄的功率谱和对放大设备没有线性要求，不足之处是其频谱利用率通常低于线性调制技术。

## 1.4.2　移动信道中电波传播特性的研究

移动信道中的电波传播特性对移动通信技术的研究、规划和设计十分重要，是人们历来非常关注的研究课题。在移动信道中，接收机收到的信号受到传播环境中地形、地物的影响而产生绕射、反射或散射，从而形成多径传播。多径传播使接收端的合成信号在幅度、相位和到达时间上均发生随机变化，严重降低接收信号的传输质量，这种现象称为多径衰落。

研究移动信道的传播特性，首先要弄清移动信道的传播规律和各种物理现象的机理以及这些现象对信号传输所产生的不良影响，进而研究消除各种不良影响的对策。为了给通信系统的规划和设计提供依据，人们通常采用理论分析或根据实测数据进行的统计分析(或二者结合)的方法，来总结和建立有普遍性的数学模型。利用这些模型，估算一些传播环境中的传播损耗和其他有关的传播参数。

### 1. 理论分析方法

通常用射线表示电磁波束的传播，在确定收发天线的高度、位置和周围环境的具体特征后，根据直射、折射、反射、散射、透射等波动现象，用电磁波理论计算电波传播的路径损耗及有关信道参数。

**2. 实测分析方法**

在典型的传播环境中进行现场测试，并用计算机对大量实测数据进行统计分析，建立预测模型(如冲击响应模型)，进行传播预测。

不管采用哪种分析方法得到结果，在进行信道预测时，其准确程度都与预测模型有关。由于移动通信的传播环境十分复杂，因而很难用一种或几种模型来表征不同地区的传播特性。通常每种预测模型都是根据某一特定传播环境总结出来的，有其局限性，所以选用时应注意其适用范围。

## 1.4.3　多址方式

多址方式的基本类型有频分多址(FDMA)、时分多址(TDMA)和码分多址(CDMA)。在实际中，常用到三种基本多址方式的混合多址方式，如 FDMA/TDMA、FDMA/CDMA、TDMA/CDMA 等。随着数据业务需求的日益增长，随机多址方式(如 ALOHA 和 CSMA)等也日益得到广泛应用。其中，也包括固定多址和随机多址的综合应用。

选择什么样的多址方式取决于通信系统的应用环境和要求。对移动通信网络而言，由于用户数和通信业务量的激增，一个突出的问题就是在通信资源有限的条件下如何提高通信系统的容量。因此采用什么样的多址方式更有利于提高通信系统的容量，一直是人们非常关心的问题，也是当前研究和开发移动通信技术的热门课题。

## 1.4.4　抗干扰措施

抗干扰技术是无线电通信的重点研究课题。在移动信道中，除存在大量的环境噪声和干扰外，还存在大量电台产生的干扰(邻道干扰、共道干扰和互调干扰)。因此，在设计、开发和生产移动通信网络时，必须预计到网络运行环境中可能存在的各种干扰强度，采取有效措施，使干扰电平和有用信号相比不超过预定的门限值或者传输差错率不超过预定的数量级，以保证网络正常运行。

移动通信系统中采用的抗干扰措施主要有以下 5 类：

(1) 利用信道编码进行检错和纠错(包括前向纠错(FEC)和自动请求重传(ARQ))是降低通信传输差错率、保证通信质量和可靠性的有效手段。

(2) 为克服由多径干扰所引起的多径衰落，广泛采用分集技术(如空间分集、频率分集、时间分集、Rake 接收技术等)、自适应均衡技术和选用具有抗码间干扰与时延扩展能力的调制技术(如多电平调制、多载波调制等)。

(3) 为提高通信系统的综合抗干扰能力而采用扩频和跳频技术。

(4) 为减少蜂窝网络中的共道干扰而采用扇区天线、多波束天线和自适应天线阵列等。

(5) 在 CDMA 通信系统中，为了减少多址干扰而使用干扰抵消和多用户信号检测器技术。

### 1.4.5 组网技术

#### 1. 网络结构

在通信网络的总体规划和设计中必须解决的一个问题是：为了满足运行环境、业务类型、用户数量和覆盖范围等要求，通信网络应该设置哪些基本组成部分（移动台（MS）、基站（BS）、移动业务交换中心（MSC）、网络控制中心、操作维护中心（OMC）等）以及怎样部署这些组成部分，才能构成一种实用的网络结构。数字蜂窝移动通信系统的网络结构如图 1.4 所示。

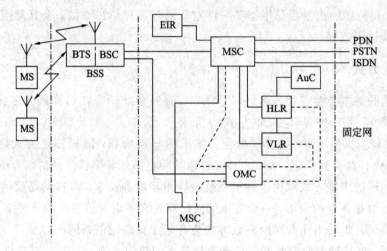

MS—移动台；BTS—基站收发信台；BSC—基站控制器；BSS—基站子系统；EIR—移动设备识别寄存器；
MSC—移动业务交换中心；AuC—鉴权中心；HLR—归属位置寄存器；VLR—访问位置寄存器；
OMC—操作维护中心；PDN—公用数据网；PSTN—公用电话交换网；ISDN—综合业务数字网

图 1.4　数字蜂窝移动通信系统的网络结构

#### 2. 网络接口

移动通信网络由许多功能实体组成。在用这些功能实体进行网络部署时，为了保证各功能模块相互之间可以正常交换信息，相关功能实体之间都要用接口进行连接。同一通信网络的接口，必须符合统一的接口规范。数字蜂窝移动通信系统（GSM）的接口和接口协议模型分别如图 1.5 和图 1.6 所示。

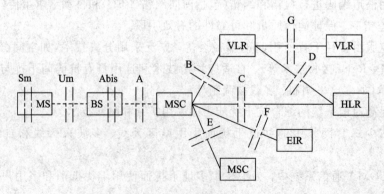

图 1.5　GSM 的接口

| L₃ | 连接管理（CM） |
| | 移动管理（MM） |
| | 无线资源管理（RRM） |
| L₂ | 数据链路层 |
| L₁ | 物理层 |

图 1.6　GSM 的接口协议模型

在图 1.5 中，Sm、Um、Abis、A、B、C、D、E、F、G 均为接口。在图 1.6 中，$L_1$ 是物理层，为高层信息传输提供无线信道，能支持在物理媒介上传输信息所需要的全部功能，如频率配置、信道划分、传输定时、比特或时隙同步、功率设定、调制和解调等；$L_2$ 是数据链路层，向第三层提供服务，并接受第一层的服务，其主要功能是为网络层（$L_3$）提供必需的数据传输结构，并对数据传输进行控制；$L_3$ 是网络层，其主要功能是管理链路连接，控制呼叫过程，支持附加业务和短消息业务，以及进行移动管理和无线资源管理等。

**3. 网络的控制与管理**

当某一移动用户向另一移动用户（或有线用户）发起呼叫或某一有线用户呼叫（移动用户）时，移动通信网络就要按照预定的程序开始运转。这一过程中涉及基站、移动台、移动交换中心、各种数据库以及网络的各个接口等功能部件。网络需要为用户呼叫配置所需的信道（控制信道和业务信道），指定和控制发射机的功率，进行设备和用户的识别与鉴权，完成无线链路和地面线路的连接与交换，在主呼用户和被呼用户之间建立起通信链路以提供通信服务。这一过程称为呼叫接续过程，提供移动通信系统的连接控制（或管理）功能。

无线资源管理是网络控制与管理的重要功能，其目的是在保证通信质量的前提下，尽可能提高通信系统的频谱利用率和通信容量。无线资源管理通常采用动态信道分配（DCA）法，即根据当前用户周围的业务分布和干扰状态，选择最佳的信道分配给通信用户使用。显然，这一过程既要在用户的常规呼叫时完成，也要在用户越区切换的通信过程中迅速完成。

网络控制与管理功能均由网络系统的整体操作实现，每一过程均涉及各个功能实体的相互支持和协调配合。为此，网络系统必须为这些功能实体规定明确的操作程序、控制规程和信令格式。

# 1.5　移动通信的应用系统

移动通信系统形式多样，已经发展成熟的移动通信系统有集群移动通信系统、无线寻呼系统、无绳电话通信系统、卫星移动通信系统、无线局域网、蜂窝移动通信系统。其中卫星移动通信系统、无线局域网、蜂窝移动通信系统是现在常用的移动通信系统。

**1. 集群移动通信系统**

集群移动通信系统是一种专用高级移动调度系统，由控制中心、基站、调度台、移动台组成。最简单的调度通信网是由若干个使用同一频率的移动电台组成的，其中一个移动台充当调度台，用广播方式向所有其他的移动台发送消息，以进行指挥与控制。该系统对网中的不同用户常常赋予不同的优先等级，适用于在各个行业中（与几个行业合用）进行调度和指挥。例如，集群移动通信系统适合在部队、公安、消防、交通、防汛、电力、铁道、金融等部门作分组调度使用。

集群移动通信系统使用多个无线信道为众多的用户服务，就是将有线电话中继线的工作方式运用到无线电通信系统中，把有限的信道动态地、自动地、迅速地和最佳地分配给整个系统的所有用户，以便最大程度地利用整个系统信道的频率资源。它运用交换技术和计算机技术，为系统的全部用户提供了很强的分组能力。可以说，集群移动通信系统是一种特殊的用户程控交换机。我国最早引进集群移动通信系统的城市是上海。后来，北京、天津、广东、沈阳等地相继开发了集群移动通信业务。

**2. 无线寻呼系统**

无线寻呼系统是一种不用语音的单向选择呼叫系统。其接收端是多个可以由用户携带的高灵敏度收信机（称作袖珍铃），俗称"BB机"。它在收信机收到呼叫时，就会自动振铃、显示数码或汉字，向用户传递特定的信息，可看成是有线电话网中呼叫振铃功能的无线延伸或扩展。

无线寻呼系统可分为专用系统和公用系统两大类。专用系统由用户交换机、寻呼中心、发射台及寻呼接收机组成，多采用人工方式。一般在操作台旁有一部有线电话。当操作员收到有线用户呼叫某一袖珍铃时，即进行接续、编码，然后经编码器送到无线发射机进行呼叫；袖珍铃收到呼叫后就自动振铃。公用系统由与公用电话网相连接的无线寻呼控制中心、寻呼发射台及寻呼接收机组成，多采用人工和自动两种方式。

由于无线寻呼系统受蜂窝移动通信网短信业务的冲击，因此目前公用无线寻呼业务已经停止。

**3. 无绳电话通信系统**

无绳电话最初是应有线电话用户的需求而诞生的，初期主要应用于家庭。这种无绳电话系统十分简单，只有一个与有线电话用户线相连接的基站和随身携带的手机，基站与手机之间利用无线电沟通，因此称为"无绳"。

后来，无绳电话很快得到商业应用，并由室内走向室外，诞生了欧洲数字无绳电话系统（DECT）、日本的个人手持电话系统（PHS）、美国的个人接入通信系统（PACS）和我国开发的个人通信接入系统（PAS）等多种数字无绳电话通信系统。无绳电话系统适用于低速移动、较小范围内的移动通信。

以上提到的PAS系统俗称为"小灵通系统"，是在日本PHS基础上改进的一种无线市话系统，它充分利用已有的固定电话网络交换、传输等资源，以无线方式为在一定范围内移动的手机提供通信服务，是固定电话网的补充和延伸。"小灵通系统"主要由基站控制器、基站和手机组成，基站散布在办公楼、居民楼之间，以及火车站、机场、繁华街道、商业中心、交通要道等地，形成一种微蜂窝或微微蜂窝覆盖。

"小灵通系统"作为以有线电话网为依托的移动通信方式，在我国曾经得到很好的发展。但由于PHS所存在的基站覆盖范围有限、信号穿透能力不强（室内使用效果差）、越区切换导致通话断断续续等缺陷，加上移动通信行业的竞争，"小灵通系统"最终退出了市场。

### 4. 卫星移动通信系统

卫星移动通信系统是利用卫星中继，在海上、空中和地形复杂而人口稀疏的地区实现的移动通信系统。20 世纪 80 年代末以来，以手机为移动终端的卫星移动通信系统纷纷涌现，其中美国摩托罗拉公司提出的铱星(IRIDIUM)系统是最具代表性的系统。铱星系统是世界上第一个投入使用的大型低地球轨道(LEO)的卫星通信系统，它由距地面 785 km 的 66 颗卫星、地面控制设备、关口站和用户端组成。尽管铱星系统技术最先进、星座规模最大、投资最多、建设速度最快，占尽了市场先机，但遗憾的是，由于其手机价格和话费昂贵、用户少、运营成本高，使得运营铱星系统的公司入不敷出，被迫于 2000 年 3 月破产关闭。

除此之外，成功商用化的典型移动卫星通信系统有美国休斯公司的 Spaceway(宽带多媒体卫星通信系统)、国际海事卫星组织(IMARSAT)的 IMARSAT - P(属于低轨道卫星移动通信系统)、美国的 RITIUM 和 CELSAT(属于同步轨道卫星通信系统)、日本的 COMETS(通信广播工程试验卫星)等。

卫星移动通信系统覆盖广、通信距离远、不受地理环境限制、话音质量优，能解决人口稀少、通信不发达地区的移动通信服务，是全球个人通信的重要组成部分。但是它的服务费用较高，传输速率低，目前还无法代替地面蜂窝移动通信系统。

### 5. 无线局域网

无线局域网(Wireless Local Area Networks，WLAN)利用无线技术在空中传输数据、话音和视频信号。作为传统布线网络的一种替代方案或延伸，无线局域网把个人从办公桌边解放了出来，使他们可以随时随地获取信息，提高了员工的办公效率。

WLAN 是无线通信的一个重要领域，它支持小范围、低速的游牧移动通信。IEEE 802.11、802.11a/802.11b 以及 IEEE 802.11g 等标准已出台，为无线局域网提供了完整的解决方案和标准。现在，只要给个人的笔记本电脑装上一张网卡，不管是在酒店咖啡馆的走廊里，还是在外地的机场等候飞机，我们都可以摆脱线缆实现无线宽频上网，甚至可以在遥远的外地进入自己公司的内部局域网进行办公处理或者给下属发出电子指令。这种看似遥不可及的梦想，已悄然走进大众的生活。

随着需求的增长和技术的发展，无线局域网的移动性增强，已在解决人口密集区的移动数据传输问题上显现出优势，成为移动通信一个重要组成部分。

### 6. 蜂窝移动通信系统

蜂窝移动通信系统也称为"小区制"系统，是将所有要覆盖的地区划分为若干个小区，每个小区的半径可视用户的分布密度在 1~10 km，在每个小区设立一个基站为本小区范围内的用户服务，小区的大小可根据容量和应用环境决定。

蜂窝移动通信系统适用于全自动拨号、全双工工作、大容量公用移动陆地网组网，可与公用电话网中任何一级交换中心相连接，实现移动用户与本地电话网用户、长途电话网用户及国际电话网用户的通话接续。这种系统具有越区切换、自动或人工漫游、计费及业务量统计等功能。

蜂窝移动通信的迅猛发展奠定了移动通信乃至无线通信在当今通信领域的重要地位。

# 习　题　1

1. 什么是移动通信？与有线通信相比，移动通信有哪些特点？

2. 简述移动通信的发展过程和发展趋势。

3. 移动通信有哪几种工作方式？各有何特点？

4. 移动通信中采用了哪些基本技术？

5. 常用的移动通信系统有哪些？

# 第 2 章　移动信道电波传播理论

移动通信的首要问题就是研究电波的传播特性，掌握移动通信电波传播特性对移动通信无线传输技术的研究、开发和移动通信的系统设计具有十分重要的意义。对移动无线电波传播特性的研究就是对移动信道特性的研究。移动信道的基本特性就是衰落特性，包括多径衰落和阴影衰落。这种衰落特性取决于无线电波的传播环境，不同的传播环境，其传播特性不尽相同。而传播环境的复杂，导致了移动信道特性十分复杂。本章主要介绍了移动通信电波传播的基本概念和原理，以及常用的几种传播预测模型。

## 2.1　无线电波传播的基本特性

### 2.1.1　概况

移动通信信道是移动用户在各种环境中进行通信时的无线电波传播通道。电波的传播特性是研究任何无线通信系统首先要遇到的问题。对移动信道的研究构成了移动通信系统开发和设计的理论基础。

移动通信信道是各种通信信道中最复杂的一种。例如，模拟有线信道的信噪比约为46 dB，波动范围通常是 1～2 dB。与此对应，陆地移动通信信道中信号强度更低，即衰落深度为 30 dB。在城市环境中，一辆快速行驶车辆上的移动台的接收信号在一秒钟之内的显著衰落可达数十次且是随机的，这比固定点的无线通信要复杂得多。

移动信道的衰落取决于无线电波的传播环境，而运动中进行无线通信这一方式导致了其传播条件是时变、复杂、恶劣的。这正是移动信道的特征。对移动通信而言，恶劣的信道是不可避免的问题，要在这样的传播条件下保持可以接受的传输质量，就必须采用各种技术措施来抵消衰落的不利影响。目前，移动通信信道研究的基本方法有理论分析、现场电波传播实测和计算机仿真三种。第一种方法是用电磁场理论或统计理论分析电波在移动环境中的传播特性，并用各种数学模型来描述移动信道，此法的缺陷是数学模型往往过于简化，导致应用范围受限。第二种方法是通过在不同的电波传播环境中的实测实验，得出包括接收信号幅度、时延及其他反映信道特征的参数，此法的缺陷是费时费力且往往只针对传播环境。由于对实测数据进行统计分析可以得出一些有用的结果，现场实测一直是研究移动信道的重要方法。第三种方法是通过建立仿真模型，用计算机仿真来模拟各种无线电波传播环境。计算机在硬件支持下，有很强的计算能力，此法因能灵活快速地模拟出各种移动通信信道而得到越来越多的应用。

本章主要讨论无线电信号在移动信道中可能发生的变化及发生这些变化的原因，即移动信道电波传播特性。无线电波传播特性的研究结果可以用某种统计描述，也可以建立电波传播模型，如图表、近似计算公式或计算机仿真模型等。

### 2.1.2　电波传播方式

　　无线电波从发射天线发出，可依不同的路径到达接收机，这与电波频率有关，当频率 $f$ 大于 30 MHz 时，主要传播方式有直射波传播、地面反射波传播、地表面波传播。

　　电波传播的主要方式如图 2.1 所示。路径①是直射波，它是从发射天线直接到达接收天线的电波，是 VHF 和 UHF 频段的主要传播方式；路径②是地面反射波，它是从发射天线发出经过地面反射到达接收天线的电波；路径③是地表面波，它是沿地球表面传播的电波，要求天线最大辐射方向沿地面方向，由于地表面波的损耗随频率升高而急剧增加，传播距离迅速减小，因此在 VHF 和 UHF 频段，地表面波的传播可以忽略不计。电波在移动通信信道中传播时遇到各种障碍物后会发生反射、折射和散射等现象。因此，通过不同路径到达接收机的电波信号会产生衰落现象。下面主要讨论直射波、反射波、大气折射以及自由空间的电波传播。

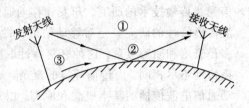

图 2.1　电波传播的主要方式

### 2.1.3　直射波传播

　　直射波传播按自由空间传播来考虑。自由空间传播指的是天线周围为无限大真空时的电波传播，是无线电波的理想传播模式。在自由空间传播时，电波的能量既不会被障碍物所吸收，也不会产生反射或散射。如果地面上空的大气层是各向同性的均匀媒质，其相对介电常数 $\varepsilon$ 和相对导磁率 $\mu$ 都等于1，传播路径上没有障碍物阻挡，到达接收天线的地面反射信号场强也可以忽略不计，则电波可视为在自由空间传播。

　　虽然电波在自由空间里传播不受阻挡，不产生反射、折射、绕射、散射和吸收，但电波经过一段路径传播之后，能量仍有衰减，这是由辐射能量的扩散而引起的。

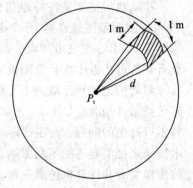

图 2.2　自由空间的传输损耗

　　自由空间的传输损耗如图 2.2 所示。假设自由空间中有一个无方向性点源天线作为发射天线，发射功率为 $P_t$。因为无损耗，点源天线的发射功率均匀分布在以点源天线为球心、半径为 $d$ 的球面上，其中 $d$ 是接收天线与发射天线之间的距离。

　　设该球面上电波的功率密度为 $S$，发射天线的增益为 $q_r$，则有

$$S = \frac{P_t}{4\pi d^2} q_r \qquad (2.1)$$

　　在球面处的接收天线接收到的功率为

$$P_r = SA_r \qquad (2.2)$$

其中，$A_r$ 为接收天线的有效面积，即投射到 $A_r$ 上的电磁波功率全部被接收机负载所吸收。

　　发射功率 $P_t$ 与接收功率 $P_r$ 之比定义为传输损耗，或称为系统损耗。工程上常用传输损耗来表示电波通过传输介质时的功率损耗。

经推导可得传输损耗 $L_s$ 的表达式为

$$L_s = \frac{P_t}{P_r} = \left(\frac{4\pi d}{\lambda}\right)^2 \frac{1}{G_t G_r} \qquad (2.3(a))$$

其中，$G_t$ 和 $G_r$ 分别为发射和接收天线增益（单位为 dB）。

由式（2.3(a)）可得

$$L_s = 32.45 + 20\lg d + 20\lg f - 10\lg(G_t G_r) \qquad (2.3(b))$$

式中：距离 $d$ 的单位是 km；频率 $f$ 的单位是 MHz。

自由空间路径损耗或自由空间基本传输损耗可以表示为

$$L_{bs} = 32.45 + 20\lg d + 20\lg f \qquad (2.4)$$

式中：$L_{bs}$ 表示自由空间中两个理想点源天线（增益系数 $G=1$ 的天线）之间的传输损耗，单位为 dB（分贝）；$d$ 为距离，单位为 km；$f$ 为工作频率，单位为 MHz。由式（2.4）可知，自由空间中电波传播损耗（亦称衰减）只与工作频率 $f$ 和传播距离 $d$ 有关。当 $f$ 或 $d$ 增大一倍时，$L_{bs}$ 将增加 6 dB。这里所说的自由空间路径损耗是指球面波在传播过程中，电磁能量扩散所引起的球面波扩散损耗。

## 2.1.4　反射波传播

当电波在传播中遇到两种不同介质的光滑面时，如果界面尺寸比电波波长大得多，就会产生镜面反射（由于大地和大气是不同的介质，所以入射波会在界面上产生反射）。如图 2.3 所示，$T$ 和 $R$ 分别表示基站和移动台天线，$h_t$ 和 $h_r$ 为两者的天线高度，$d_1$ 为直射波路径长度，$d_2$ 为反射波路径长度。

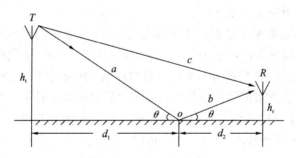

图 2.3　反射波与直射波

通常，在考虑地面对电波的反射时，按平面波处理，即电波在反射点的反射角等于入射角。不同界面的反射特性用反射系数 $R$ 表示。即

$$R = |R| e^{-j\varphi} \qquad (2.5)$$

式中：$|R|$ 为反射点上反射波场强与入射波场强的振幅比；$\varphi$ 为反射波相对于入射波的相移。

反射波与直射波的路径差为

$$\Delta d = d\left[\sqrt{1 + \left(\frac{h_t + h_r}{d}\right)^2} - \sqrt{1 + \left(\frac{h_t - h_r}{d}\right)^2}\right] \qquad (2.6)$$

式中，$d = d_1 + d_2$。

通常 $h_t + h_r \ll d$，故

$$\Delta d = \frac{2h_t h_r}{d} \tag{2.7}$$

反射路径与直射路径的相位差为

$$\Delta \varphi = \frac{2\pi}{\lambda} \Delta d \tag{2.8}$$

其中,$2\pi/\lambda$ 称为传播相移常数。

当传播路径远大于天线高度时,并假设一定的简化条件,接收天线 $R$ 处的总场强为

$$E = E_0(1 + Re^{-j\Delta\varphi}) = E_0(1 + |R|e^{-j(\varphi + \Delta\varphi)}) \tag{2.9}$$

其中,$E_0$ 是自由空间单径传播的场强。

由式(2.9)可知,直射波与地面反射波的合成场强将随反射波系数以及路径差的变化而变化,有时会同相相加,有时会反相抵消,这就造成了合成波的衰落现象。$R$ 越接近 1,衰落就越严重。

## 2.1.5　大气折射

在实际移动通信信道中,电波在低层大气中传播。而低层大气并不是均匀介质,它的温度、湿度以及气压均随时间和空间而变化,因此会产生折射和吸收现象,在 VHF、UHF 波段的折射现象尤为突出,它将直接影响视线传播的极限距离。

在不考虑传导电流和介质磁化的情况下,介质的折射率 $n$ 与相对介电常数 $\varepsilon_r$ 的关系为

$$n = \sqrt{\varepsilon_r} \tag{2.10}$$

大气相对介电常数取决于大气的温度、湿度和压力。这些物理量随时间和地点的不同而变化,因而大气折射率也是变化的。

当一束电波通过折射率 $n$ 随高度变化的大气层时,由于不同高度上的电波传播速度不同,从而使电波射束发生弯曲,弯曲的方向和程度取决于 $dn/dh$(大气折射率的垂直梯度)。这种由大气折射率引起电波传播方向发生弯曲的现象,称为大气对电波的折射。

在工程上,大气折射对电波传播的影响通常用等效地球半径来表征,即认为电波在以等效地球半径 $R_e$ 为半径的球面上空沿直线传播与电波在实际地球上空沿曲线传播等效。等效地球半径 $R_e$ 与实际半径 $R_0$($6.37 \times 10^6$ m)的关系为

$$k = \frac{R_e}{R_0} = \frac{1}{1 + R_0 \dfrac{dn}{dh}} \tag{2.11}$$

其中,$k$ 称为等效地球半径系数。由式(2.11)可知,等效地球半径系数与大气折射率随高度变化的梯度 $dn/dh$ 有关。根据 $dn/dh$ 值的不同,电波传播在大气中折射分为 3 种类型:

(1) 无折射:$dn/dh = 0$,$k = 1$,$R_e = R_0$。在此情况下,大气是均匀的,电波沿直线传播。如图 2.4 中的①所示。

(2) 负折射:$dn/dh > 0$,$k < 1$,$R_e < R_0$。在此情况下,大气折射率随高度的增加而增大,电波传播向上弯曲。如图 2.4 中的②所示。

(3) 正折射:$dn/dh < 0$,$k > 1$,$R_e > R_0$。在此情况下,大气折射率随高度的增加而减小,电波传播向下弯曲。如图 2.4 中的③和④所示。在通常情况下,大气折射都是正折射,正折射又可以分为 3 种情况。

① 标准大气折射：此时等效地球半径系数 $k=4/3$，等效地球半径 $R_e=8500$ km。如图 2.4 中的③所示。

② 临界折射：此时 $k=\infty$，电波传播的轨迹与地球表面圆弧平行，如图 2.4 中的④所示。

③ 超折射：在超折射情况下，折射作用会使射线向地面弯曲得很厉害，射线的曲率半径小于地球半径，使射线改变方向返回地面，形成大气波导，从而引起超视距传播，如图 2.4 中的⑤所示。

由以上可知，大气折射有利于超视距的传播，但在视线距离内，由折射现象所产生的折射波会与直射波同时存在，从而产生多径衰落。视距传播的极限距离可由图 2.5 计算。

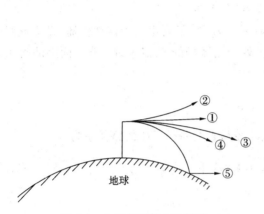

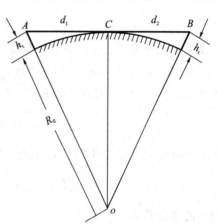

图 2.4　大气折射的几种情况　　　　图 2.5　视距传播的极限距离

假设天线的高度为 $h_t$ 和 $h_r$，两副天线顶点的连线 $AB$ 与地面相切于 $C$ 点，$R_e$ 为等效地球半径。由于 $R_e$ 远大于天线高度，可以证明，自发射天线顶点 $A$ 到切点 $C$ 的距离 $d_1$ 为

$$d_1 \approx \sqrt{2R_e h_t} \tag{2.12}$$

同理，由切点 $C$ 到接收天线顶点 $B$ 的距离 $d_2$ 为

$$d_2 \approx \sqrt{2R_e h_r} \tag{2.13}$$

则视距传播的极限距离 $d$ 可以表示为

$$d = d_1 + d_2 = \sqrt{2R_e}\,(\sqrt{h_t} + \sqrt{h_r}) \tag{2.14}$$

在标准大气折射的情况下，$R_e=8500$ km，故式(2.14)可写成

$$d = 4.12(\sqrt{h_t} + \sqrt{h_r}) \tag{2.15}$$

式中，$h_t$、$h_r$ 的单位是 m；$d$ 的单位是 km。

## 2.1.6　障碍物的影响及绕射损耗

在陆地无线通信中，电波的直射路径上存在各种障碍物（如山丘、建筑物、树木等），这些障碍物会引起电波传播的损耗，该损耗称为绕射损耗。

### 1. 电波传播的菲涅耳区

绕射损耗与电波传播的菲涅耳区的概念紧密相关。由于波动特性，电波从发射端到接收端传播时的能量传送是分布在一定空间内的。菲涅耳提出一种简单的方法，给出了这种传输空间区域的分布特性，如图 2.6 所示。

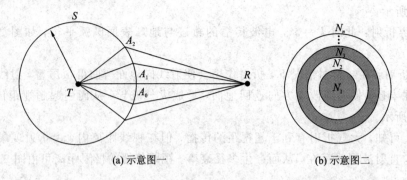

(a) 示意图一　　　　　　　　　　　　　(b) 示意图二

图 2.6　菲涅耳区的概念

　　设发射天线为 $T$，是一个点源天线；接收天线为 $R$。发射电波沿球面传播。$TR$ 连线交球面于 $A_0$ 点。根据惠更斯-菲涅耳原理，对于处于远区场的 $R$ 点来说，波阵面上的每个点都可视为二次波源。在球面上选择 $A_1$ 点，使得

$$A_1R = A_0R + \frac{\lambda}{2} \qquad\qquad (2.16)$$

则有一部分能量是沿着 $TA_1R$ 传送的。这条路径与直线路径 $TR$ 的路径差为

$$\Delta d = (TA_1 + A_1R) - (TA_0 + A_0R) = A_1R - A_0R = \frac{\lambda}{2} \qquad\qquad (2.17)$$

所引起的相位差为

$$\Delta\varphi = \frac{2\pi}{\lambda}\Delta d = \pi \qquad\qquad (2.18)$$

也就是说，沿这两条路径到达接收点 $R$ 的射线之间的相位差为 $\pi$。

　　同样，可以在球面上选择点 $A_2$，$A_3$，…，$A_n$，使得

$$A_nR = A_0R + n\frac{\lambda}{2} \qquad\qquad (2.19)$$

　　这些点在球面上可以构成一系列圆，并将球面分成许多环形带 $N_n$，如图 2.6(b) 所示，并且相邻两带的对应部分的惠更斯源在 $R$ 点的辐射将有二分之一波长的路径差，因而具有 $180°$ 的相位差。

　　当电波传播的波阵面的半径变化时，具有相同相位特性的环形带构成的空间区域就是菲涅耳区。第一菲涅耳区就是以上分析中 $n=1$ 时所构成的菲涅耳区。第一菲涅耳区分布在收发天线的轴线上，是能量传送的主要空间区域。理论分析表明：通过第一菲涅耳区到达接收天线 $R$ 的电磁波能量约占 $R$ 点接收到的总能量的 $1/2$。如果在这个区域内有障碍物存在，将会对电波传播产生较大的影响。

### 2. 电波传播的绕射损耗

　　为了衡量障碍物对传播通路的影响程度，定义了菲涅耳余隙的概念。设障碍物与发射点和接收点的相对位置如图 2.7 所示。在图中，障碍物的顶点 $P$ 到发射端与接收端的连线 $TR$ 的距离 $x$ 称为菲涅耳余隙。当障碍物阻挡视线通过时(如图 2.7(a) 所示)，规定余隙为负；当障碍物不阻挡视线通过时(如图 2.7(b) 所示)，规定余隙为正。

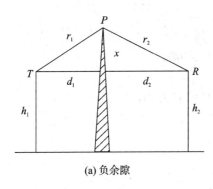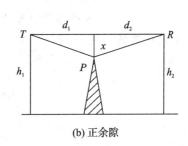

(a) 负余隙        (b) 正余隙

图 2.7 障碍物与余隙

在工程上，根据障碍物的菲涅耳余隙与第一菲涅耳区在障碍物处横截面的半径之比 $x/x_1$，求出相对于自由空间的绕射损耗，并制成图表，如图 2.8 所示。其中，$x$ 是菲涅耳余隙；$x_1$ 是第一菲涅耳区在 $P$ 点横截面的半径，它可由关系式

$$x_1 = \sqrt{\frac{\lambda d_1 d_2}{d_1 + d_2}} \qquad (2.20)$$

求得。

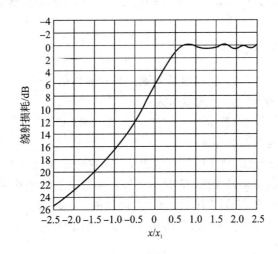

图 2.8 绕射损耗与菲涅耳余隙的关系

由图 2.8 可见，当 $x/x_1 > 0.5$ 时，绕射损耗约为 0 dB，障碍物对直射波传播基本上没有影响，因此在选择天线高度时，根据地形应尽可能使服务区内各处的菲涅耳余隙 $x > 0.5x_1$；当 $x < 0$ 时，直射波低于障碍物的顶点，衰减急剧增加；当 $x = 0$，即 $TR$ 射线从障碍物顶点擦过时，附加损耗为 6 dB。

**例 2.1** 电波传播路径如图 2.9 所示。设菲涅耳余隙 $x = -82$ m，$d_1 = 5$ km，$d_2 = 10$ km，工作频率为 150 MHz。试求电波的传播损耗。

**解** 先求出自由空间传播的损耗 $L_{bs}$，即

$$L_{bs} = 32.45 + 20\lg150 + 20\lg(5+10) = 99.5 \text{ dB}$$

再求第一菲涅耳区半径 $x_1$，即

$$x_1 = \sqrt{\frac{\lambda d_1 d_2}{d_1 + d_2}} = \sqrt{\frac{2 \times 5 \times 10^3 \times 10 \times 10^3}{15 \times 10^3}} = 81.7 \text{ m}$$

所以，$x/x_1 \approx -1$。查图 2.8 可得绕射损耗为 16.5 dB。

因此，电波传播的损耗 $L$ 为

$$L = L_{bs} + 16.5 = 116.0 \text{ dB}$$

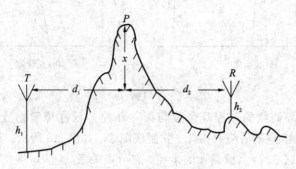

图 2.9　电波传播示意图

# 2.2　移动无线信道的多径传播衰落特性

## 2.2.1　移动信道的时变特性

移动信道是一种时变信道。无线电信号通过移动通信信道时会产生来自不同途径的衰减损耗。按接收信号功率，可用公式表示为

$$P(d) = |\bar{d}|^{-n} \times S(\bar{d}) \times R(\bar{d}) \tag{2.21}$$

式中，$|\bar{d}|$ 表示移动台与基站的距离。

式(2.21)是信道对传输信号作用的一般表示式。这些作用有以下 3 类：

(1) 传播损耗，又称为路径损耗。它是指电波传播所引起的平均接收功率衰减，其值用 $|\bar{d}|^{-n}$ 表示。其中 $n$ 为路径衰减因子，在自由空间传播时，$n=2$；在一般情况下，$n=3\sim5$。

(2) 阴影衰落，用 $S(\bar{d})$ 表示。这是由传播环境中的地形起伏、建筑物及其他障碍物对电波遮蔽所引起的衰落。

(3) 多径衰落，用 $R(\bar{d})$ 表示。这是由移动通信传播环境的多径传播而引起的衰落。多径衰落是移动通信信道特性中最具特色的部分。

上述三种效应表现在不同距离范围内，图 2.10 所示为典型的实测接收信号场强。其规律如下：

(1) 在数十米波长范围内，接收信号场强的瞬时值呈现快速变化的特征，这就是多径衰落引起的，称为快衰落或短区间衰落。其衰落特性符合瑞利分布，因此多径衰落又称为瑞利衰落。在数十米波长范围内对信号求平均值，可得到短区间中心值（又称为中值）。

(2) 在数百米波长的区间内，信号的短区间中心值也出现缓慢变动的特征，这就是阴影衰落。在较大区间内对短区间中心值求平均值，可得长区间中心值。

(3) 在数百米或数千米的区间内，长区间中心值随距离基站位置的变化而变化，并且其变化服从 $d^{-n}$ 规律。它表示的是较大范围内接收信号的变化特性。

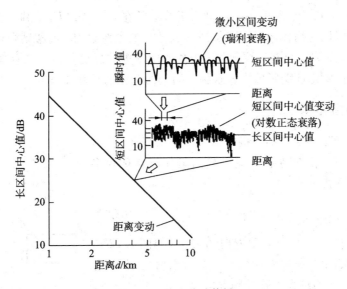

图 2.10　陆地移动传播

　　从工程设计角度看,传播损耗和阴影衰落合并在一起反映了无线信道在大尺度上对传输信号的影响,它们主要影响到无线覆盖范围,合理的设计可以降低这种不利的影响;而多径衰落严重影响信号的传播质量,并且是不可避免的,只能采用抗衰落技术(如分集、均衡等)来减小其影响。

## 2.2.2　移动环境的多径传播

　　在移动通信中,移动台往往受到各种障碍物(如建筑物、树木、植被等)和其他移动体的影响,引起电波的反射,如图 2.11 所示。这样就导致移动台的接收信号是来自不同传播路径的信号之和,这种现象称为多径效应。多径效应使得接收信号产生深度且快速的衰落,称为多径衰落。

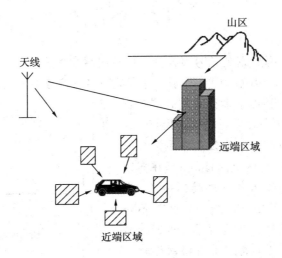

图 2.11　多径传播示意图

通常在移动通信系统中,基站用固定的高天线,移动台用接近地面的低天线。例如,基站天线通常高 30 m，可达 90 m；移动台天线通常在 2～3 m 以下。移动台周围的区域称为近端区域，该区域内物体的反射是造成多径效应的主要原因。离移动台较远的区域称为远端区域。在远端区域，只有高层建筑、较高的山峰等的反射才能对该移动台构成多径影响，并且这些路径要比近端区域中建筑物所引起的多径的长度要长。

### 2.2.3　多普勒频移

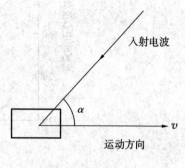

当移动台在运动中通信时，接收信号频率会发生变化，称之为多普勒效应。由多普勒效应引起的附加频移称为多普勒频移，可用下式表示为

$$f_D = \frac{v}{\lambda}\cos\alpha = f_m\cos\alpha \qquad (2.22)$$

图 2.12　入射角 $\alpha$

式中：$\alpha$ 是入射波与移动台运动方向的夹角（如图 2.12 所示）；$v$ 是运动速度；$\lambda$ 是波长。$f_m = v/\lambda$ 与入射角度无关，是 $f_D$ 的最大值，称为最大多普勒频移。

**例 2.2**　若载波 $f_c = 600$ MHz，移动台速度 $v = 30$ km/h，求最大多普勒频移。

**解**　因为

$$\lambda = \frac{c}{f_c} = \frac{3\times10^8}{600\times10^6} = 0.5 \text{ m}$$

所以

$$f_m = \frac{v}{\lambda} = \frac{30\times10^3}{0.5\times3600} \approx 16.7 \text{ Hz}$$

## 2.3　描述多径信道的主要参数

### 2.3.1　时延扩展

移动信道的多径环境引起的信号多径衰落可从时域角度进行描述。各路径长度不同，使得信号到达时间不同。基站发送一个脉冲信号，则接收信号中不仅含有该信号，还含有它的各个时延信号，这种由于多径效应而使接收信号脉冲宽度扩展的现象，称为时延扩展（Time Delay Spread）。例如，当发射端发送一个极窄的脉冲信号 $s(t) = a_0\delta(t)$ 至移动台时，由于在多径传播条件下存在着多条长短不一的传播路径，发射信号沿各个路径到达接收天线的时间就不一样，移动台所接收的信号 $s_r(t)$ 是由多个时延信号构成的，产生了时延扩展，如图 2.13 所示。

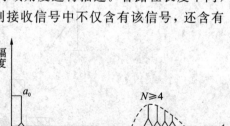

图 2.13　时延扩展示意图

时延扩展的大小可以直观地理解为在一串接收脉冲中，最大传输时延和最小传输时延的差值，记为 $\Delta$。若发送的窄脉冲宽度记为 $T$，则接收信号的宽度为 $T+\Delta$。

　　由于存在时延扩展，接收信号中一个码元的波形会扩展到其他码元周期中，引起码间干扰(Inter-Symbol Interference，ISI)。当码元速率 $R_b$ 较小，满足 $R_b < 1/\Delta$ 时，可以避免码间干扰。当码元速率较高时，应该采用相应的技术来消除或减少码间干扰的影响。

　　严格意义上，时延扩展 $\Delta$ 可以用实测信号的统计平均值的方法来定义。利用宽带伪噪声信号所测得的典型功率时延分布(又称为时延谱)曲线如图 2.14 所示。时延谱是由不同时延的信号分量具有的平均功率所构成的谱，$P(\tau)$ 是归一化的时延谱曲线。图 2.14 中横坐标为时延 $\tau$，$\tau = 0$ 表示 $P(\tau)$ 的前沿；纵坐标为相对功率密度 $P_\tau$。

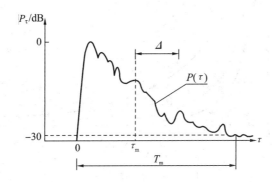

图 2.14　典型的时延谱曲线

　　定义 $P(\tau)$ 的一阶矩为平均时延 $\tau_m$，$P(\tau)$ 的均方根值为时延扩展，即

$$\tau_m = \int_0^\infty \tau P(\tau) \mathrm{d}\tau \tag{2.23}$$

$$\Delta^2 = \int (\tau - \tau_m)^2 P(\tau) \mathrm{d}\tau \tag{2.24}$$

　　另外，工程上还定义了另一个参量：最大多径时延差 $T_m$，即归一化的包络 $P(\tau)$ 下降到 $-30$ dB 处所对应的时延差。

　　式(2.24)定义的时延扩展 $\Delta$ 是对多径信道及多径接收信号时域的统计描述，表示时延扩展的程度。$\Delta$ 值越小，时延扩展就越轻微；反之，$\Delta$ 值越大，时延扩展就越严重。各个地区的时延扩展值可以通过实测得到。

## 2.3.2　相关带宽

　　与时延扩展相关的一个重要概念就是相关带宽。当信号通过移动通信信道时，会引起多径衰落。根据多径信号中不同的频率分量的衰落是否相同，可将衰落分为两种：频率选择性衰落与非频率选择性衰落，后者又称为平坦衰落。

　　频率选择性衰落是指信号中各分量的衰落状况与频率有关，即传输信道对信号中不同频率分量有不同的随机响应。由于信号中不同频率分量衰落不一致，衰落信号波形将产生失真。非频率选择性衰落是指信号中各分量的衰落状况与频率无关，即信号经过传输后，各频率分量所遭受的衰落具有相关性，因而衰落信号的波形不失真。发生什么样的衰落是由信号和信道两方面因素决定的。对移动信道来说，存在一个相关带宽。当信号带宽小于相关带宽时，发生非频率选择性衰落；当信号带宽大于相关带宽时，发生频率选择性衰落。

　　考虑频率分别为 $f_1$ 和 $f_2$ 的两个信号的包络相关性。这种相关性可由两信号(设它们的包络为 $r_1$ 和 $r_2$，频率差为 $\Delta f$，信号衰落服从瑞利分布)的相关系数 $\rho_r(\Delta f, \tau)$ (归一化的相关函数)得出。设 $\Delta$ 为参变量，可得到不同 $\Delta$ 值时的 $\rho_\mathrm{r}(\Delta f)$ 的曲线，如图 2.15 所示。图中给出了在若干个有效区测得的实测数据，工作频率为 836 MHz。从图中可看出，实测数据接近于 $\Delta=1/4$ $\mu s$ 的理论曲线。

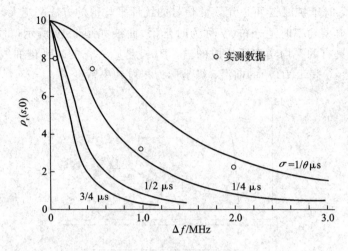

图 2.15　相关系数曲线

从图 2.15 可知，当两信号频率间隔增加时，相关系数减小，也就是信号的不一致性增加。将信号包络相关系数等于 0.5 时所对应的频率间隔定义为相关带宽 $B_\mathrm{c}$，即

$$B_\mathrm{c}=\Delta f_1 \tag{2.25}$$

从物理概念上讲，相关带宽表征的是衰落信号中两个频率分量基本相关的频率间隔。即是说，衰落信号中的两个频率分量，当频率间隔小于相关带宽时，它们是相关的，其衰落具有一致性；当频率间隔大于相关带宽时，它们就不相关了，其衰落具有不一致性。

在实际应用中，常用最大时延 $T_\mathrm{m}$ 的倒数来规定相关带宽，即

$$B_\mathrm{c}=\frac{1}{T_\mathrm{m}} \tag{2.26}$$

相关带宽实际上是对移动通信信道传输具有一定带宽信号能力的统计度量。对于某个移动环境，其时延扩展 $\Delta$ 可由大量实测数据经过统计处理计算出来，并可进一步确定这个移动通信信道的相关带宽 $B_\mathrm{c}$。也就是说，相关带宽是移动通信信道的一个特性。

# 2.4　多径信道电波传播损耗模型

## 2.4.1　奥村模型

奥村(Okumura)模型是较为常用的传播模型，该模型简单，分析起来比较方便，常用于无线网络的设计中。

奥村模型得名于奥村等人，奥村在 20 世纪 60 年代测量了日本东京等地无线信号的传播特性，根据测量数据得到了一些统计图表，用于对信号衰耗的估计。这一模型以准平坦地形大城市地区的中值路径损耗为基准，用不同修正因子来校正不同传播环境和地形等因素的影响。

奥村模型的适用范围：载波频率从 150～2000 MHz；离基站不能太近，有效距离为 1～100 km；天线高度要在 30 m 以上。

下面以准平坦地形大城市地区的中值路径损耗为例对这个模型做简单介绍。

奥村模型中准平坦地形大城市地区的中值路径损耗由下式给出

$$L_M = L_{bs} + A_m(f, d) - H_b(h_b, d) - H_m(h_m, f) \qquad (2.27)$$

式中，$L_{bs}$ 为自由空间路径损耗（单位为 dB）；$A_m(f, d)$ 为大城市地区当基站天线高度 $h_b=200$ m、移动台天线高度 $h_m=3$ m 时相对自由空间的中值路径损耗，又称为基本中值损耗；$H_b(h_b, d)$ 是基站天线高度增益因子（单位为 dB），即实际基站天线高度相对于标准天线高度 $h_b$ 的增益，为距离的函数；$H_m(h_m, f)$ 是移动台天线高度增益因子（单位为 dB），即实际移动台天线高度相对于标准天线高度 $h_m=3$ m 的增益，为频率的函数。

图 2.16 给出了准平坦地形大城市地区的中值路径损耗 $A_m(f, d)$ 与频率、传播距离的关系，纵坐标刻度以 dB 计，是以自由空间的传播损耗为 0 dB 的相对值。由图可知，随着频率的升高和距离的增大，市区中值路径损耗都将增加。

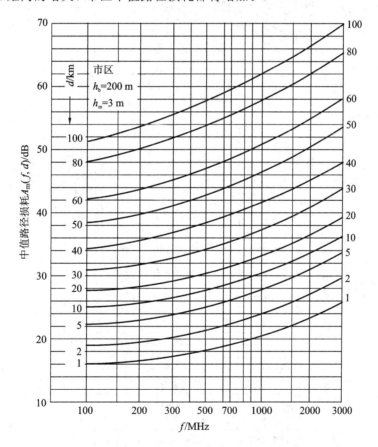

图 2.16　准平坦地形大城市地区的中值路径损耗

图 2.17 给出了不同传播距离 $d$ 时，$H_b(h_b, d)$ 与 $h_b$ 的关系。由图可见，当 $h_b>200$ m 时，$H_b(h_b, d)>0$ dB；反之，当 $h_b<200$ m 时，$H_b(h_b, d)<0$ dB。

图 2.18 给出了移动台天线高度增益因子与天线高度、频率的关系。由图可知，当 $h_m>3$ m 时，$H_m(h_m, f)>0$ dB；反之，当 $h_m<3$ m 时，$H_m(h_m, f)<0$ dB。由图 2.18 还可知，当移动

台天线高度高于 5 m 时，其高度增益因子 $H_m(h_m, f)$ 不仅与天线高度、频率有关，而且还与环境条件有关。例如，在中小城市，因建筑物的平均高度较低、屏蔽作用较小，当移动台天线高于 4 m 时，随天线高度的增加，天线高度增益因子明显增大；若移动台天线高度在 $1\sim4$ m 范围内，受环境影响较小，移动台天线高度增加一倍时，$H_m(h_m, f)$ 变化约为 3 dB。

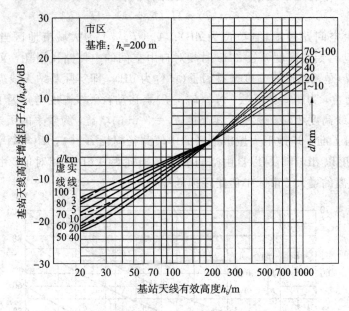

图 2.17　基站天线高度增益因子

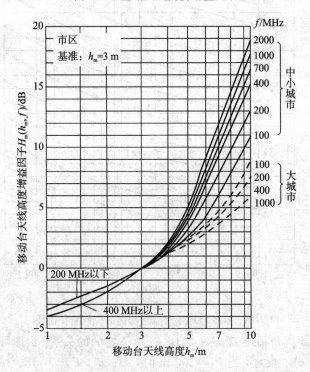

图 2.18　移动台天线高度增益因子

由以上讨论可知，奥村模型计算中值路径损耗的基本思路是：首先，计算对应于基准的基站天线高度（$h_b = 200$ m）和移动台天线高度（$h_m = 3$ m）的基本中值损耗；然后，根据实际天线高度进行修正。这种在基本条件下的计算再加上对于条件变化进行修正的思路应用于奥村模型的各个环节。

**例 2.3**  某一移动信道，工作频段为 450 MHz，基站天线高度为 50 m，天线增益为 6 dB，移动台天线高度为 3 m，天线增益为 0 dB；在市区工作，传播路径为准平坦地形，通信距离为 10 km。试求：传播中值路径损耗。

**解**  自由空间传播损耗为

$$L_{bs} = 32.45 + 20\lg f + 20\lg d - 10\lg(G_t \cdot G_r)$$
$$= 32.45 + 20\lg 450 + 20\lg 10 - 6$$
$$= 105.5 - 6 = 99.5 \text{ dB}$$

因为工作在准平坦地形的市区环境，所以由图 2.16 查得市区基本中值损耗为

$$A_m(f, d) = 27 \text{ dB}$$

由图 2.17 查得基站天线高度增益因子为

$$H_b(h_b, d) = -12 \text{ dB}$$

由图 2.18 查得移动台天线高度增益因子为

$$H_m(h_m, f) = 0 \text{ dB}$$

所以，传播中值路径损耗为

$$L_M = L_{bs} + A_m(f, d) - H_b(h_b, d) - H_m(h_m, f)$$
$$= 99.5 + 27 + 12 = 138.5 \text{ dB}$$

## 2.4.2  Hata 模型

Hata 模型是根据奥村用图表给出的中值路径损耗数据归纳出的一个经验公式，该公式适用的频率范围为 150~1500 MHz。该模型的特点是：以准平坦地形大城市地区的中值路径损耗作为基准，对不同的传播环境和地形条件等因素用校正因子加以修正。中值路径损耗经验公式为

$$L_b = 69.55 + 26.16\lg f - 13.82\lg h_b - \alpha(h_m) + (44.9 - 6.55\lg h_b)\lg d \quad (2.28)$$

式中，$f$ 为工作频率（MHz）；$h_b$ 为基站天线有效高度（m）；$h_m$ 为移动台天线有效高度（m）；$d$ 为移动台与基站之间的距离（km）；$\alpha(h_m)$ 为移动台天线高度因子。

由于大城市和中小城市建筑物状况相差较大，故修正因子是分别给出的。

大城市修正因子（建筑物平均高度超过 15 m）如下：

$$\alpha(h_m) = 8.29[\lg(1.54h_m)]2 - 1.1 \text{ dB} \quad 150 \text{ MHz} \leqslant f \leqslant 300 \text{ MHz} \quad (2.29)$$
$$\alpha(h_m) = 3.2[\lg(11.75\ h_m)]2 - 4.97 \text{ dB} \quad 400 \text{ MHz} \leqslant f \leqslant 1500 \text{ MHz} \quad (2.30)$$

当 $h_m$ 在 1.5~4 m 之间时，上面两式基本一致。

中小城市修正因子（除大城市以外的其他所有城市）如下：

$$\alpha(h_m) = (1.1 \lg f - 0.7)h_m - (1.56 \lg f - 0.8) \quad (2.31)$$

## 2.4.3  Hata 模型的扩展

欧洲研究委员会 COST-231 对 Hata 模型进行了扩展，使它适用于 PCS 系统，适用频

率也达到了 2 GHz。这种模型考虑到了自由空间路径损耗、沿传播路径的绕射损耗以及移动台与周围建筑屋顶之间的损耗。扩展 Hata 模型的市区中值路径损耗的计算公式为

$$L_b = 46.3 + 33.9 \lg f - 13.82 \lg h_b - \alpha(h_m) + (44.9 - 6.55 \lg h_b) \lg d + C_M \qquad (2.32)$$

式中，$\alpha(h_m)$ 由式(2.29)、式(2.30)和式(2.31)计算；$C_M$ 由下式给出，即

中等城市和郊区

$$C_M = 0 \ \text{dB} \qquad (2.33(a))$$

市中心

$$C_M = 3 \ \text{dB} \qquad (2.33(b))$$

COST - 231 模型已被用于微小区的实际工程设计中。

# 习　题　2

1. 无线电波传播有哪几种方式？各有什么特点？

2. 分析快衰落和慢衰落产生的原因，它们各服从什么分布规律？

3. 自由空间传播的特点是什么？

4. 什么是等效地球半径？标准大气的等效地球半径是多少？

5. 什么是大气折射效应？其有哪几种类型？

6. 在标准大气折射下，发射天线高度为 200 m，接收天线高度为 2 m，试求视距传播的极限距离。

7. 电波传播的菲涅耳区是如何定义的？什么是第一菲涅耳区？

8. 什么是绕射损耗？画图解释菲涅耳余隙的定义。

9. 试计算当工作频率为 900 MHz，通信距离分别为 10 km 和 20 km 时，自由空间传播损耗。

10. 相距 15 km 的两个电台之间有一个 50 m 高的建筑物，一个电台距建筑物 10 km，两电台天线高度均为 10 m，电台工作频率为 50 MHz，试求电波的传播损耗。

11. 产生多普勒效应的原因是什么？如何解决？

12. 在一水平传输电波的方向上，有一接收设备以 72 km/h 的速度逆向电波传播方向移动，此电波的频率为 150 MHz，试求多普勒频移。

13. 时延扩展产生的原因是什么？会带来哪些影响？

14. 当信号通过移动信道时，在什么情况下遭受到平坦衰落？在什么情况下遭受到频率选择性衰落？

15. 某一移动通信系统，基站天线高度为 50 m，移动台天线高度为 3 m，市区为准平坦地形，通信距离为 10 km，工作频率为 450 MHz，试求传播路径上的中值路径损耗。

# 第 3 章　编码及调制技术

　　编码及调制技术可以在不降低系统有效传输速率的前提下进行有效的编码和调制，是未来宽带移动通信系统中的关键技术之一。信源编码将信源中的冗余信息进行压缩，减少传递信息所需要的带宽资源，这对于频谱有限的移动通信系统而言是至关重要的。移动通信中的信源编码与有线通信不同，它不仅需要对信息传输有效性进行保障，还应该与其他一些系统指标(如容量、覆盖和质量等)密切相关。移动通信系统使用信道编码是为了改善通信系统的传输质量，发现或纠正差错，从而提高通信系统的可靠性。而调制是为了使携带信息的信号与信道特性相匹配以及有效地利用信道。

## 3.1　信源编码概述

　　信息是事物行为、状态的表征。信息可以脱离其源事物而独立存在。通常，将信息脱离源事物而附着于另一种事物的过程，称为信息的表示过程，或称为"信息交换过程"。随着通信技术的发展，人们对信息传输的质量要求越来越高，不仅要求快速、高效、可靠地传递信息，还要求信息传递过程中保证信息的安全保密，不被伪造和篡改。典型的信息传输模型如图 3.1 所示。

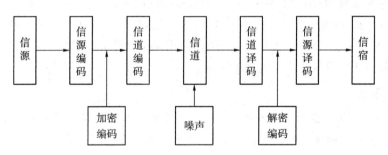

图 3.1　典型的信息传输模型

　　在图 3.1 中，信源是产生消息和消息序列的来源，可以是人、机器或其他事物；信源编码是为了减少信源输出符号序列中的剩余度、提高符号的平均信息量，对信源输出的符号序列所施行的变换。信源编码又称为频带压缩编码或数据压缩编码。信源编码的作用之一是设法减少码元数目和降低码元速率，即通常所说的数据压缩；作用之二是将信源的模拟信号转化成数字信号，以实现模拟信号的数字化传输。

　　最原始的信源编码是莫尔斯电码，另外还有 ASCII 码和电报码。现代通信应用中常见的信源编码有 Huffman 编码、算术编码、L-Z 编码，这三种编码都是无损编码，另外还有一些有损编码。信源编码的目的是使信源减少冗余，更加有效、经济地传输，最常见的应用形式是压缩。相应地，信道编码是为了对抗信道中的噪音和衰减，通过增加冗余(如校验码等)来提高抗干扰能力以及纠错能力。

在数字通信系统中，信息的传输都是以数字信号的形式进行的，因而在发送端必须将模拟信号转换为数字信号，在接收端将数字信号还原成模拟信号。通信系统中的模拟信号主要是语音信号和图像信号，相应的转换过程就是语音编码/解码和图像编码/解码。

移动通信中语音通信是重要的业务之一，因而语音编码技术在数字移动通信中具有相当关键的作用。高质量、低速率的语音编码技术与高效率数字调制技术一起为数字移动网提供了较高的系统容量。本节主要介绍语音压缩编码。

### 3.1.1　语音编码

语音编码作为一种信源编码，是将模拟语音信号变成数字信号以便在信道中传输。在通信系统中，语音编码是相当重要的，因为在很大程度上，语音编码决定了接收到的语音质量和系统容量。在移动通信系统中，带宽是十分宝贵的。低比特率语音编码提供了解决该问题的一种方法。在编码器能够传送高质量语音的前提下，如果比特率越低，则可在一定带宽内传送更多的高质量语音。语音编码技术本身已发展多年，日趋成熟，形成了各种实用技术，在各类通信网中得到了广泛应用。

语音编码技术主要可分为波形编码、参量编码和混合编码三大类。

#### 1. 波形编码

波形编码是将模拟语音波形信号经过取样(或称为抽样)、量化、编码而形成的数字语音技术。为了保证数字语音技术解码后的高保真度，波形编码需要较高的编码速率，一般为 $16\sim64$ kb/s。波形编码适用于很宽范围的语音特性，以及在噪音环境下能保持稳定；实现所需的技术复杂度很低而费用中等，但其所占用的频带较宽，多用于有线通信中。波形编码包括脉冲编码调制(PCM)、差分脉冲编码调制(DPCM)、自适应差分脉冲编码调制(ADPCM)、增量调制(DM)、连续可变斜率增量调制(CVSDM)、自适应变换编码(ATC)、子带编码(SBC)和自适应预测编码(APC)等。

#### 2. 参量编码

参量编码是基于人类语言的发声机理，找出表征语音的特征参量，对特征参量进行编码的一种方法。在接收端，根据所接收的语音特征参量信息，恢复出原来的语音。由于参量编码只需传送语音特征参数，可实现低速率(一般在 $1.2\sim4.8$ kb/s)的语音编码。线性预测编码(LPC)及其变形均属于参量编码。参量编码的缺点在于语音质量只能达到中等水平，不能满足商用语音通信的要求。

#### 3. 混合编码

混合编码是基于参量编码和波形编码发展的一类新的编码技术。混合编码的信号中，既含有若干语音特征参量又含有部分波形编码信息，其编码速率一般在 $4\sim16$ kb/s。当编码速率在 $8\sim16$ kb/s 时，其语音质量可达商用语音通信标准的要求，因此混合编码技术在数字移动通信中得到了广泛应用。混合编码包括规则脉冲激励-长时预测-线性预测编码(RPE-LTP-LPC)、码激励线性预测编码(CELP)等。在数字移动通信中，码激励的一种变形即矢量和激励(VSELP)已成为美国和日本数字蜂窝移动通信系统中的语音编码标准。

### 3.1.2　语音编码技术的应用及发展

语音编码技术首先应用于有线通信和保密通信,其中最成熟的实用数字语音系统是 64 kb/s 的 PCM。这是一种典型的波形编码技术,主要用于有线电话网,其语音质量好,可与模拟语音相比,达到网络质量。另一类型的波形编码是增量调制(DM),较简单且能抗误码。当速率达到 32～40 kb/s 时,语音质量较好;当速率在 8～16 kb/s 时,语音质量较差。速率为 24 kb/s 的声码器是一种典型的采用参量编码技术的数字语音系统。其优点是速率低,主要用于军事保密通信;缺点是语音质量仅能达到合成质量,并且对背景噪声敏感。

在数字通信发展的推动下,语音编码技术的研究进展迅速,出现了众多编码方案。研究的方向主要有两个:一是降低语音编码速率,主要是针对语音质量好但速率高的波形编码,特别是 64 kb/s 的 PCM;二是提高语音质量,主要是针对速率低但语音质量较差的参量编码,特别是 24 kb/s 的声码器。

波形编码的改进主要有自适应差分 PCM(Adaptive Differential PCM,ADPCM)、子带编码(Sub-Band Coding,SBC)、自适应变换编码(Adaptive Transform Coding,ATC)、时域谐波压扩(Time Domain Harmonic Scaling,TDHS)等。这些编码的速率为 9.6～32 kb/s,语音质量较好。

参量编码的一项突出进展是提出了矢量量化编码,可进一步压缩速率。为改进参量编码的语音质量,人们提出了多脉冲激励线性预测编码(Multi-Pulse Excited LPC,MPE - LPC)、规则脉冲激励线性预测编码(Regular Pulse Excited LPC,RPE - LPC)等。当速率为 4.8～16 kb/s 时,可达到中等语音质量。这些编码不是单纯的参量编码,属于混合编码。其中,码激励线性预测编码(Code Excited Linear Predictive,CELP)也是近年来提出的较好的编码方案。

按速率不同可将语音编码器分为低速率编码器(速率低于 4.8 kb/s)和中速率编码器(速率为 4.8～32 kb/s)。目前较好的语音编码器多属于中速率编码器,并且速率集中在 8 kb/s 左右,编码方法多为混合编码。泛欧数字蜂窝网和美国数字蜂窝网的语音编码都是如此。

什么样的语音编码技术适用于移动通信呢? 这主要取决于移动信道的条件。由于频率资源十分有限,所以要求编码信号的速率较低。考虑到移动信道的衰落将导致较高的误比特率,因而编码算法应有较好的抗误码能力,此外,从用户的角度出发,还应有较好的语音质量和较短的延迟。

### 3.1.3　脉冲编码调制(PCM)

脉冲编码调制(PCM)是最早提出的语音编码方法,属于波形编码,至今仍被广泛使用,尤其在有线通信网中。PCM 的优点是技术简单、无时延,对语音信号和其他类型信号都能可靠地传输编码。PCM 是一种基本的语音编码方式,在此基础上,发展出各种各样的编码技术。脉冲编码调制就是把一个时间连续、取值连续的模拟信号变换成时间离散、取值离散的数字信号后在信道中传输。脉冲编码调制就是对模拟信号先抽样,再对样值幅度量化、编码的过程。PCM 的工作原理如图 3.2 所示。

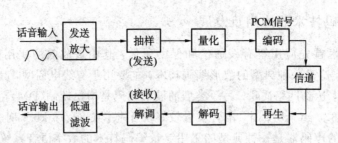

图 3.2　PCM 的工作原理

所谓抽样，就是对模拟信号进行周期性扫描，把时间上连续的信号变成时间上离散的信号。该模拟信号经过抽样后还应当包含原信号中的所有信息，也就是说能无失真的恢复原模拟信号。

所谓量化，就是把经过抽样得到的瞬时值将其幅度离散，即用一组规定的电平，把瞬时抽样值用最接近的电平值来表示。

一般语音信号的带宽为 $300\sim3400$ Hz，编码时通常采用的抽样速率为 $f_s=8000$ Hz，如果采用 8 比特量化，则单路语音编码的比特速率为 64 kb/s。这也就是在有线数字通信中常用的 64 kb/s PCM 编码方式。一个模拟信号经过抽样、量化后，得到已量化的脉冲幅度调制信号，它仅为有限个数值。

所谓编码，就是用一组二进制码组来表示每一个有固定电平的量化值。然而，实际上量化是在编码过程中同时完成的，故编码过程也称为模/数变换，可记作 A/D 变换。

## 3.1.4　线性预测编码(LPC)

线性预测编码(Linear Predictive Coding，LPC)方法是一种参量编码方式。参量编码的基础是人类语音的生成模型，通过这个模型，提取语音的特征参数，然后对特征参数进行编码传输。

在线性预测编码中，将语声激励信号简单地划分为浊音信号和清音信号。浊音信号可以用准周期脉冲序列激励信号来表示，清音信号可以用白色随机噪声激励信号来表示。由于语声信号是短时平稳的，根据语声信号的短时分析和基音提取方法，可以用若干的样值对应的一帧来表示短时语声信号。再逐帧将语声信号用基音周期 $T_p$、清/浊音($u/v$)判决、声道模型参数和增益 $G$ 来表示。对这些参数进行量化、编码，在接收端再进行语声的合成。原理如图 3.3 所示。

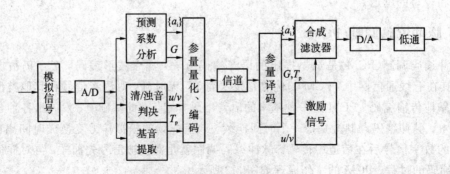

图 3.3　线性预测编译码原理

在图 3.3 的发送端,原始话音信号送入 A/D 变换器,以 8 kHz 速率抽样变成数字化语音信号。以 180 个抽样样值为一帧,以一帧为处理单元逐帧完成每一帧的线性预测系数分析,并进行相应的清/浊音($u/v$)判决、基音提取,再对这些参量进行量化、编码并送入信道传送。在接收端,经参量译码分出参量、$G$、$T_p$、$u/v$,以这些参数作为合成语音信号的参量,最后将合成产生的数字化语音信号经 D/A 变换还原为语音信号。

### 3.1.5  IS - 95 语音编码(CELP)

CELP(Code Excited Linear Prediction,码激励线性预测编码)属于混合编码,是一个简化的 LPC 算法,以其低比特率著称(4800~9600 kb/s),具有清晰的语音品质和很高的背景噪音免疫性。CELP 是一种在中低速率上广泛使用的语音压缩编码方案。CELP 用线性预测提取声道参数,用一个包含许多典型的激励矢量的码本作为激励参数,每次编码时都在这个码本中搜索一个最佳的激励矢量,这个激励矢量的编码值就是这个序列的码本中的序号。

CELP 能改善语音的质量,主要体现在以下几方面:

(1) 对误差信号进行感觉加权,利用人类听觉的掩蔽特性来提高语音的主观质量。

(2) 用分数延迟改进基音预测,使浊音的表达更为准确,尤其改善了女性语音的质量。

(3) 使用修正的 MSPE 准则来寻找"最佳"的延迟,使得基音周期延迟的外形更为平滑。

(4) 根据长时预测的效率,调整随机激励矢量的大小,提高语音的主观质量。

(5) 使用基于信道错误率估计的自适应平滑器,在信道误码率较高的情况下也能合成自然度较高的语音。

CELP 已经被许多语音编码标准所采用,美国联邦标准 FS1016 就是采用 CELP 的编码方法,主要用于高质量的窄带语音保密通信。

## 3.2  信道编码概述

信道编码也称为差错控制编码,它是以提高信息传输的可靠性为目的的编码,它通常通过增加信源的冗余度来改善信道链路的性能。用于检测错误的信道编码称为检错编码,既可检错又可纠错的信道编码称为纠错编码。移动通信系统使用信道编码技术可以降低信道突发的和随机的差错。

信息论的开创者香农(Shannon)在他的奠基性论文"通信的数学理论"中首次提出著名的信道编码定理。香农论证了通过对信息的恰当编码,可以将由信道噪声而导致的错误控制在任何误差范围之内,同时不需要降低信息传输速率。应用于加性高斯白噪声(Additive White Gaussian Noise,AWGN)信道的香农信道容量公式如下:

$$C = B\,\mathrm{lb}\left(1 + \frac{P}{N_0 B}\right) = B\,\mathrm{lb}\left(1 + \frac{S}{N}\right) \tag{3.1}$$

式中:$C$ 为信道容量(b/s);$B$ 为传输带宽(Hz);$P$ 为接收信号的功率(W);$N_0$ 为单边带噪声功率谱密度(W/Hz);lb 表示以 2 为底的对数,即 $\log_2$;$S/N$ 是信号与噪声的功率之比,简称信噪比(SNR)。

检错和纠错技术的基本思想是通过在数据传输中引入冗余来提高通信的可靠性。冗余的引入将消耗一定的带宽，这会降低频谱效率，但却能够大大降低 SNR 情况下的误码率。香农指出，只要 SNR 足够大，就可以用很宽的带宽实现无差错通信。另外，差错控制编码的带宽是随编码长度的增加而增大的。因而，纠错编码应用于带宽受限或功率受限的环境具有一定优势。本节将分别介绍分组码、卷积码、交织编码及 Turbo 码。

### 3.2.1 分组码

要使信道编码具有一定的检错或纠错能力，必须加入一定的多余码元。信息码元先按组进行划分，然后对各信息组按一定规则加入多余码元，这些附加监督码元仅与本组的信息码元有关，而与其他码组的信息无关，这种编码方法称为分组编码。

分组码是一种前向纠错码，前向纠错码（FEC）的码字是具有一定纠错能力的码型，它在接收端解码后，不仅可以发现错误，而且能够判断错误码元所在的位置，并自动纠错。这种纠错码信息不需要储存，不需要反馈，实时性好。所以，广播系统（单向传输系统）都采用这种信道编码方式。

分组码将信源的信息序列按照独立的分组进行处理和编码。编码时将每 $k$ 个信息位分为一组进行独立处理，变换成长度为 $n(n>k)$ 的二进制码组。分组码一般用符号 $(n, k)$ 表示，其中 $n$ 是码组的总位数，又称为码组的长度（码长），$k$ 是码组中信息码元的数目，$n-k=r$ 为码组中的监督码元数目。比值 $(n-k)/k$ 称为码的冗余度，比值 $k/n$ 称为编码效率。编码效率可表示分组中信息比特所占的比例。

分组码的纠错能力是码距的函数，不同的编码方案提供了不同的差错控制能力。码距是指两个码字 $C_i$ 与 $C_j$ 间不相同比特的数目，又称为汉明距离，可用如下公式表示：

$$d(C_i, C_j) = \sum_{l=1}^{n} C_{i, l} \oplus C_{j, l} \qquad (3.2)$$

其中，$d$ 是码距。最小码距是码距集合中的最小值，可表示为

$$d_{min} = \min\{d(C_i, C_j)\} \qquad (3.3)$$

某种编码中，最小码距 $d_{min}$ 的大小直接关系着这种编码的检错和纠错能力。一般情况下，码的检错、纠错能力与最小码距 $d_{min}$ 的关系分为以下三种情况。

（1）为检测 $e$ 个错码，要求最小码距：$d_{min} \geqslant e+1$。

（2）为纠正 $t$ 个错码，要求最小码距：$d_{min} \geqslant 2t+1$。

（3）为纠正 $t$ 个错码，同时检测 $e$ 个错码，要求最小码距：$d_{min} \geqslant e+t+1$ $(e>t)$。

线性分组码的最小码距越大，检错、纠错能力就越强。

在分组码中，把码组中"1"的数目称为码组的重量，简称码重，可用下式表示：

$$w(C_i) = \sum_{l=1}^{n} C_{i, l} \qquad (3.4)$$

下面介绍几种常用的分组码。

**1. 汉明（Hamming）码**

Hamming 码是一种简单的纠错码。这种编码以及由它们衍生的编码，已被用于数字通信系统的差错控制中。Hamming 码包括二进制 Hamming 码与非二进制 Hamming 码。二进制 Hamming 码具有如下特性：

$$(n，k)=(2^m-1，2^m-1-m) \tag{3.5}$$

其中，$k$ 是生成一个 $n$ 位的码字所需的信息位的数目；$m$ 是检测位的数目，即 $n-k=m$，$m$ 为正整数。

### 2. Hadamard 码

一个 $N \times N$ 的 Hadamard 矩阵由 0 和 1 组成，其任意两行恰好有 $N/2$ 个元素不同。除了一行为全 0 外，其余行均有 $N/2$ 个 0 和 $N/2$ 个 1，最小码距为 $N/2$。

当 $N=2$ 时，Hadamard 矩阵为

$$A = \begin{bmatrix} 0 & 0 \\ 0 & 1 \end{bmatrix} \tag{3.6}$$

除了上述 $N=2^m$（$m$ 为正整数）的特殊情况之外，也可以有其他长度的 Hadamard 编码，但它们不是线性的。

### 3. 循环 (Cyclic) 码

循环码是常用的校验码，在早期的通信中运用广泛，它是线性码的子集，具有大量可用的结构。循环码可以由 $(n-k)$ 次的生成多项式 $g(p)$ 生成。$(n，k)$ 的循环码的生成多项式表示如下：

$$g(p)=p^{n-k}+g_{n-k-1}p^{n-k-1}+\cdots+g_1 p+g_0 \tag{3.7}$$

消息多项式 $x(p)$ 定义如下：

$$x(p)=x_{k-1}p^{k-1}+\cdots+x_1 p+x_0 \tag{3.8}$$

其中，$x_{k-1}，\cdots，x_0$ 代表 $k$ 个信息位。

最后生成的码多项式 $c(p)$ 如下：

$$c(p)=x(p)g(p) \tag{3.9}$$

其中，$c(p)$ 是一个小于 $n$ 次的多项式。循环码的编码通常由一个基于生成多项式或校验多项式的线性反馈移位寄存器完成。

### 4. BCH 码

BCH 码是循环码的一个重要子类，纠错能力很强，具有多种码率，可获得很大的编码增益，并能够在高速方式下实现。二进制 BCH 码可被推广到非二进制 BCH 码，它的每个编码符号代表 $m$ 个比特。最重要且最通用的多进制 BCH 码为 Reed-Solomon 码。BCH 码有严密的代数理论，是目前研究最透彻的一类码。

### 5. RS 码

RS 码是 Reed-Solomon（里德-索洛蒙）码的简称，它是一种多进制 BCH 码。把多重码元当成一个码元，编成 BCH 码，就是 RS 码。它能够纠正突发错误，通常在连续编码系统中采用。Reed-Solomon 码是所有线性码中最小码距（$d_{min}$）值最大的码。

## 3.2.2　卷积码

卷积码是信道编码中的一类重要的编码方式，主要用来纠正随机错误。如图 3.4 所示，卷积码 $(n，k，N)$（其中 $k$ 为每次输入到卷积编码器的比特数，$n$ 为每个 $k$ 元组码字对应的卷积码编码后输出的码字，$N$ 为约束长度）表示该编码器有 $Nk$ 个移位寄存器，$n$ 个模 2 加

法器，$n$ 个移位寄存器为输出。卷积码将 $k$ 元组输入码元编成 $n$ 元组输出码元，则编码效率 $R_c=k/n$，但 $k$ 和 $n$ 通常很小，特别适合以串行形式进行传输，时延小。

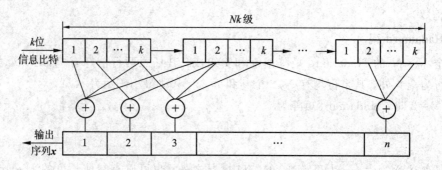

图 3.4　卷积编码结构

卷积码与分组码的根本区别在于，它不是把信息序列分组后再进行单独编码，而是由连续输入的信息序列得到连续输出的已编码序列，即进行分组编码时，其本组中的 $n-k$ 个校验元仅与本组的 $k$ 个信息元有关，而与其他各组信息无关；但在卷积码中，其编码器将 $k$ 个信息码元编为 $n$ 个码元时，这 $n$ 个码元不仅与当前段的 $k$ 个信息元有关，而且与前面的 $(N-1)$ 段信息有关（$N$ 为编码的约束长度）。同样，在卷积码译码过程中，不仅从此时刻收到的码组中提取译码信息，而且还要利用以前或以后各时刻收到的码组提取有关信息，同时卷积码的纠错能力随约束长度的增加而增强，差错率则随约束长度增加而呈指数下降。

描述卷积码的方法有两种：图解法和解析法。图解法又包括树状图、网格图和状态图。当给定输入信息序列和起始状态时，可以用上述 3 种图解法中的任何一种，找到输出序列和状态变化路径。解析法可以采用生成矩阵和生成多项式这两种方法。图解法和解析法各有特点，用延时多项式表示卷积码编码器的生成多项式最为方便。网格图对分析卷积码的译码算法十分有用。状态图表明卷积码编码器是一种有限状态的马尔科夫过程，可以用信号流图理论来分析卷积码的结构及性能。

对于 $(n, k, m)$ 卷积码的一般情况，我们可以延伸出如下结论：

(1) 对应于每组 $k$ 个输入比特，编码后产生 $n$ 个比特。

(2) 树状图中每个节点引出 $2^k$ 条支路。

(3) 网格图和状态图都有 $2^{k(N-1)}$ 种可能的状态，每个状态引出 $2^k$ 条支路，同时也有 $2^k$ 条支路从其他状态或本状态引出。

译码器通过运用一种可以将错误的发生概率减小到最低程度的规则或方法，从已编码的码字中解出原始信息。在信息序列和码序列之间存在对应关系，任何信息序列和码序列将与网格图中的唯一一条路径相对应，因此，卷积译码器的工作就是找到网格图中的这条路径。

解卷积码的技术有多种，常用的是 Viterbi 算法、序贯译码法。

### 3.2.3　交织编码

交织编码的作用是将源信息分散到不同的时间段中，这样，当出现深衰落或突发干扰时，源信息中的某一块数据不会被同时扰乱，并且，源比特在时间上被分开后，还可以利用信道编码来减弱信道干扰对源信息的影响。交织编码设计的思路不是为了适应信道，而是为了改造信道，它是通过交织与去交织将一个有记忆的突发信道改造为基本上是无记忆的随机独立差错的信道，然后再用随机独立差错的纠错码来纠错。

通常，交织编码与各种纠正随机差错的编码(如卷积码或其他分组码)结合使用，从而具有较强的既能纠正随机差错又能纠正突发差错的能力。

交织编码不像分组码那样，它不增加监督元，即交织编码前后，码速率不变，因此不影响有效性。

在交织编码之前，先要进行分组码编码，将待编码的 $m \times n$ 个数据位进行交织。通常，每行由 $n$ 个数据位组成一个字，行数 $m$ 表示交织的深度，其结构如图 3.5 所示。由图所见，数据位被按列写入，而在发送时是按行读出的，这样就产生了对原始数据位以 $m$ 个比特为周期进行分隔的效果。在接收端的解交织操作过程则与之相反。

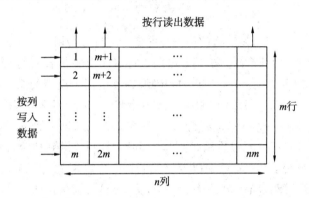

图 3.5  常用的交织方法(按列写入，按行读出)

由于接收机在收到了 $m \times n$ 个比特并进行解交织以后才能解码，所以交织编码存在一个固有延时。对于语音信号而言，当延时小于 40 ms 时，人们是可以忍受的，所以应用于语音信息的交织器的延时不能超过 40 ms。此外，交织编码的字长和交织深度与所用的语音编码器、编码速率和最大容许时延有较大的关系。

在移动信道中，数字信号传输常出现成串的突发差错，因此，数字化移动通信中经常使用交织编码技术。

### 3.2.4　Turbo 码

Turbo 码是近年来倍受关注的一项新技术。虽然它的复杂性、译码时延给有些应用带来了困难(例如对于实时语音)，但它是目前已知的可实现的较好的编码技术之一。

Turbo 码的基本原理是通过编码器的巧妙构造，即多个子码通过交织器进行并行或串行级联(PCC/SCC)，然后以类似内燃机引擎废气反复利用的机理进行迭代译码，从而获得卓越的纠错性能，Turbo 码也因此得名。它不仅在信噪比较低的高噪声环境下性能优越，而且具有很强的抗衰落、抗干扰能力，其纠错性能接近香农极限。这使得 Turbo 码在信道条件较差的移动通信系统中有很大的应用潜力。

图 3.6 中给出了 Turbo 码与其他编码方案的性能比较，该图是计算机仿真的结果。从图中可以看出，在一定条件下，Turbo 码在 AWGN(加性高斯白噪声)信道上的码率(误比特率)接近香农极限。

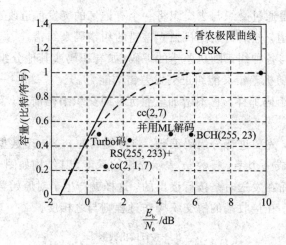

图 3.6　AWGN 信道中的码率与香农极限

Turbo 码最先是由 C. Berrou 等人提出的。它实际上是一种并行级联卷积码（Parallel Concatenated Convolutional Codes）。Turbo 码编码器由两个反馈的系统卷积编码器通过一个交织器并行连接而成，编码后的校验位经过删余阵，从而产生不同码率的码字。如图 3.7 所示，信息序列 $u=\{u_1, u_2, \cdots, u_N\}$ 经过交织器形成一个新序列 $u_1=\{u'_1, u'_2, \cdots, u'_N\}$（长度与内容没变，但比特位经过重新排列），$u$ 和 $u_1$ 分别传送到两个分量编码器（RSC1 与 RSC2），一般情况下，这两个分量编码器结构相同，生成序列 $x^{p1}$ 和 $x^{p2}$。为了提高码率，序列 $x^{p1}$ 和 $x^{p2}$ 需要经过删余器，采用删余（Puncturing）技术从这两个校验序列中周期地删除一些校验位，形成校验序列 $x^p$，$x^p$ 与未编码序列 $x^s$ 经过复用调制后，生成了 Turbo 码序列 $x$。

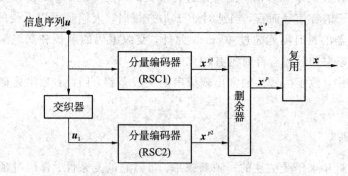

图 3.7　Turbo 码编码器结构

Turbo 码译码器的基本结构如图 3.8 所示。它由两个软输入/软输出（SISO）译码器 DEC1 和 DEC2 串行级联组成，交织器与编码器中所使用的交织器相同。译码器 DEC1 对分量编码器 RSC1 进行最佳译码，产生关于信息序列 $u$ 中每一比特的似然信息，并将其中的"新信息"经过交织送给 DEC2，译码器 DEC2 将此信息作为先验信息，对分量编码器 RSC2 进行最佳译码，产生关于交织后的信息序列中每一比特的似然信息，然后将其中的"外信息"经过解交织送给 DEC1，进行下一次译码。这样，经过多次迭代，DEC1 或 DEC2 的外信息趋于稳定，似然比渐近值逼近于对整个码的最大似然译码，然后对此似然比进行硬判决，即可得到信息序列 $u$ 的每一比特的最佳估值序列 $\hat{u}_k$。

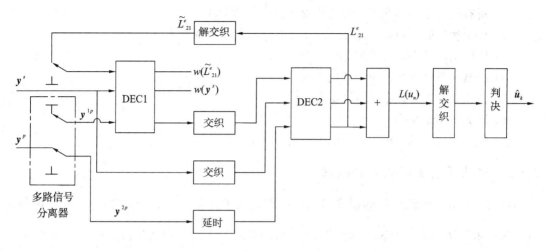

图 3.8 Turbo 码译码器结构

Turbo 码的提出，更新了编码理论研究中的一些概念和方法。现在人们更喜欢基于概率的软判决译码方法，而不是早期基于代数的构造与译码方法，而且不同编码方案的比较方法也发生了变化，从以前的相互比较过渡到现在的与香农极限进行比较。同时，也使编码理论家变成了实验科学家。

目前 Turbo 码的研究尚缺少理论基础支持，但是在各种恶劣条件下（即低 SNR 情况下），提供接近 Shannon 极限的通信能力已经通过模拟证明。但 Turbo 码也存在着一些亟待解决的问题，如译码算法的改进、复杂性的降低、译码延时的减小。作为商用 3G 移动通信系统的关键技术之一，Turbo 码也将逐渐获得较好的理论支持并且得到进一步开发和完善。

# 3.3 调制技术概述

调制是对信号源的编码信息进行处理，使其变为适合传输的形式的过程。即是把基带信号（信源）转变为一个相对基带频率而言频率非常高的带通信号。带通信号叫做已调信号，而基带信号叫做调制信号。调制可以通过使高频载波随信号幅度的变化而改变载波的幅度、相位或者频率来实现。移动通信系统的调制技术包括用于第一代移动通信系统的模拟调制技术和用于现今及未来系统的数字调制技术。由于数字通信具有建网灵活，容易采用数字差错控制和数字加密，便于集成化，并能够进入 ISDN 等优点，所以通信系统都在由模拟方式向数字方式过渡。而移动通信系统作为整个通信网络的一部分，其发展趋势也必然是由模拟方式向数字方式过渡，所以现代的移动通信系统都使用数字调制方式。

## 3.3.1 移动通信对数字调制的要求

在移动通信中，由于信号传播的条件恶劣和快衰落的影响，接收信号的幅度会发生急剧的变化。因此，在移动通信中必须采用一些抗干扰性能强、误码性能好、频谱利用率高的调制技术，尽可能地提高单位频带内传输数据的比特速率，以适应移动通信的要求。数字调制方式应考虑的因素有：抗干扰性能、抗多径衰落的能力、已调信号的带宽以及使用成本等。

移动通信对数字调制技术的要求如下：

(1) 所有的技术必须在规定频带内提供高的传输效率。

(2) 抗干扰性能要强，要使信号深衰落引起的误差数降至最小。

(3) 应使用高效率的放大器。

(4) 在衰落条件下获得所需要的误码率。

(5) 占用频带要窄，带外辐射要小。

(6) 同频复用距离小。

(7) 能提供较高的传输速率，使用方便，成本低。

### 3.3.2　移动通信实用的调制技术

目前已经开发出的实用调制技术包括以调频技术为基础的 MSK、TFM、GMSK 等，以调相技术为基础的 QPSK、OQPSK、$\frac{\pi}{4}$－QPSK、8PSK 等，以调相技术和调幅技术结合为基础的 16QAM、32QAM、64QAM 等。目前单纯的调制技术比较成熟，对调制技术的研究注重与其他传输技术的结合，例如调制与编码技术的结合、调制与传输信道状况的结合等。

从技术方法的角度看，移动通信实用的调制技术主要有以下两类：

(1) 线性调制技术：以 PSK 为基础发展起来的调制技术，已调信号的包络不恒定，因而要求射频功放具有较高的线性。线性调制技术的优点是可以获得较高的频谱利用率，例如 $\frac{\pi}{4}$－QPSK 调制信号的频谱利用率为 1.6（b/s）/Hz；缺点是设备成本较高，这是由于必须采用较为昂贵的线性功率放大器的缘故。线性调制技术包括 QPSK、OQPSK、$\frac{\pi}{4}$－QPSK 等移动通信实用的调制技术。

(2) 恒定包络调制技术：以 FSK 为基础发展起来的调制技术，特点是已调信号的包络恒定，因而不要求线性功放，可以采用功率效率较高的 C 类放大器，降低成本。恒定包络调制技术包括 MSK、TFM、GMSK 等。

# 3.4　线性调制技术

### 3.4.1　四相相移键控(QPSK)

四相相移键控（QPSK）又称为正交相移键控。相移键控是指用二进制基带信号去控制正弦载波的相位变化。一个比特有两种状态："0"和"1"，所以最简单的相移键控技术就是二相相移键控（BPSK），而 QPSK 是由 2 个比特组成一个双比特码去控制载波的相位状态，这样共有 4 种相位状态。

在 QPSK 的基础上又出现了 OQPSK 和 DQPSK，OQPSK 是在正交支路引入了一个比特（半个码元）的时延，这使得两个支路的数据不会同时发生变化，因而不可能产生像 QPSK 那样 ±π 的相位跳变，而仅产生 ±π/2 的相位跳变，因此，频谱旁瓣要低于 QPSK 信号的旁瓣。DQPSK 的相位跳变介于 QPSK 和 OQPSK 之间，为 3π/2，是前两种调制方法的折中。一方面，DQPSK 保持了信号包络基本不变特性，降低了对射频器件的工艺要求；另一方面，DQPSK 可以采用非相关检测，从而大大简化了接收机的结构。

四相相移键控调制是二相的推广，是利用载波的四种不同相位来表征输入的数字信息，由于四种相位可代表四种数字信息，因此对输入的二进制序列应先进行分组，将每两个信息数字编为一组，然后根据其组合情况用四种不同载波相位去表征它们，即每一种载波相位代表两个比特信息，因此称为双比特码元。双比特码元与载波相位有两种对应关系，如表 3.1 所示，在相位图上表示出来分别如图 3.9(a)、(b)所示，相位分别是π/2和 π/4。

**表 3.1　双比特码元与载波相位的对应关系**

| 双比特码元 | | 载波相位 | |
| --- | --- | --- | --- |
| $a$ | $b$ | A 方式 | B 方式 |
| 0 | 0 | 0° | 45° |
| 0 | 1 | 90° | 135° |
| 1 | 1 | 180° | 225° |
| 1 | 0 | 270° | 315° |

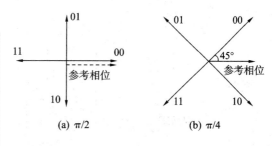

图 3.9　双比特码元与载波相位的对应关系

QPSK 信号的表达式为(π/2 方式)

$$S_{\text{QPSK}}(t)=\sqrt{\frac{2E_s}{T_s}}\cos\left[2\pi f_c t+(i-1)\frac{\pi}{2}\right]\quad 0\leqslant t\leqslant T_s\quad i=1,2,3,4\qquad(3.10)$$

式中，$T_s$是符号间隙，等于两个比特周期。上式可进一步写成

$$S_{\text{QPSK}}(t)=\sqrt{\frac{2E_s}{T_s}}\left\{\cos(2\pi f_c t)\cos\left[(i-1)\frac{\pi}{2}\right]-\sin(2\pi f_c t)\sin\left[(i-1)\frac{\pi}{2}\right]\right\}\quad(3.11)$$

QPSK 频谱利用率比 BPSK 系统提高了一倍。而载波相位共有四个可能的取值，对应于四个已调信号的矢量图。QPSK 信号也可看成是载波相互正交的两个 BPSK 信号之和。

图 3.10 给出了典型的 QPSK 发射机方框图。单极性二进制信息流比特率为 $R_b$，首先用一个单极性—双极性转换器将它转换为双极性非归零序列。然后将比特流 $m(t)$ 分为两个比特流 $m_I(t)$ 和 $m_Q(t)$（同相和正交流），每一个的比特率为 $R_s=R_b/2$。两个二进制

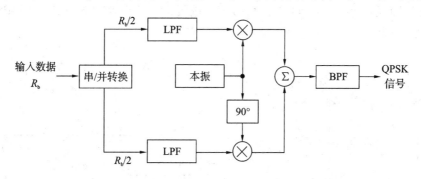

图 3.10　QPSK 发射机方框图

序列分别用两个正交的载波 $\varphi_1(t)$ 和 $\varphi_2(t)$ 进行调制。两个已调信号每一个都可以被看成是 一个,BPSK 信号对它们求和产生一个 QPSK 信号。解调器输出端的滤波器将QPSK 信号的功率谱限制在分配的带宽内，这样可以防止信号能量泄露到相邻的信道，还

能去除在调制过程中产生的带外杂散信号。在绝大多数实现方式中,脉冲成形在基带进行,并在发射机的输出端提供适当的 RF 滤波。

由于四相相移信号可以看成是两个正交 2PSK 信号的合成,因此可以采用与 2PSK 信号类似的解调方法进行解调。图 3.11 给出了相干 QPSK 解调接收机方框图。前置带通滤波器可以去除带外噪声和相邻信道的干扰。滤波后的输出端分为两个部分,分别用同相和正交载波进行解调。解调用的相干载波用载波恢复电路从接收信号中恢复。解调器的输出提供一个判决电路,产生同相和正交二进制流。这两个部分复用后,再生出原始二进制序列。

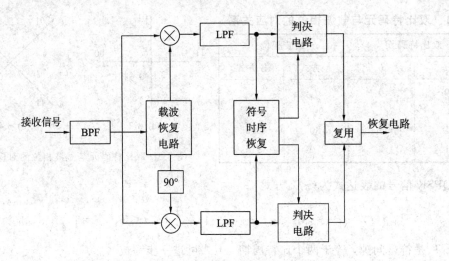

图 3.11　相干 QPSK 解调接收机方框图

## 3.4.2　交错四相相移键控(OQPSK)

QPSK 由于两个信道上的数据沿对齐,所以在码元转换点上,当两个信道上只有一路数据改变极性时,QPSK 信号的相位将发生90°突变;当两个信道上数据同时改变极性时,QPSK 信号的相位将发生180°突变。QPSK 的相位关系如图 3.12 所示。

OQPSK 信号产生是指将输入数据经数据分路器分成奇偶两路,并使其在时间上相互错开一个码元间隔,然后再对两个正交的载波进行 BPSK 调制,叠加成为 OQPSK 信号。OQPSK 调制框图如图 3.13 所示。

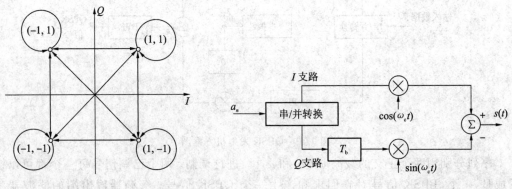

图 3.12　QPSK 的相位关系　　　　　　　　　图 3.13　OQPSK 调制框图

　OQPSK 的 *I* 信道和 *Q* 信道的两个数据流如图 3.14 所示,每次只有其中一个可能发生极性转换。输出的 OQPSK 信号的相位只有 $\pm\pi/2$ 跳变,而没有 $\pi$ 的相位跳变,同时经滤波及硬限幅后的功率谱旁瓣较小,这是 OQPSK 信号在实际信道中的频谱特性优于 QPSK 信号的主要原因。其相位关系如图 3.15 所示。但是 OQPSK 信号不能使用差分检测,这是因为 OQPSK 信号在差分检测中会引入码间干扰。

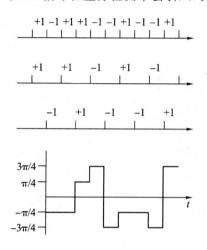

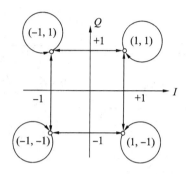

图 3.14　OQPSK 的 *I*、*Q* 信道波形及相位路径　　　　图 3.15　OQPSK 的相位关系

　应用时应注意:当四相相移信号解调时,相干载波的相位会出现不确定性,从而导致解调输出的信号也存在不确定性,因此在实际通信中使用的一般都是四相相对移相调制(QDPSK)。

### 3.4.3　$\dfrac{\pi}{4}$- QPSK

#### 1. 概述

　$\dfrac{\pi}{4}$- QPSK 是在现代移动通信中使用较多的一种正交相移键控技术,它是在常规 QPSK 调制基础上发展起来的。它可以相干解调,也可以非相干解调。从最大相位跳变来看,它是 QPSK 和 OQPSK 的折中。它的相位跳变值是 $n\pi/4(n=\pm1$ 或 $\pm3)$,而 QPSK 是 $\pi$,OQPSK 是 $\pi/2$。因此,带限 $\dfrac{\pi}{4}$- QPSK 信号保持恒包络的性能比带限后的 QPSK 好,但比 OQPSK 更容易受包络变化的影响。$\dfrac{\pi}{4}$- QPSK 最大的优点是它能够非相干解调,这将大大简化接收机的设计工作。而且,在多径扩展和衰落的情况下,$\dfrac{\pi}{4}$- QPSK 的性能优于 OQPSK。$\dfrac{\pi}{4}$- QPSK 采用差分编码,以便在恢复载波中存在相位模糊时,实现差分检测或相干解调。$\dfrac{\pi}{4}$- QPSK 已成功应用于美国的 IS-136 数字蜂窝系统、日本的 PDC 系统和美国的 PACS 系统。

　为改进 QPSK 调制信号的频谱特性,把 QPSK 调制的 A、B 两种方式的矢量图合二为一，并且使载波相位只能从一种模式(A 或 B)向另一种模式(B 或 A)跳变，如图 3.16 所示。图 3.16 中，"●"表示 QPSK 调制 A 方式的矢量图，"○"表示 QPSK 调制 B 方式的矢量图，矢量图中的箭头表示载波相位的跳变路径。显然，相位变化只有 $\pm\pi/4$ 和 $\pm3\pi/4$ 四种状态，不存在相位为 π 的相位跳变。因此，相比于 QPSK 调制，$\frac{\pi}{4}$- QPSK 具有更好的频谱特性。

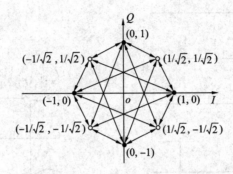

图 3.16　$\frac{\pi}{4}$- QPSK 调制的矢量图

**2. 调制器**

$\frac{\pi}{4}$- QPSK 调制器的硬件实现可用图 3.17 来表示。

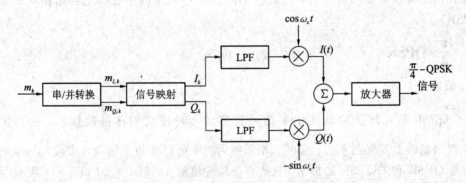

图 3.17　$\frac{\pi}{4}$- QPSK 调制器的硬件实现

输入比特流由串/并转换器分成两个并行比特流 $m_I$ 和 $m_Q$，每一个码元速率等于输入比特率的一半。第 $k$ 个同相和正交脉冲 $I_k$ 和 $Q_k$ 在时间 $kT \leqslant t \leqslant (k+1)T$ 内，在信号映射电路的输出端产生。信号映射的基本关系式为

$$I_k = I_{k-1}\cos\Delta\theta_k - Q_{k-1}\sin\Delta\theta_k \tag{3.12}$$

$$Q_k = I_{k-1}\sin\Delta\theta_k + Q_{k-1}\cos\Delta\theta_k \tag{3.13}$$

其中，$\Delta\theta_k$ 是输入双比特符号 $\{m_{I,k}, m_{Q,k}\}$ 所对应的相移值，相移值的大小符合表 3.1 所示的规律，与图 3.17 相对应的是 QPSK 调制的 B 方式；$I_k$ 和 $Q_k$ 分别为双比特符号 $m_{I,k}$ 与 $m_{Q,k}$ 经映射逻辑变换后输出的同相和正交支路双比特符号；$I_{k-1}$ 和 $Q_{k-1}$ 分别为双比特符号 $m_{I,k-1}$ 与 $m_{Q,k-1}$ 经映射逻辑变换后输出的同相和正交支路双比特符号。

在映射逻辑输出的数据流中，第 $k$ 个同相正交双比特符号 $I_k$ 和 $Q_k$ 的合成相位用 $\theta_k$ 表示；第 $k-1$ 个同相和正交双比特符号 $I_{k-1}$ 和 $Q_{k-1}$ 的合成相位用 $\theta_{k-1}$ 表示。

### 3. $\frac{\pi}{4}$- QPSK 解调

在移动通信中，由于接收信号的衰落和时变特性，相干解调性能变差，而差分检测不需要载波恢复，能实现快速同步，获得好的误码性能，因此差分解调在窄带 TDMA 和数字蜂窝系统中用得较多。

$\frac{\pi}{4}$- QPSK 信号的解调包括基带差分检测、中频（IF）差分检测和 FM 鉴频器检测。基带和 IF 差分检测器先求出相差的余弦和正弦函数，再由此判断相应的相差。而 FM 鉴频器用非相干方式直接检测相差。尽管每种技术有各自实现的问题，但仿真显示 3 种接收机结构有非常近似的误比特率性能。

1）基带差分检测

$\frac{\pi}{4}$- QPSK 的基带差分检测器的框图如图 3.18 所示。

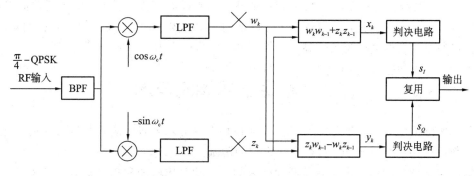

图 3.18　$\frac{\pi}{4}$- QPSK 的基带差分检测器的框图

输入的 $\frac{\pi}{4}$- QPSK 接收信号通过两个正交的本地振荡器信号进行混频，两个本地振荡器信号具有和发射载波相同的频率，但相位不一定相同。当存在相位差时，通过适当的解码算法可以消除相位差对判决的影响。

2）中频差分检测

$\frac{\pi}{4}$- QPSK 的中频差分检测器的框图如图 3.19 所示。

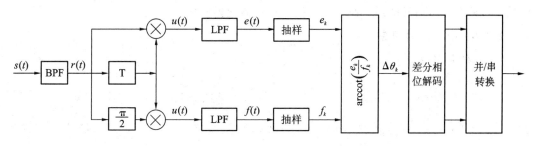

图 3.19　$\frac{\pi}{4}$- QPSK 的中频差分检测器

中频差分检测器使用延迟线和两个鉴相器，而不需要本地振荡器。接收到的射频信号先变频到中频，然后进行带通滤波。带通滤波器设计成与发送的脉冲波形匹配，因此载波相位保持不变，噪声功率降到最小。差分检测器输出端信号的带宽是发射端基带信号带宽的两倍。

3）FM 鉴频器解调

采用 FM 鉴频器解调 $\frac{\pi}{4}$-QPSK 信号的框图如图 3.20 所示。

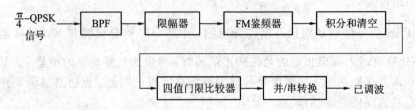

图 3.20　采用 FM 鉴频器解调 $\frac{\pi}{4}$-QPSK 信号的框图

输入信号先通过带通滤波器滤波，使其与发送信号匹配。滤波后的信号被硬限幅去除包络的波动。硬限幅保留了输入信号相位的变化，所以没有丢失信息。FM 鉴频器提取出接收信号瞬时频率的变化，并在每个码元周期内积分，得到两个抽样时刻间的相位差。该相位差再通过一个四值门限比较器来检测，也可以通过模为 $2\pi$ 的鉴相器检测。

# 3.5　恒定包络调制技术

很多实际的移动无线通信系统都使用非线性调制方法，即无论调制信号如何变化，必须保证载波的振幅是恒定的。这就是恒定包络调制。

恒定包络调制能消除由于相位跃变带来的峰均功率比增加和频带扩展，它具有很多优点，例如：极低的旁瓣能量；可使用高效率的 C 类高功率放大器；容易恢复用于相干解调的载波；已调信号峰平比低。尽管恒定包络调制有很多优点，但是它们占用的带宽比线性调制大，并且实现相对复杂。

## 3.5.1　最小频移键控（MSK）

### 1. MSK 的概念

MSK 是一种特殊的、改进的 2FSK 调制技术，它是调制系数为 0.5 的连续相位的频移键控。它具有正交信号的最小频差，在相邻符号的交界处保持连续。

### 2. MSK 信号的时域表达式

MSK 信号可以表示为

$$S_{\mathrm{MSK}}(t)=A\cos\left[\omega_c t+a_n\left(\frac{\pi}{2T_b}\right)t\right] \tag{3.14}$$

式中，$\omega_c=2\pi\dfrac{f_1+f_2}{2}$ 为载波中心；$T_b$ 为数据码元宽度；$a_n=\pm1$ 为基带信号双极性 NRZ 码。

设 $x_n$ 为第 $n$ 个码元的初相位，则 MSK 信号的时域表达式的一般形式为

$$S_{MSK}(t)=A\cos\left[\omega_c t+a_n\left(\frac{\pi}{2T_b}\right)t+x_n\right]\quad (n-1)T_b\leqslant t\leqslant nT_b \tag{3.15}$$

令 $\theta_n(t)=a_n\left(\frac{\pi}{2T_b}\right)t+x_n$，称之为瞬时相偏（附加相位）。

MSK 是连续相位调制，即第 $n$ 个码元结束时的相位等于第 $n+1$ 个码元开始时的相位，但并非所有的 2FSK 都能满足此条件，要满足就必须对初相位 $x_n$ 提出要求。要保证相位连续，其瞬时相偏要满足：$t=nT_b$ 时刻，$\theta_{n-1}(nT_b)=\theta_n(nT_b)$（也可表示为 $\theta_n(nT_b)=\theta_{n+1}(nT_b)$），它表示前一码元 $a_{n-1}$ 在 $t=nT_b$ 时刻的载波相位与当前码元 $a_n$ 在 $nT_b$ 时刻的载波相位相等。即由

$$\theta_{n-1}(nT_b)=a_{n-1}\frac{\pi(nT_b)}{2T_b}+x_{n-1} \tag{3.16}$$

$$\theta_n(nT_b)=a_n\frac{\pi(nT_b)}{2T_b}+x_n \tag{3.17}$$

得 $x_n=x_{n-1}+\frac{n\pi}{2}(a_{n-1}-a_n)$，此式为初相位 $x_n$ 的递推公式，进一步推导可得

$$x_n=\begin{cases} x_{n-1} & a_n=a_{n-1} \\ x_{n-1}\pm k\pi & a_n\neq a_{n-1} \end{cases} \tag{3.18}$$

设 $x_0=0$，则 $x_n=0$ 或 $\pm\pi$。

**3. MSK 的特点**

（1）恒包络。

（2）$m_f=1/2$，在码元转换时刻，信号相位连续，但相位路径是折线（如图 3.21 所示）。

例如，信息发射速率为 1000 Baud，载波频率为 2000 Hz，则 MSK 已调信号波形及相位轨迹图如图 3.21 所示。

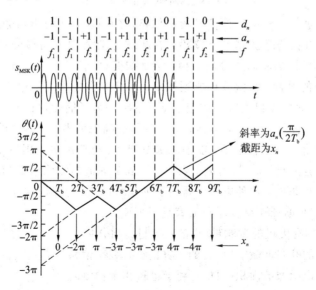

图 3.21　MSK 已调信号波形和相位轨迹图

　　（3）MSK 功率谱更加紧凑，主瓣所占的频带宽度比 BPSK 信号的窄（比 QPSK 信号宽），在主瓣之外，功率谱旁瓣的下降也更加迅速（比 BPSK 和 QPSK 都快），所以适合于窄带信道中传输。另外，由于占用带宽窄，故 MSK 抗干扰性能优于 BPSK。

## 3.5.2　高斯滤波最小频移键控(GMSK)

　　MSK 的上述特点都是移动通信所希望的，但移动通信对信号带外辐射的限制更为严格，必须衰减 70～80 dB，旁瓣衰减快可以减小邻道干扰，这样 MSK 信号仍不能满足要求，原因是旁瓣衰减还不够快（不够快的主要原因是 MSK 的相位路径是折线）。要改善这一点的一个方法是加高斯滤波器。即在 MSK 调制器前端加一个高斯滤波器构成 GMSK 调制，双极性 NRZ 矩形脉冲序列经高斯低通滤波器后，其信号波形得到平滑，再经过 MSK 调制，则 MSK 输出的相位路径就由折线变得平滑，其功率谱旁瓣衰减更快。泛欧 GSM 标准就采用的 GSMK 调制方式，这种恒包络技术在非线性移动通信信道中具有较好的性能，电源效率高。

### 1. 高斯滤波器的性能

GMSK 的原理图如图 3.22 所示。

图 3.22　GMSK 的原理图

采用由 FM 构成的 GMSK 发射机的框图如图 3.23 所示。

图 3.23　GMSK 发射机的框图

　　为什么高斯滤波器会影响已调信号的相位路径（轨迹），从而影响旁瓣的衰减呢？对于矩形脉冲，由于它有拐角且陡峭的下降沿，在频域上会表现为高频分量，从而产生旁瓣，在频域上通过一个滤波器将高频分量去掉，会加快旁瓣的衰减，这种让矩形脉冲或冲激脉冲通过某种滤波器的过程，叫做脉冲成型技术。脉冲成型技术广泛地应用于数字调制技术中（在前面的学习中我们没提到脉冲成型技术，主要是为了简化讨论）。用于脉冲成型的滤波器可分为两种：一种是升余弦滤波器；另一种是高斯滤波器。这两种滤波器是有区别的：升余弦滤波器是符合奈奎斯特法则，能消除 ISI(PSK、QPSK 中应用)；而高斯滤波器不符合奈奎斯特法则，会引起 ISI。从时域上看，由于高斯滤波器滤除了高频分量，因此必然对原来的时域信号产生影响，这种影响就是使脉冲信号的边沿变圆和展宽，从而引起 ISI。

　　在 GMSK 中，高斯低通滤波器必须满足下列要求：

　　（1）带宽窄，具有尖锐的过滤带（目的：抑制高频分量）。

　　（2）具有较低的峰突冲激响应（目的：防止瞬时频率偏移过大）。

　　（3）能保持输出脉冲的面积（目的：利于进行相干检测）。

### 2. 高斯滤波器的设计

高斯滤波器的冲激响应为

$$h_G(t) = \frac{\pi}{\alpha} e^{-\frac{\pi^2}{\alpha^2} t^2} \tag{3.19}$$

传递函数为

$$H_G(f) = e^{-\alpha^2 f^2} \tag{3.20}$$

参数 $\alpha$ 与高斯滤波器的 3 dB 带宽 $B_b$ 有关，即

$$\alpha = \frac{\sqrt{\ln 2}}{\sqrt{2} B} = \frac{0.5887}{B_b} \tag{3.21}$$

式中，$B_b$ 对码元速率 $f_b$ 归一化的值称为归一化 3 dB 带宽，它是高斯滤波器的重要参数。归一化 3 dB 带宽的取值将影响已调制信号的性能，工程设计中应慎重选择。

高斯滤波器对单个宽度为 $T_b$ 的矩形脉冲响应为

$$g(t) = Q\left[\frac{2\pi B_b}{\sqrt{\ln 2}}\left(t - \frac{T_b}{2}\right)\right] - Q\left[\frac{2\pi B_b}{\sqrt{\ln 2}}\left(t + \frac{T_b}{2}\right)\right] \tag{3.22}$$

这就是 GMSK 信号的基带波形。式中：

$$Q(t) = \int_t^\infty \frac{1}{\sqrt{2\pi}} e^{-\frac{\tau^2}{2}} d\tau \tag{3.23}$$

由此可见，高斯滤波器可由归一化 3 dB 带宽 $B_b T_b$ 完全定义。习惯上，用 $B_b T_b$ 来定义 GMSK。GMSK 的 $B_b T_b$ 越小，旁瓣衰减越快，但会增加误码率，这是由于低通滤波器引发的码间干扰也越大。所以往往从频谱利用率和误码率双方考虑 $B_b T_b$ 应折中选择。GSM 系统中归一化 3 dB 带宽的取值一般为 $B_b T_b = 0.3$。

归一化 3 dB 带宽的值还会影响基带波形 $g(t)$ 的形状（如图 3.24 所示），从而影响已调信号的相位变化规律和频谱特性。

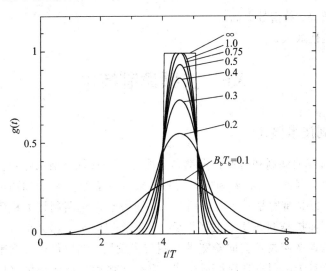

图 3.24　GMSK 信号的基带波形

### 3. GMSK 信号的功率谱

GMSK 信号的功率谱如图 3.25 所示。由此可以看出，随着归一化 3 dB 带宽 $B_b T_b$ 的增加，信号的带外辐射增加，$B_b T_b$ 趋于无限大时，与 MSK 信号的功率谱相同；随着归一化 3 dB 带宽 $B_b T_b$ 的减少，信号的带外辐射减少，$B_b T_b = 0.2$ 时，与 TFM 信号的功率谱

相近。

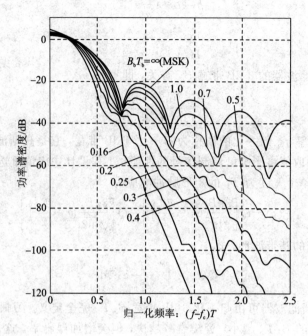

图 3.25　GMSK 信号的功率谱

**4. GMSK 的优点**

GMSK 具有以下优点：

(1) 恒包络。

(2) 旁瓣衰减快，频谱效率高。

(3) 适合非线性放大。

# 3.6　扩频调制技术

## 3.6.1　扩频调制技术概述

目前我们所研究的调制和解调技术都是争取在静态加性高斯白噪声信道中有更高的功率效率和宽带效率，因此，所有调制方案的主要设计的立足点在于如何减少传输带宽，即传输带宽最小化。但是带宽是一个有限的资源，随着窄带化调制接近极限，最后只能压缩信息本身的带宽。而扩频调制技术正好相反，它所采用的带宽比最小信道传输带宽要大好几个数量级，所以该调制技术就向着宽带调制技术发展，即以信道带宽来换取信噪比的改善。扩频调制系统对于单用户来说很不经济，但是在多用户接入环境当中，它可以保证多用户同时通话时相互之间不会干扰。

扩展频谱(简称扩频)的精确定义为：扩频(Spread Spectrum)一般是指用比信号带宽宽得多的频带宽度来传输信息的技术。频带的扩展由独立于信息的码来实现，在接收端用同步接收技术实现解扩和数据恢复。这样的技术称为扩频调制，而传输这样信号的系统就为扩频系统。

目前,展宽频谱的方法有直接序列扩频、跳频扩频、跳时扩频。跳时扩频很少单独使用,用于商用的一般为前两种:

(1) 直接序列扩频,简称直接扩频(DS):这种方法采用比特率非常高的数字编码的随机序列去调制载波,使信号带宽远大于原始信号带宽。

(2) 跳频扩频,简称跳频(FH):这种方法采用较低速率编码序列的指令去控制载波的中心频率,使其离散地在一个给定频带内跳变,形成一个宽带的离散频率谱。

扩频调制系统的抗干扰性能非常好,特别适合于无线移动环境中应用。扩频系统有以下一些优点:

(1) 抗干扰能力强,特别是抗窄带干扰能力。

(2) 可检性低(Low Probability of Intercept,LPI),不容易被侦破。

(3) 具有多址能力,易于实现码分多址(CDMA)技术。

(4) 可抗多径干扰。

(5) 可抗频率选择性衰落。

(6) 频谱利用率高,容量大(可有效利用纠错技术、正交波形编码技术、语音激活技术等)。

(7) 具有测距能力。

## 3.6.2　PN 码序列

在扩频通信中,扩频码常采用伪随机序列。伪噪声序列(PN)或伪随机序列是一种自相关的二进制序列,在一段周期内其自相似性类似于伪随机二进制序列,其特性和白噪声的自相关特性相似。

PN 码的码型将影响码序列的相关性,序列的码元(码片)长度将决定扩展频谱的宽度,所以 PN 码的设计直接影响扩频系统的性能。在直接序列扩频任意选址的通信系统当中,对 PN 码有如下要求:

(1) PN 码的比特率应能够满足扩频带宽的需要。

(2) PN 码的自相关性要大,且互相关性要小。

(3) PN 码应具有近似噪声的频谱性质,即接近连续谱,且均匀分布。

PN 码通常是通过序列逻辑电路得到的。通常应用当中的 PN 码有 m 序列、Gold 序列等多种伪随机序列。在移动通信的数字信令格式中,PN 码常被用作帧同步编码序列,利用相关峰来启动帧同步脉冲以实现帧同步。

## 3.6.3　直接序列扩频(DS - SS)

直接序列扩频(DS - SS)系统也称为直接扩频系统,或称为伪噪声系统,记作 DS 系统。它通过将伪噪声序列直接与基带脉冲数据相乘来扩展基带数据,其伪噪声序列由伪噪声生成器产生。PN 波形的一个脉冲或符号称为"码片"。图 3.26 给出了使用二进制相移调制的 DS 系统的功能框图。这是一个普遍使用的直接序列扩频的方法。同步数据符号位有可能是信息位,也有可能是二进制编码符号位。在相位调制前以"模 2 加"的方式形成码片。接收端则可能会采用相干或者非相干的 PSK 解调器。

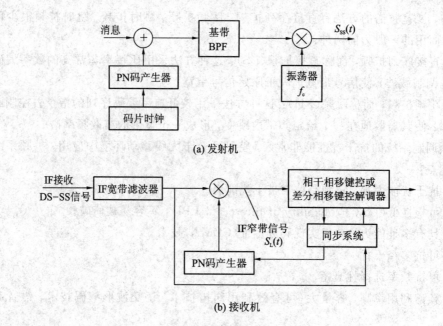

(a) 发射机

(b) 接收机

图 3.26　二进制相移调制的 DS - SS 系统框图

单用户扩频信号可以表示如下：

$$S_{SS}(t)=\sqrt{\frac{2E_s}{T_s}}\,m(t)p(t)\cos(2\pi f_c t+\theta) \tag{3.24}$$

式中，$m(t)$ 为数据序列；$p(t)$ 为 PN 码序列；$f_c$ 为载波频率；$\theta$ 为载波初始相位。

数据波形是一串在时间序列上非重叠的矩形波形，每个波形的幅度等于 +1 或 -1。在 $m(t)$ 中，每个符号代表一个数据符号且其持续周期为 $T_s$。PN 码序列 $p(t)$ 中每个脉冲代表一个码片，通常也是幅度等于 +1 或 -1，持续周期为 $T_c$ 的矩形波，$T_s/T_c$ 是一个整数。若扩频信号 $S_{SS}(t)$ 的带宽是 $W_{SS}$，$m(t)\cos(2\pi f_c t)$ 的带宽是 $B$，由于 $p(t)$ 扩频，则 $W_{SS}\gg B$。

对于图 3.26(b) 中的 DS 接收机，假设接收机已经达到了码元同步，接收到的信号通过宽带滤波器，然后与本地的 PN 序列 $p(t)$ 相乘。如果 $p(t)=+1$ 或 -1，则 $p^2(t)=1$，这样经过乘法运算得到中频解扩频信号

$$S_L(t)=\sqrt{\frac{2E_s}{T_s}}\,m(t)\cos(2\pi f_c t+\theta) \tag{3.25}$$

把这个信号作为进入解调器的输入端。因为 $S_L(t)$ 是 BPSK 信号，相应地通过相关的解调器就可以提取出原始的数据信号 $m(t)$。

### 3.6.4　跳频扩频(FH - SS)

跳频涉及射频的一个周期性的改变。一个跳频信号可以视为一系列调制数据突发，它具有时变、伪随机的载频。如果将载频置于一个固定的频率上，那么这个系统就是一个普通的数字调制系统，其射频为一个窄带谱。跳频是指用一定码序列进行选择的多频率频移键控。也就是说，用扩频码序列去进行频移键控调制，使载波频率不断地跳变。跳频系统有几个、几十个甚至上千个频率，由所传信息与扩频码的组合去进行选择控制，不断跳变。

所有可能的载波频率的集合称为跳频集。

发射机的振荡频率在很宽的频率范围内不断地变换，在接收端必须以同样的伪码设置本地频率合成器，使其与发送端的频率作相同的改变，即收发必须同步，才能保证通信的建立。所以，解决同步和定时是实际跳频系统的一个关键问题。

如果每次跳频只使用一个载波频率（单信道），数字数据调制就称为单信道调制。图3.27 给出了一个单信道的 FH - SS 系统。跳频之间的持续时间称为跳频持续时间或跳频周期，用 $T_b$ 表示。若跳频总带宽和基带信号带宽分别用 $W_{SS}$ 和 $B$ 表示，则处理增益为 $W_{SS}/B$。

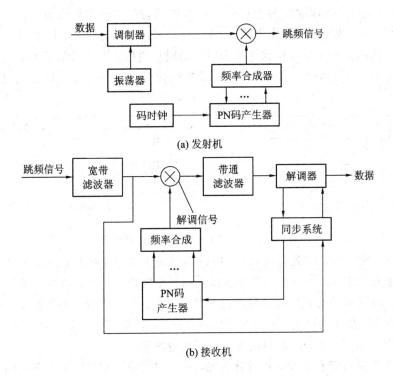

图 3.27　单信道的 FH - SS 系统框图

如果跳频序列能被接收机产生并且与接收信号同步，则可以得到固定的差频信号，然后再进入传统的接收机当中。在 FH - SS 系统中，一旦一个没有预测到的信号占据了跳频信道，就会在该信道中带入干扰和噪声并因此而进入解调器。这就是在相同的时间和相同的信道上与没有预测到的信号发生冲突的原因。

跳频可分为快跳频和慢跳频两种。如果一次发射信号周期间有不止一个频率跳跃，则为快跳频。这样，快跳频意味着跳频速率大于或等于信息速率。如果在频率跳跃的时间间隔中有一个或多个信号发射，则为慢跳频。

如果采用二进制 FSK，则一对可能的瞬时频率每次跳频时都要发生变动。发射信号占据的频率信道称为发射信道。另一个信号发射时所占据的信道称为互补信道。FH - SS 系统的跳频速率取决于接收机合成器的频率灵敏性、发射信息的类型、抗碰撞的编码冗余度，以及与最近的潜在干扰的距离。

由于跳频系统对载波的调制方式并无限制，并且能与现有的模拟调制兼容，所以在军用短波和超短波电台中得到了广泛的应用。移动通信中采用调频调制系统虽然不能完全避免"远近效应"带来的干扰，但是能大大减少它的影响，这是因为跳频系统的载波频率是随机改变的。

### 3.6.5　跳时扩频(TH‐SS)

时间跳变也是一种扩展频谱技术，跳时扩频系统是时间跳变扩展频谱通信系统(Time Hopping Spread Spectrum Communication Systems，TH‐SS)的简称，主要用于时分多址(TDMA)通信中。与跳频扩频系统相似，跳时扩频系统使发射信号在时间轴上离散地跳变。先把时间轴分成许多时隙，这些时隙在跳时扩频通信中通常称为时片，若干时片组成一跳时时间帧。在一帧内哪个时隙发射信号由扩频码序列去进行控制。因此，可以把跳时理解为：用一伪随机码序列进行选择的多时隙的时移键控。由于采用了很窄的时隙去发送信号，相对说来，信号的频谱也就展宽了。图3.28是TH‐SS系统的简化原理框图。

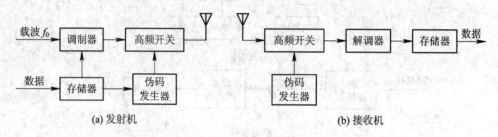

图3.28　TH‐SS系统的简化原理框图

在发送端，输入的数据先存储起来，由扩频码发生器产生的扩频码序列去控制通、断开关，经二相或四相调制后再经射频调制后发射。在接收端，当接收机的伪码发生器与发送端同步时，所需信号就能每次按时通过开关进入解调器。解调后的数据也经过缓冲存储器，以便恢复原来的传输速率，不间断地传输数据，提供给用户均匀的数据流。只要收、发两端在时间上严格同步进行，就能正确地恢复原始数据。

跳时扩频系统可以看成是一种时分系统，所不同的地方在于它不是在一帧中固定分配一定位置的时隙，而是由扩频码序列控制的按一定规律跳变位置的时隙。跳时扩频系统能够用时间的合理分配来避开附近发射机的强干扰，是一种理想的多址技术。但当同一信道中有许多跳时信号工作时，某一时隙内可能有几个信号相互重叠，因此，跳时扩频系统也和跳频系统一样，必须采用纠错编码，或采用协调方式构成时分多址。由于简单的跳时扩频系统抗干扰性不强，很少单独使用。跳时扩频系统通常都与其他方式的扩频系统结合使用，组成各种混合方式。从抑制干扰的角度来看，跳时扩频系统得益甚少，其优点在于减少了工作时间的占空比。一个干扰发射机为取得干扰效果就必须连续地发射，因为干扰机不易侦破跳时扩频系统所使用的伪码参数。跳时扩频系统的主要缺点是对定时要求太严。

## 习　题　3

1. 信源编码和信道编码的目的分别是什么？
2. 语音编码可分为哪三类？各类语音编码具有哪些特点？

3. 简述移动通信中对语音编码的要求。

4. 什么是码距和码重？

5. 分组码和卷积码有何区别？

6. 采用交织编码的目的是什么？它与分组码有何区别？

7. 什么是调制？移动通信对数字调制有哪些要求？

8. QPSK 和 OQPSK 的最大相位变化量分别是多少？各有哪些优缺点？

9. QPSK、OQPSK 和调制的星座图、相位转移图有什么异同之处？

10. 画出一个产生 GMSK 信号的 GMSK 调制器的框图。

11. 分析 GMSK 调制时高斯滤波器的带宽对信号频谱形状的影响。当 $B_b T_b$ 值分别为 0.2、0.5 和 1 时，画出信号的频谱形状。

12. GMSK 与 MSK 信号相比，其频谱特性得以改善的原因是什么？

13. 在 GMSK 中，高斯低通滤波器必须满足哪些要求？

14. 什么是扩频调制技术？扩频调制的目的是什么？

15. PN 码序列的哪些特点使它具有类似噪声的性质？

16. 画图说明直接序列扩频和解扩的原理。

17. 画图说明跳频扩频和解扩的原理。

18. 简述直接序列扩频、跳频扩频和跳时扩频的优缺点。

# 第4章　组网技术

移动通信在追求最大容量的同时，还要追求最大的覆盖面积，也就是无论移动用户移动到什么地方，移动通信系统都应覆盖到。当然，当今的移动通信系统还无法做到这一点，但它应能够在其覆盖的区域内提供良好的话音和数据通信。而要实现移动用户在其覆盖范围内的良好通信，就必须有一个通信网支撑，这个网就是移动通信网。

本章将介绍移动通信中的干扰、区域覆盖、信道配置、提高蜂窝系统容量的方法、多信道共用技术、系统的移动性管理等内容。为后续章节的学习打下基础。

## 4.1　移动通信网的基本概念

移动通信网是承载移动通信业务的网络，主要完成移动用户之间、移动用户与固定用户之间的信息交换。一般来说，移动通信网由空中网络和地面网络两部分组成。空中网络又称为无线网络，主要完成无线通信；地面网络又称为有线网络，主要完成有线通信。

**1. 空中网络**

空中网络是移动通信网的主要部分，主要包括多址接入、频率复用和区域覆盖等。

1）多址接入

移动通信是利用无线电波在空间传递信息的。多址接入要解决的问题是在给定的频率资源下如何共享，以使得有限的资源能够传输更大容量的信息，它是移动通信系统的重要问题。由于采用何种多址接入方式直接影响到系统容量，所以一直是人们关注的热点。

2）频率复用和区域覆盖

频率复用主要解决频率资源限制的问题，而区域覆盖要解决的是服务区内要设置多少个基站的问题。采用蜂窝小区实现频率复用最早是由美国贝尔实验室提出的，通过蜂窝组网方法可以很好地解决区域覆盖问题。

蜂窝组网理论的要点如下：

（1）无线蜂窝小区覆盖和小功率发射。蜂窝组网放弃了点对点传输和广播覆盖模式，将一个移动通信服务区划分成许多以正六边形为基本几何图形的覆盖区域，该覆盖区域称为蜂窝小区。一个较低功率的发射机服务一个蜂窝小区。

（2）频率复用。频率复用是指相同的频率在相隔一定距离的另一小区重复使用，其依据的是无线电波的传播损耗能够提供足够的隔离度。采用频率复用大大地缓解了频率资源紧缺的矛盾，增加了用户数目或系统容量。但是频率复用会带来同频干扰的问题。

（3）多信道共用和越区切换。多信道共用技术是解决网内大量用户如何有效共享若干无线信道的技术。其原理是利用信道占用的间断性，使许多用户能够任意地、合理地选择信道，以提高信道的使用效率，这与市话用户共同享有中继线相类似。由于不是所有的呼叫都能在一个蜂窝小区内完成全部接续业务，所以，为了保证通话的连续性，当正在通话的移动台进入相邻无线小区时，移动通信系统必须具有自动转换到相邻小区基站的越区切换功能，即切换到新的信道上，从而不中断通信过程。

3）切换和位置更新

采用蜂窝式组网后，切换技术显得十分重要。多址接入方式不同，切换技术也不同。位置更新是移动通信所特有的（由于移动用户会在移动通信网中任意移动，网络需要在任何时刻联系到用户，以实现对移动用户的有效管理）。

**2. 地面网络**

地面网络部分主要包括：

（1）服务区内各个基站的相互连接。

（2）基站与固定网（如 PSTN、ISDN、数据网等）。

# 4.2 移动通信环境下的干扰

干扰是限制移动通信系统性能的主要因素。干扰来源包括相邻小区中正在进行通信，使用相同频率的其他基站，无意中渗入系统频带范围的任何干扰系统等。话音信道上的干扰会导致串话，使用户听到背景干扰。信令信道上的干扰则会导致数字信号发送上的错误，而造成呼叫遗漏或阻塞。无线电干扰常见的有同频干扰、邻道干扰、互调干扰等。

## 4.2.1 同频干扰

同频干扰也称为同道干扰（Co-Channel Interference，CCI）或共道干扰，是指所有落在接收机通带内的与有用信号频率相同的无用信号的干扰。恶劣的天气、过度拥挤的频谱或不合理的频率规划等都可能导致同频干扰。以上关于同频干扰的定义是针对频率域，如果将信道的概率扩展到其他维度（如空间、时间等），同频干扰的定义也要有相应的改变。

在移动通信系统中，为了提高频率利用率，在相隔一定的距离以外，可以使用相同的频率，称为频率复用。频率复用意味着在一个给定的覆盖区域内，存在许多使用同一组频率的小区。这些小区被称为同频小区。频率复用带来的问题就是同频干扰。复用距离越近，同频干扰就越大；复用距离越远，同频干扰就越小，但频率利用率就会降低。总的来讲，只要在接收机输入端存在同频干扰，接收系统就无法滤除和抑制它，所以系统设计时要确保同频小区在物理上隔开一个最小的距离，以为电波传播提供充分的隔离。

为避免同频干扰和保证接收质量，必须使接收输入端的信号电平与同频干扰电平之比大于或等于射频保护比（Radio-Frequency Protection Ratio）。射频保护比是达到规定接收质量时所需的射频信号对同频无用射频信号的比值，它不仅取决于通信距离，还与调制方式、电波传播特性、通信可靠性、无线小区半径、选用的工作方式等因素有关。

为了提高频率利用率，在满足一定通信质量的条件下，允许使用相同频道的无线区域之间的最小距离称为同频道复用的最小安全距离，简称同频复用距离或共道复用距离。"安全"是指接收机输入端的有用信号与同频干扰的比值满足通信质量要求，即大于射频保护比。

图 4.1 给出了同频复用距离的示意图。假设基站 A 和基站 B 使用相同的频道，移动台 M 正在接收基站 A 发射的信号，由于基站天线高度远高于移动台天线高度，因此移动台

M 处于小区边沿时，最易受到基站 B 发射的同频干扰。若输入到移动台接收机的有用信号与同频干扰比等于射频保护比，则 A、B 两基站之间的距离即为同频复用距离，记为 $D$。

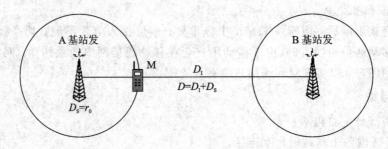

图 4.1　同频复用距离的示意图

由图可知

$$D = D_I + D_S = D_I + r_0 \tag{4.1}$$

式中，$D_I$ 为同频干扰源至被干扰接收机之间的距离；$D_S$ 为有用信号的传播距离，即小区半径 $r_0$。

通常，定义同频复用系数为

$$\alpha = \frac{D}{r_0} \tag{4.2}$$

由式(4.1)可得同频复用系数为

$$\alpha = \frac{D}{r_0} = 1 + \frac{D_I}{r_0} \tag{4.3}$$

假定各基站与移动台的设备参数相同，地形条件也理想，同频复用距离与下列因素有关：

(1) 调制方式。为达到规定的接收信号质量，对于不同的调制方式，所需的射频保护比是不同的。

(2) 电波传播特性。假定传播路径是光滑的地平面，路径损耗 $L$ 可由式(4.4)近似确定

$$L = \frac{d^4}{h_t^2 h_r^2} \tag{4.4}$$

式中，$d$ 是收发天线之间的距离；$h_t$ 和 $h_r$ 分别表示发射天线与接收天线的高度。如果 $d$ 的单位是 km，$h_t$ 和 $h_r$ 的单位是 m，则

$$L = 120 + 40 \lg d - 20 \lg(h_t h_r) \quad \text{(dB)} \tag{4.5}$$

(3) 基站覆盖范围或小区半径 $r_0$。

(4) 通信方式。通信方式可分为同频单工通信和异频双工通信。

(5) 要求的可靠通信概率。

## 4.2.2　邻道干扰

邻道干扰(Adjacent Channel Interference，ACI)是一种来自相邻或相近的频道的干扰，即干扰台信号功率落入相邻或相近接收机接收频带内造成的干扰。相近频道可以相隔几个或几十个频道。领道干扰有两个方面：一是由于工作频带紧随的若干频道的寄生边带功率、宽带噪声、杂散辐射等产生的干扰；二是指移动通信网内，一组空间离散的邻近工作

频道引入的干扰。

解决领道干扰的措施包括：

（1）降低发射机落入相邻频道的干扰功率，即减少发射机带外辐射。

（2）提高接收机的邻道选择性。

（3）在网络设计中，避免相邻频道在同一小区或相邻小区内使用。

邻道干扰也可以通过精确的滤波和信道分配而减到最小。

### 4.2.3　互调干扰

互调干扰是由传输设备中的非线性电路产生的。它是指两个或多个信号作用在通信设备的非线性器件上，产生与有用信号频率相近的组合频率，从而对通信系统构成干扰的现象。

**1. 产生互调干扰的基本条件**

在专用网和小容量网中，互调干扰可能成为影响设台组网的问题。产生互调干扰的基本条件是：

（1）几个干扰信号的频率（$\omega_A$，$\omega_B$，$\omega_C$）与受干扰信号的频率（$\omega_S$）之间满足 $2\omega_A - \omega_B = \omega_S$ 或 $\omega_A + \omega_B - \omega_C = \omega_S$ 的条件。

（2）干扰信号的幅度足够大。

（3）干扰（信号）站和受干扰的接收机都同时工作。

**2. 互调干扰的分类**

在移动通信系统中，互调干扰分为发射机互调干扰和接收机互调干扰。

1）发射机互调干扰

一部发射机发射的信号进入了另一部发射机，并在其末级功放的非线性作用下与输出信号相互调制，产生不需要的组合干扰频率，从而对接收信号频率与这些组合频率相同的接收造成的干扰，称为发射机互调干扰。减少发射机互调干扰的措施如下：

（1）加大发射机天线之间的距离。

（2）采用单向隔离器件和高品质因子的谐振腔。

（3）提高发射机的互调转换衰耗。

2）接收机互调干扰

当多个强干扰信号进入接收机前端电路时，在器件的非线性作用下，干扰信号互相混频后产生可落入接收机中频频带内的互调产物而造成的干扰，称为接收机互调干扰。减少接收机互调干扰的措施如下：

（1）提高接收机前端电路的线性度。

（2）在接收机前端插入滤波器，提高其选择性。

（3）选用无三阶互调的频道组工作。

**3. 在设台组网中对抗互调干扰的措施**

（1）对于蜂窝移动通信网而言。由于需要的频道多采用空腔谐振式合成器，所以可采用互调最小的等间隔频道配置方式，并依靠具有优良互调抑制指标的设备来抑制互调干扰。

（2）对于专用的小容量移动通信网而言。主要采用不等间隔排列的无三阶互调的频道配置方法来避免发生互调干扰。

#### 4.2.4　阻塞干扰

当外界存在一个离接收机工作频率较远，但能进入接收机并作用于其前端电路的强干扰信号时，由于接收机前端电路的非线性而造成对有用信号增益降低或噪声增高，使接收机灵敏度下降的现象称为阻塞干扰。这种干扰与干扰信号的幅度有关，幅度越大，干扰越严重。当干扰电压幅度非常大时，可导致接收机收不到有用信号而使通信中断。

#### 4.2.5　近端对远端的干扰

当基站同时接收从两个距离不同的移动台发来的信号时，距基站近的移动台 B（距离 $d_2$）到达基站的功率明显要大于距离基站远的移动台 A（距离 $d_1$，$d_2 \ll d_1$）的到达功率，若二者频率相近，则距基站近的移动台 B 就会造成对接收距离远的移动台 A 的有用信号的干扰或抑制，甚至将移动台 A 的有用信号淹没。这种现象称为近端对远端干扰，又称为远近效应。

克服近端对远端干扰的措施主要有两个：一是使两个移动台所用频道拉开必要间隔；二是移动台端自动（发射）功率控制（APC），使所有工作的移动台到达基站功率基本一致。由于频率资源紧张，几乎所有的移动通信系统的基站和移动终端都采用 APC 工作。

## 4.3　区域覆盖与信道配置

无线电波的传输损耗是随着距离的增加而增加的，并且受地形环境的影响，因此移动台和基站之间的有效通信距离是有限的。在大区制（单个基站覆盖一个服务区）的网络中可容纳的用户数很有限，无法满足大容量的要求；而在小区制（每个基站仅覆盖一个小区）网络中，为了提高频率资源利用率，获得更高的系统容量，并将同频干扰控制在一定范围内，需要将相同的频率在相隔一定距离的小区中重复使用来达到系统的要求。大区制主要用在第一代模拟蜂窝移动通信网，从第二代数字蜂窝移动通信网开始，采用小区制来组网。本节将分别对大区制和小区制的网络覆盖问题进行讨论，同时还将讨论移动通信中的信道分配问题。

#### 4.3.1　区域覆盖

##### 1. 大区制移动通信网络的区域覆盖

大区制移动通信通过增大基站覆盖范围，实现大区域内的移动通信。为了增大基站的覆盖区半径，在大区制的移动通信系统中，基站天线架设得很高，可达几十米甚至几百米；基站的发射功率很大，一般为 50～200 W。实际覆盖半径达 30～50 km。

大区制方式的优点是网络简单、成本低，一个大区制移动通信网络一般借助市话交换局设备（如图 4.2 所示）和很高的天线，将基站的收发信设备与市话交换局连接起来，为一个大的服务区提供移动通信业务。一个大区制系统的频道数量有限，容量不大，可容纳的用户数一般只能达到几十个至几百个，不能满足用户数量日益增加的需要。

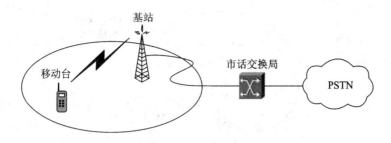

图 4.2　大区制移动通信示意图

为了扩大覆盖范围，往往可将如图 4.2 所示的无线系统重复配置，借助于控制中心接入市话交换局，如图 4.3 所示。但是控制中心的控制能力及多个控制中心的互联能力是有限的，因而这种系统的覆盖范围容量不大。这种大区制覆盖的移动通信方式只适用于中、小城市等业务量不大的地区或专用移动通信网。

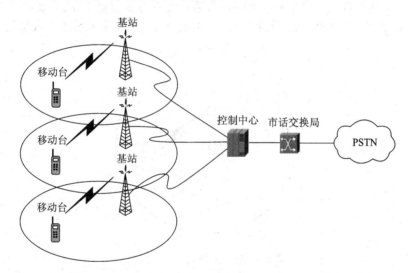

图 4.3　借助控制中心的大区制移动通信示意图

覆盖区域的划分取决于系统的容量、地形以及传播特性等。覆盖区域的半径则由以下因素确定：

(1) 在正常的传播损耗下，地球的曲率半径限制了传输的极限范围。

(2) 地形环境影响，如山丘、建筑物的阻挡，信号传播可能产生覆盖盲区。

(3) 多径、干扰等限制了传输距离。

(4) 基站发射功率受限导致覆盖范围有限。

(5) 移动台发射功率很小，上行(MS 至 BS)信号传输距离有限，限制了 BS 与 MS 的互通距离。

图 4.4 通过描述移动台与基站的不同相对位置，说明上、下行传输增益差是决定大区制系统覆盖区域大小的重要因素。

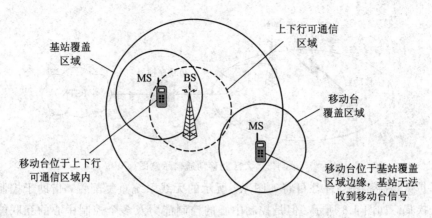

图 4.4　非对称的上、下行链路

解决上、下行传输增益差的问题，可采取相应的技术措施，例如：

（1）设置分集接收台。在业务区内的适当地点设立分集接收台 $R_d$，如图 4.5 所示。位于远端移动台的发送信号可以由就近的 $R_d$ 分集接收，放大后由有线或无线链路传至基站。

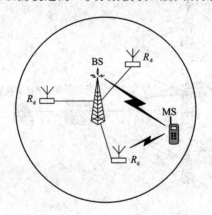

图 4.5　设置分集接收台示意图

（2）在大的覆盖范围内，用同频转发器（又称为直放站）扫除盲区，如图 4.6 所示。整个系统都能使用相同的频道，盲区中的移动台也不必转换频道，工作简单。

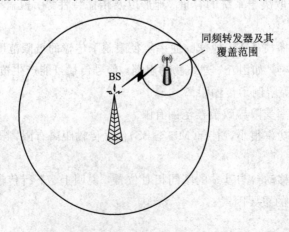

图 4.6　用同频转发器扫除盲区的示意图

（3）基站采用全向天线发射和定向天线接收，可以获得 8～10 dB 的接收增益。

（4）基站采用分集接收的天线配置方案，获得接收分集增益。

（5）提高基站接收机的灵敏度，以接收微弱的移动台信号。

**2. 小区制移动通信网络的区域覆盖**

当用户数很多时，话务量相应增大，需要提供很多频道才能满足通话要求。为了增大服务区域，从频率复用的观点出发，可以将整个服务区划分成若干个半径为 2～20 km 的小区，每个小区中设置基站，负责小区内移动用户的无线通信，这种方式称为小区制。小区制具有以下优点：

（1）可以提高频率利用率。这是因为在一个很大的服务区内，同一组频率可以多次重复使用，因而增加了单位面积上可供使用的频道数，提高了服务区的容量密度和频率资源的利用率。

（2）具有组网的灵活性。小区制随着用户数的不断增长，每个覆盖区还可以继续划小，以不断适应用户数量增长的实际需要。

由以上特点可以看出，采用小区制能够有效地解决频道数有限和用户数量增大的矛盾。

下面针对不同的服务区来讨论小区的结构和频率的分配方案。

1）带状网

带状网主要用于覆盖公路、铁路和海岸等，如图 4.7 所示。

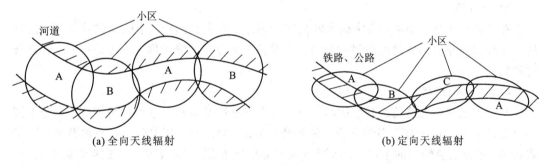

(a) 全向天线辐射　　　　　　　　　　　　(b) 定向天线辐射

图 4.7　带状网

基站天线若用全向辐射，覆盖区形状是圆形（如图 4.7(a) 所示）。在一些区域，业务需求集中在狭长区域（如沙漠、戈壁中的公路、铁路），为了提高覆盖效率，宜采用有向天线，使每个小区呈扁圆形（如图 4.7(b) 所示）。

带状网可进行频率复用，若以采用不同信道的两个小区组成一个区群（在一个区群内，各小区使用不同的频率，不同的区群可使用相同的频率），如图 4.7(b) 所示，则称之为双频制；若以采用不同的信道的三个小区组成一个区群，如图 4.7(a) 所示，则称之为三频制。从造价和频率资源的利用来看，双频制最好；但从抗同频干扰来看，双频制最差，还应考虑多频制。实际应用中往往采用多频制，例如，日本新干线列车无线电话系统采用三频制；我国及德国列车无线电话系统则采用四频制等。

设 $n$ 频制的带状网如图 4.8 所示。每一个小区的半径为 $r$，相邻小区的交叠宽度为 $a$，第 $n+1$ 区与第 1 区为同频小区，由此可以算出信号传输距离 $D_s$ 与同频干扰距离 $D_I$ 之比。若取传输损耗近似与传输距离的 4 次方成正比，则可得到最差情况下相应的干扰信号比，如表 4.1 所示。由表 4.1 可知，双频制最多只能获得 19 dB 的同频干扰抑制比（$a=0$），这通常是不够的。

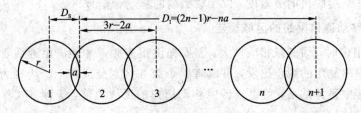

图 4.8　$n$ 频制的带状网

**表 4.1　带状网的同频干扰**

| | | 双频制 | 三频制 | $n$ 频制 |
|---|---|---|---|---|
| $D_s/D_I$ | | $\dfrac{r}{3r-2a}$ | $\dfrac{r}{5r-3a}$ | $\dfrac{r}{(2n-1)r-na}$ |
| $I/S$ | $a=0$ | $-19$ dB | $-28$ dB | $40\lg\dfrac{1}{2n-1}$ |
| | $a=r$ | $0$ dB | $-12$ dB | $40\lg\dfrac{1}{n-1}$ |

**2）蜂窝网**

在平面区域划分小区，通常组成蜂窝式的网络。在带状网中，小区呈线状排列，区群的组成和同频小区的距离的计算比较方便，而在平面分布的蜂窝网中，这是一个比较复杂的问题。

**（1）小区的形状。**

全向天线辐射的覆盖区是个圆形。为了不留空隙地覆盖整个平面的服务区，一个个圆形辐射区之间一定含有很多的交叠。在考虑了交叠之后，每个辐射区的有效覆盖区是一个多边形。根据交叠情况的不同，有效覆盖区可为正三角形、正方形或正六边形，如图 4.9 所示。若在每个小区相间 120°设置 3 个邻区，则有效覆盖区为正三角形；若在每个小区相间 90°设置 4 个邻区，则有效覆盖区为正方形；若在每个小区相间 60°设置 6 个邻区，则有效覆盖区为正六边形。理论证明，要用正多边形无空隙、无重叠地覆盖一个平面的区域，可取的形状只有正三角形、正方形或正六边形这三种。那么这三种形状哪一种最好呢？在辐

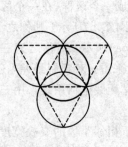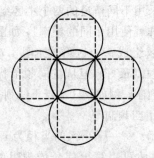

图 4.9　小区的形状

射半径 $r$ 相同的条件下，计算出三种形状小区的邻区距离、小区面积、交叠区宽度和交叠区面积，如表 4.2 所示。

**表 4.2 三种形状小区的比较**

| 小区形状 | 正三角形 | 正方形 | 正六边形 |
|---|---|---|---|
| 邻区距离 | $r$ | $2^{1/2}r$ | $3^{1/2}r$ |
| 小区面积 | $1.3r^2$ | $2r^2$ | $2.6r^2$ |
| 交叠区宽度 | $r$ | $0.59r$ | $0.27r$ |
| 交叠区面积 | $1.2\pi r^2$ | $0.73\pi r^2$ | $0.35\pi r^2$ |

由表 4.2 可见，在服务区面积一定的情况下，正六边形小区的形状最接近理想的圆形，用它覆盖整个服务区所需的基站数最少，也最经济。正六边形构成的网络形同蜂窝，因此将小区形状为六边形的小区制移动通信网称为蜂窝网。

（2）区群的组成。

相邻小区显然不能用相同的信道。为了保证同信道小区之间有足够的距离，附近的若干小区都不能用相同的信道。这些不同信道的小区组成一个区群，只有不同区群的小区才能进行信道再用。区群的组成满足以下两个条件：

① 若干个单位无线区群正六边形彼此邻接组成蜂窝式服务区。

② 邻接单位无线区群中的同频小区的中心间距相等。

满足上述条件的区群形状与区群内的小区数不是任意的。由此可以证明，区群内的小区数应满足：

$$N = i^2 + ij + j^2 \tag{4.6}$$

式中，$i$、$j$ 为整数。$N$ 的可能取值如表 4.3 所示，相应的区群形状如图 4.10 所示。

**表 4.3 区群小区数 $N$ 的取值**

| $i$ \ $j$ | 0 | 1 | 2 | 3 | 4 |
|---|---|---|---|---|---|
| 1 | 1 | 3 | 7 | 13 | 21 |
| 2 | 4 | 7 | 12 | 19 | 28 |
| 3 | 9 | 13 | 19 | 27 | 37 |
| 4 | 16 | 21 | 28 | 37 | 48 |

$i=1,N=3,j=1$     $i=0,N=4,j=2$     $i=1,N=7,j=2$     $i=0,N=9,j=3$     $i=2,N=12,j=2$

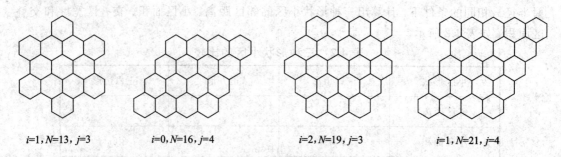

$i=1, N=13, j=3$　　　　　$i=0, N=16, j=4$　　　　　$i=2, N=19, j=3$　　　　　$i=1, N=21, j=4$

图 4.10　区群的组成

（3）同频小区的距离。

在区群内小区数不同的情况下，可用下面的方法来确定同频小区的位置和距离。如图 4.11 所示，自某一小区 A 出发，沿边的垂线方向跨 $j$ 个小区后，向左（或向右）转 $60°$，再跨 $i$ 个小区，便到达同频小区 A。在正六边形的 6 个方向上，可以找到 6 个相邻同信道小区，所有 A 小区之间的距离都相等。

假设小区的半径（即正六边形外接圆的半径）为 $r$，则可从图 4.11 中计算出相邻同频小区中心之间的距离为

$$D = \sqrt{3}\,r\sqrt{\left(j+\frac{i}{2}\right)^2 + \left(\frac{\sqrt{3i}}{2}\right)^2} = \sqrt{3(i^2+ij+j^2)} \cdot r = \sqrt{3N} \cdot r \tag{4.7}$$

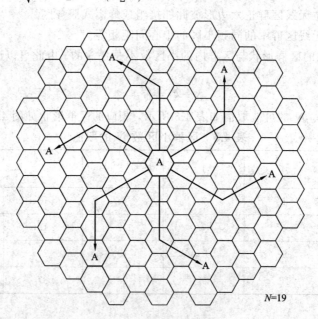

$N=19$

图 4.11　同频小区的确定

由此可见，群内小区数 $N$ 越大，同频小区的距离越远，抗同频干扰的性能就越好。例如，$N=3$，$D/r=3$；$N=7$，$D/r=4.6$。

（4）基站激励方式。

在每个小区中，基站可以设置在小区的中央，用全向天线形成圆形覆盖区，这种激励方式称为中心激励（如图 4.12（a）所示）。

基站也可以设置在小区的三个顶点上，每个基站采用三副 120°扇形辐射的定向天线，分别覆盖三个相邻小区的各三分之一区域，每个小区由三副 120°扇形天线共同覆盖，这种激励方式称为顶点激励（如图 4.12(b)所示）。采用 120°的定向天线后，一个小区内接收到的同频干扰功率仅为采用全向天线系统的 1/3，从而可以减少系统的同频干扰。此外，在不同地点采用多副定向天线也可以消除小区内障碍物产生的阴影区。

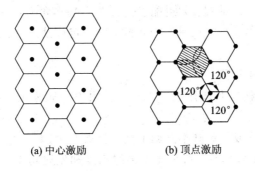

(a) 中心激励　　　　　　(b) 顶点激励

图 4.12　基站激励方式

以上讨论的整个服务区中的每个小区大小是相同的，这只能适应用户密度均匀的情况。事实上，服务区内的用户密度是不均匀的，例如，城市中心商业区的用户密度高，居民区和郊区的用户密度低。为了适应这种情况，在用户密度高的市中心可以使小区的面积小一些，在用户密度低的郊区可以使小区的面积大一些，如图 4.13 所示。

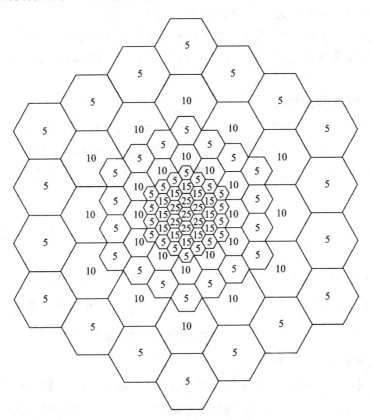

图 4.13　用户密度不等时的小区结构

## 4.3.2　信道配置

信道配置又称为频率配置，其主要解决将给定的信道如何分配给在一个区群中的各个小区的问题。信道配置主要针对 FDMA 和 TDMA 系统，而在 CDMA 系统中，所有用户由于使用相同的工作频率而无需进行信道配置。

频道配置是频率复用的前提。频道配置包含两个基本含义：一是频道分组，根据网络的需要将全部频道分成若干组；二是频道指配，以固定或动态分配的方法将频道指配给蜂窝网的用户使用。

频道分组需遵循以下原则：

(1) 根据国家或行业标准选择双工方式、载频中心频率值、频道间隔、收发间隔等参数。

(2) 确定无互调干扰或尽量减小互调干扰的分组方法。

(3) 考虑有效利用频率资源、降低基站天线高度和发射功率，在满足业务质量射频保护比的前提下，尽量减小同频复用距离，从而确定频道分组数。

频道指配时需注意以下问题：

(1) 在同一频道组中不能有相邻序号的频道，以避免邻道干扰。

(2) 相邻序号的频道不能指配给相邻小区或相邻扇区。

(3) 应根据移动通信设备抗邻道干扰能力来设定相邻频道的最小频率及空间间隔。

(4) 由规定的射频保护比建立频率复用的频道指配图案。

(5) 频率参数、远期规划、新规划的网和重叠网频率指配的协调一致。

下面介绍固定频道指配的方法，主要讨论频道组数、每组的频道数以及频道的频率分配。

### 1. 带状网的固定频道指配

当同频复用系数 $D/r_0$ 确定后，就能确定相应的频道组数。例如，若 $D/r_0=6$(或 8)，至少应有 3(或 4)个频道组，如图 4.14 所示。当采用定向天线时(如铁路、公路上)，根据通信线路的实际情况(如不是直线)，若能利用天线的方向隔离度，还可以适当地减少使用的频道组数。

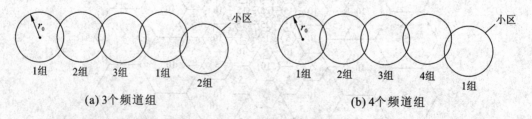

图 4.14　带状网的固定频道指配

### 2. 蜂窝状网的固定频道指配

由蜂窝状网的组成可知，根据同频复用系数 $D/r_0$ 确定单位无线区群，若单位无线区群由 $N$ 个无线区(即小区)组成，则需要 $N$ 个频道组。每个频道组的频道数可由无线区的话务量确定。

应用于蜂窝网的固定频道指配方法有两种：分区分组指配法和等频距指配法。

1）分区分组指配法

分区分组指配法遵循以下三个原则：

（1）尽量减小占用的总频段，以提高频段的利用率。

（2）同一区群内不能使用相同的信道，以避免同频干扰。

（3）小区内采用无三阶互调的相容信道组，以避免互调干扰。

根据以上原则，下面举例说明。

假设给定的频段按照等间隔划分，各信道的编号分别为 1，2，3，…；每个区群有 7 个小区，每个小区需 6 个信道，则采用分区分组指配法指配的结果如下：

第一组　　1，5，14，20，34，36
第二组　　2，9，13，18，21，31
第三组　　3，8，19，25，33，40
第四组　　4，12，16，22，37，39
第五组　　6，10，27，30，32，41
第六组　　7，11，24，26，29，35
第七组　　15，17，23，28，38，42

每一组信道指配给区群内的一个小区。这里使用 42 个信道就占用了 42 个信道的频段，是最佳的指配方案。

以上指配的主要出发点是避免三阶互调，但未考虑同一信道组中的频率间隔，可能会出现较大的邻道干扰，这是分区分组指配法的一个缺陷。

2）等频距指配法

等频距指配法是按照等频率间隔来配置频道的，只要频距选得足够大，就可以有效避免邻道干扰。这样的频率配置可能正好满足产生互调的频率关系，但正因为频距大，干扰易于被接收机输入滤波器滤除而不易作用到非线性器件上，从而避免了互调的产生。

等频距指配法根据区群内的小区数 $N$ 来确定同一信道组内各信道之间的频率间隔。例如，第一组用（1，1+$N$，1+2$N$，1+3$N$，…），第二组用（2，2+$N$，2+2$N$，2+3$N$，…）等。若 $N=7$，则信道的配置如下：

第一组　　1，8，15，22，29，…
第二组　　2，9，16，23，30，…
第三组　　3，10，17，24，31，…
第四组　　4，11，18，25，32，…
第五组　　5，12，19，26，33，…
第六组　　6，13，20，27，34，…
第七组　　7，14，21，28，35，…

由以上可见，同一频道组内的频道最小间隔为 7 个频道，若信道间隔为 25 kHz，则其最小频率间隔可达 175 kHz，接收机的输入滤波器便可有效地抑制邻道干扰和互调干扰。

如果是定向天线进行顶点激励的小区制，每个基站应配置三组信道，向三个方向辐射，例如，$N=7$，每个区群就需要 21 个信道组。整个区群内各个基站信道组的分布如图 4.15 所示。

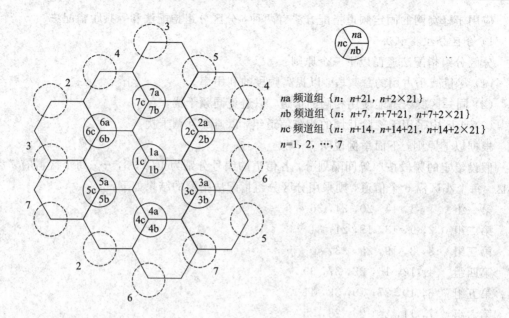

na 频道组 {n: n+21, n+2×21}
nb 频道组 {n: n+7, n+7+21, n+7+2×21}
nc 频道组 {n: n+14, n+14+21, n+14+2×21}
n=1, 2, …, 7

图 4.15　三顶点激励的信道配置

　　以上讨论的信道配置方法都是将某一组信道固定配置给某一基站，这只能适应移动台业务分布相对固定的情况。事实上，移动业务的地理分布是经常会发生变化的。例如，早上从住宅向商业区移动，傍晚又反向移动，发生交通事故或集会时又向某处集中。此时，某一小区业务量增大，原来配置的信道可能不够用，而相邻小区业务量小，原来配置的信道可能有空闲，小区之间的信道又无法相互调剂，因此频率的利用率不高，这就是固定配置信道的缺陷。

　　为了提高频率利用率，使信道的配置能随移动通信业务量的变化而动态调整，有两种方法：一是"动态配置法"，即根据业务量的变化重新配置全部信道；二是"柔性配置法"，即准备若干个信道，根据需要动态提供给某个小区使用。第一种方法虽然能够将频率利用率提高 20％以上，但需要及时计算出新的配置方案避免各类干扰，同时基站及天线共用器等设备也要与之适应，实现起来比较困难。第二种方法实现起来更简单，只需要预留部分频道资源，由多个基站共用，就可应对局部业务量的变化，是一种更实用的方法。

# 4.4　多 址 技 术

　　多址技术与通信中的信号多路复用一样，实质上都属于信号的正交划分与设计技术。不同点是多路复用的目的是区别多个通路，通常是在基带和中频上实现的，而多址技术是区分不同的用户地址，通常需要利用射频频段辐射的电磁波来寻找动态用户地址，同时为了实现多址信号之间不相互干扰，信号之间必须满足正交特性。

　　由于无线通信具有大面积无线电波覆盖和广播信道的特点，移动通信网内一个用户发射的信号其他用户均可以接收，为了使众多用户能够合理而方便地共享通信资源，有效地实现通信，需要有某种机制来决定资源的使用权，这就是多址技术，也称为多址接入控制技术。

移动通信中常用的多址技术有频分多址（FDMA）、时分多址（TDMA）、码分多址（CDMA）、空分多址（SDMA）。

对于数字式蜂窝移动通信网络，随着用户数和通信业务量的增加，一个突出的问题就是如何利用有限的通信资源来获得更高的系统容量。多址技术直接影响蜂窝通信系统的容量，不同的多址方式所获得的系统容量是本节研究的内容。

## 4.4.1　频分多址（FDMA）

### 1. FDMA 原理

频分多址（Frequency Division Multiple Access，FDMA）是将给定的频带划分为若干个等间隔的频道（或信道），并将这些频道分配给不同的用户使用。从图 4.16 可以看出，在频分双工中，为了保证相邻频道之间不产生明显的干扰，要求这些频道互不交叠，并且引入保护频带。

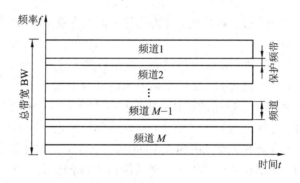

图 4.16　频分多址

由图 4.16 可见，FDMA 用户占用不同的频带资源，因此能够同时进行通信。FDMA 能有效避免用户之间的互调干扰和邻道干扰。当系统用户数较少，数量基本固定，并且每个用户的业务量都较大时（如电话交换网），FDMA 是一种有效的分配方法。但是，当网络中用户数较多且数量经常变化，或者用户通信量具有突发性的特点时（如计算机数据通信），采用 FDMA 就会产生一些问题。一般有两个显著的问题：

(1) 当网络中的实际用户数少于已经划分的频道数时，宝贵的频率资源就白白浪费了。

(2) 当网络中的频段已经分配完毕时，即使这时已经分配到频道的用户没有进行通信，其他用户也不能够占用其频道资源，从而导致一些用户由于无法获得信道资源而无法进行通信。

图 4.17 给出了双工通信方式下频分多址的示意图。图中，在高低两个频段之间留有一段保护频带，其作用是防止同一用户的发射机对接收机产生干扰。具体做法是：当基站的发射机在高频段的某一频道中工作时，其接收机必须在低频段的某一频道中工作；与之对应，移动用户的接收机要在高频段相应的频道中接收来自基站的信号，而其发射机则要通过低频段相应的频道向基站发送信号。

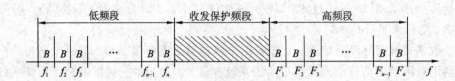

图 4.17　双工通信方式下频分多址的示意图

在 FDMA 系统中,收发频段是分开的。由于所有移动台均使用相同的接收和发送频段,因而移动台到移动台之间不能直接通信,而必须经过基站的转接。在实际系统中,移动台在通信时所占用的频道并不是固定的,通常是在通信建立阶段由系统控制中心临时分配,通信结束后,移动台将退出它占用的频道,这些频道又可以重新分配给别的用户使用。

**2. FDMA 系统的特点**

(1) 每信道占用一个载频,相邻载频之间的间隔应满足传输信号带宽的要求。为了在有限的频谱中增加信道数量,系统均希望间隔越窄越好。

(2) 符号时间远大于平均延迟扩展。这说明符号间的干扰的数量低,因此窄带 FDMA 系统中无需自适应均衡。

(3) 基站复杂庞大,重复设置收发信设备。基站有多少信道,就需要多少部收发信机,同时需用天线共用器,功率损耗大,易产生信道间的互调干扰。

(4) FDMA 系统载波单个信道的设计,使得在接收设备中必须使用带通滤波器允许指定信道里的信号通过,滤除其他频率的信号,从而限制邻近信道间的相互干扰。

(5) 越区切换较为复杂和困难。因为在 FDMA 系统中,分配好语音信道后,基站和移动台都是连续传输的,所以在越区切换时,必须瞬时中断传输数十至数百毫秒,以把通信从一种频率切换到另一种频率上去。对于语音通信,瞬时中断问题不大;对于数据传输,则将带来数据的丢失。

## 4.4.2　时分多址(TDMA)

**1. TDMA 原理**

时分多址(Time Division Multiple Access,TDMA)把时间分割成周期性的帧,每一帧再分割成若干个时隙,帧与帧(或时隙与时隙)之间都是互不重叠的,然后根据一定的时隙分配原则,使每个用户只能在指定的时隙内向基站发送信号,在满足定时和同步的条件下,基站能够分别在各时隙中接收到各移动台的信号而不混扰。基站发向各个移动台的信号都按顺序安排在预定的时隙中传输,各移动台只要在指定的时隙内接收,就能够从混合信号中将发给它的信号区分并接收下来。图 4.18 给出了时分复用帧时隙分配的示意图。由图可见,多个用户共享相同的频带资源,TDMA 帧以相同的结构沿着时间轴上不断重复。

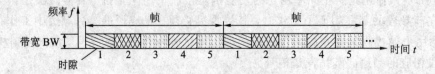

图 4.18　TDMA 时隙分配的示意图

　　图 4.19 给出了 TDMA 系统的工作原理图。其中图 4.19(a)是基站向移动台传输，常称为正向传输或下行传输；图 4.19(b)是移动台向基站传输，常称为反向传输或上行传输。在 TDMA 系统中，用户在每一帧中占用固定时隙。如果用户在分配给自己的时隙上没有数据传输，则这段时间将被浪费。

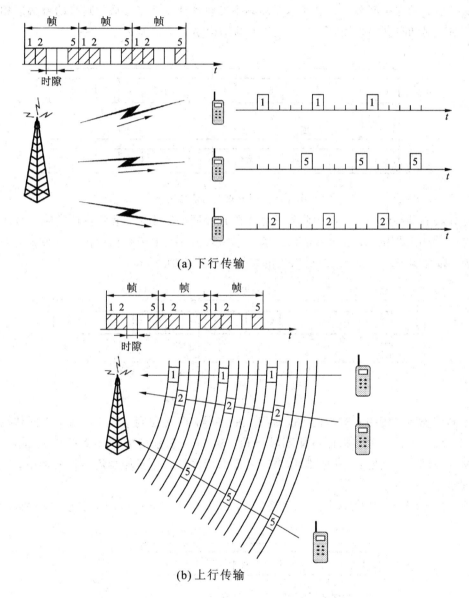

(a) 下行传输

(b) 上行传输

图 4.19　TDMA 系统的工作原理图

　　时分多址(TDMA)应用在数字蜂窝电话系统通信中，例如应用在北美数字式先进移动电话系统(D-AMPS)、全球移动通信系统(GSM)和个人数字蜂窝系统(PDC)中。它将每个蜂窝信道划分为三个时隙，这样就可以增加信道上负载数据的总量。

**2. TDMA 的帧结构**

　　不同系统的帧长度和帧结构是不一样的，典型的帧长在几毫秒到几十毫秒之间。例如，GSM 系统的帧长为 4.6 ms(每帧 8 个时隙)，DECT 系统的帧长为 10 ms(每帧 24 个时隙)。帧结构与通信系统的双工方式有关。移动通信系统的双工方式有频分双工(Frequency Division Duplex，FDD)和时分双工(Time Division Duplex，TDD)之分。

频分双工是指基站(或移动台)的收发设备工作在两个不同的频率上，并且这两个频率之间要有足够的保护间隔。如果基站在高频率发射和在低频率接收，则移动台必须相应地在低频率发射和在高频率接收。频分双工的帧结构如图 4.20 所示。

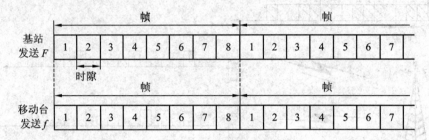

图 4.20  频分双工的帧结构

时分双工是基站(移动台)的收发设备工作在相同的频率上。通常将帧的时隙分成两部分，前一半的时隙用于基站向移动台发送，另一半的时隙用于移动台向基站发送，如此交替转换，即可实现双工通信。时分双工的帧结构如图 4.21 所示。

图 4.21  时分双工的帧结构

不同系统所采用的时隙结构可能有很大的差异，即使在同一个系统中，不同传输方向(正向和反向)上的时隙结构也可能不尽相同。在 TDMA 系统中，每帧中的时隙结构的设计通常要考虑三个问题：一是控制和信令信息的传输；二是多径衰落信道的影响；三是系统的同步。

图 4.22 给出了一种时隙结构示意图。该图仅说明了时隙结构的基本形式，并未考虑不

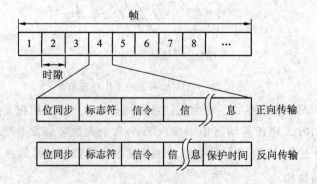

图 4.22  TDMA 系统的时隙结构

同通信系统在不同应用场景下的特殊要求。在移动通信中，信号的传播存在随机时延。由于移动台的位置在通信网内是随机分布的，也是经常变化的，移动台和基站之间的距离是一个随机变量。通信距离的不同，导致信号的传播时延也不同。因此，即使移动台与基站的时钟都非常精确，当信号到达对方接收机时，也不可能完全准确地落入对方的检测时间窗。从图 4.22 中可以看到，为了防止不同时隙的信号由于时延不同而与相邻时隙的信号发生混叠，通常在时隙末尾（或开头）设置一定的保护时间。该保护时间对上行传输的时隙是不可缺少的，保护时间的大小可以根据最大通信距离估算，在保护时间内不发送信息。

**3. TDMA 系统的特点**

TDMA 系统与 FDMA 系统相比具有以下特点：

（1）基站复杂性减小。在 TDMA 系统中，$N$ 个时分信道共用一个载波，占据相同的带宽，只需要一部收发信机，可以避免 FDMA 系统由于多部不同频率的发射机同时工作而产生的互调干扰。

（2）TDMA 系统不存在频率分配问题，对时隙的管理和分配通常要比对频率的管理和分配更简单、更经济。

（3）因为移动台只在指定的时隙中接收基站发给它的信息，所以在一帧的其他时隙中，可以测量其他基站发送的信号强度，或检测网络系统发送的广播信息和控制信息，这对于加强通信网络的控制功能和保证移动台的越区切换都是有利的。

（4）TDMA 系统必须有精确的定时和同步，以保证各移动台发送的信号不会在基站发生重叠或混淆，并且移动台能够准确地在指定时隙中接收基站发给它的信号。

（5）发射信号速率随时分信道数 $N$ 的增大而提高，如果达到 100 kb/s 以上，码间串扰就将加大，必须采用自适应均衡，以补偿传输失真。

（6）抗干扰能力强，频率利用率高，系统容量大。

在现实应用中，许多系统综合采用 FDMA 和 TDMA 两种多址技术，例如，IS-136 系统采用带宽 30 kHz 的 FDMA 信道，并将其再分割成 6 个时隙，用于 TDMA 传输；GSM 数字蜂窝移动通信系统采用 200 kHz 的 FDMA 信道，并将其再分割成 8 个时隙，用于 TDMA 传输。

**例 4.1** 考虑每帧支持 8 个用户且数据速率为 270.833 kb/s 的 GSM TDMA 系统，试求：

（1）每一用户的原始数据速率是多少？

（2）在保护时间、跳变时间和同步比特共占 10.1 kb/s 的情况下，每一用户的传输效率是多少？

**解** （1）每用户的原始数据速率为

$$\frac{270.833}{8} = 33.854 \text{ kb/s}$$

（2）传输效率为

$$\left(1 - \frac{10.1}{33.854}\right) \times 100\% = 70.2\%$$

**例 4.2** 假定某个系统是一个前向信道带宽为 50 MHz 的 TDMA/FDD 系统，并且将 50 MHz 分为若干个 200 kHz 的无线信道。当一个无线信道支持 16 个语音信道，并且假设没有保护频隙时，试求出该系统所能同时支持的用户数。

解　在 GSM 中包含的同时用户数 $N$ 为

$$N = \left(\frac{50\ 000\ \text{kHz}}{200\ \text{kHz}}\right) \times 16 = 4000$$

因此,该系统能同时支持 4000 个用户。

### 4.4.3　码分多址(CDMA)

**1. 码分多址的原理**

码分多址(Code Division Multiple Access,CDMA)是在数字技术的分支——扩频通信技术上发展起来的一种崭新而成熟的无线通信技术。在 CDMA 通信系统中,不同用户传输信息所用的信号不是靠频率不同或时隙不同来区分,而是用各自不同的码字来区分,或者说是靠信号的不同波形来区分,如图 4.23 所示。CDMA 蜂窝通信系统中的用户之间的信息传输也是由基站进行转发和控制的。为了实现双工通信,正向传输和反向传输各使用一个频率,即通常所说的频分双工。无论正向传输或反向传输,除了传输业务信息外,还必须传送相应的控制信息。为了传送不同的信息,需要设置相应的信道。但是,CDMA 蜂窝系统既不分频道,又不分时隙,无论传送何种信息的信道都靠采用不同的码字来区分。

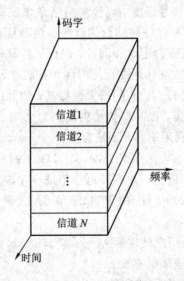

图 4.23　码分多址

地址码的设计直接影响 CDMA 系统的性能,为提高抗干扰能力,地址码要用伪随机码(又称为伪随机序列)。码分多址(CDMA)就是以扩频通信(Spread Spectrum Communication)为基础,利用不同码字实现不同用户信息的区分。因此,CDMA 是一种扩频多址数字式通信技术,通过独特的代码序列建立信道,可用于二代和三代无线通信中。此外,CDMA 还是一种多路方式,多路信号只占用一条信道,极大地提高了带宽使用率,可应用于 800 MHz 和 1.9 GHz 的超高频(UHF)移动电话系统。

**2. CDMA 蜂窝通信系统的多址干扰与功率控制**

1) CDMA 蜂窝通信系统的多址干扰

蜂窝通信系统无论采用何种多址方式都会存在各种各样的外部干扰以及系统本身产生

的特定干扰。如果从频域或时域来观察，多个 CDMA 信号是互相重叠的。接收机用相关器可以在多个 CDMA 信号中选出其中使用预定码字的信号。其他使用不同码字的信号因为和接收机本地产生的码字不同而不能被解调。它们的存在类似于在信道中引入了噪声和干扰，通常称之为多址干扰。

CDMA 蜂窝通信系统的多址干扰都属于通信系统本身存在的内部干扰。在各种干扰中，对蜂窝系统的容量起主要制约作用的是系统本身存在的自身干扰。

CDMA 蜂窝通信系统的多址干扰分为两种情况：一是移动台在接收所属基站发送的信号时，会受到邻近小区基站发给其他移动台的信号的干扰；二是基站在接收某一特定移动台的信号时，会受到本蜂窝以及邻近蜂窝其他移动台发射信号的干扰。图 4.24 是两种多址干扰的示意图，其中图 4.24(a)是移动台对基站产生的反向多址干扰，图 4.24(b)是基站对移动台产生的正向多址干扰。

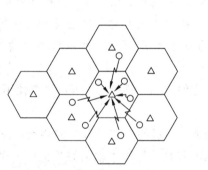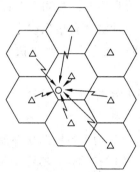

(a)移动台对基站产生的干扰 　　(b)基站对移动台产生的干扰

△：基站；○：移动台

图 4.24 CDMA 蜂窝系统的多址干扰

2) CDMA 蜂窝通信系统的功率控制

在 CDMA 蜂窝通信系统中，由于许多电台共用一个频率发送信号或接收信号，因此近地强信号压制远地弱信号的情况会经常发生，这一现象称为"远近效应"。在 CDMA 蜂窝通信系统中，远近效应是一个非常突出的问题，主要发生在反向链路上。由于移动台在小区内的位置是随机分布的，并且是经常变化的。如果移动台的发射功率按照最大通信距离设计，则当移动台靠近基站时，必然会产生过量而有害的功率辐射，导致对其他用户信号较强的干扰。解决这个问题的方法就是根据通信距离的不同，实时动态地调整发射机的辐射功率，即通常所说的功率控制。

功率控制需要遵循的原则是：当信道的传播条件突然改善时，功率控制应做出快速反应(如几微秒)，以防止信号突然增强而对其他用户产生附加干扰；反之，当传播条件突然恶化时，功率调整的速度可以相对慢一些。

(1) 反向功率控制。

反向功率控制也称为上行链路功率控制。其目的是实时调整各移动台的发射功率，使处于小区中任一位置的移动台，其信号在到达基站的接收机时，具有相同的电平，而且恰好达到信干比门限要求。理想的反向功率控制既可以有效地防止远近效应，又可以最大限度地减少背景干扰。

进行反向功率控制的方法是移动台接收并检测基站发来的导频信号，根据此导频信号的强弱估计正向传输的损耗，并根据估计值调节移动台的反向发射功率。接收信号增强就降低移动台发射功率，接收信号减弱就增加其发射功率。

反向功率控制的方法简单、直接，不需要在移动台和基站之间交换控制信息，因而控制速度快且开销小。但是此法只对某些情况有效，例如，车载移动台快速进入或离开地形起伏区或高大建筑物遮蔽区而引起的信号强度变化。而对于信号因多径传播引起的瑞利衰落导致的信号强度变化，此方法效果不好。

由于正向和反向传输使用的频率不同，通常两个频率的间隔大大超过了信道的相关带宽，因此不能认为移动台测得的正向信道上的衰落特性就等于反向信道上的衰落特性，为了解决这个问题，可以由基站检测来自移动台的信号强度，并根据检测结果，形成功率调整指令通知移动台，使移动台根据该指令调整其发射功率。实现这种方法的条件是传送、处理和执行功率调整指令的速度要快。在一般情况下，这种调整指令每毫秒发送一次即可。

为了保证反向功率控制的有效性和可靠性，以上两种方法可以结合使用。

（2）正向功率控制。

正向功率控制也称为下行链路功率控制。其目的是调整基站向移动台发射的功率，使处于小区中任一位置的移动台，其接收到的基站信号电平都恰好达到信干比门限要求。正向功率控制既可以避免当移动台靠近基站时，基站仍辐射过大的信号功率，又可以防止当移动台进入多径信号很强的位置时，因信号遭受衰落而发生通信质量下降。

与反向功率控制相似，正向功率控制可以由移动台检测其接收信号的强度，并不断比较信号电平和干扰电平。如果信干比超过了预设门限，移动台就向基站发出减小功率的请求。基站收到移动台的功率调整请求后，按一定的调整量改变相应的发射功率。

### 4.4.4　空分多址(SDMA)

空分多址（Space Division Multiple Access，SDMA）在中国第三代通信系统TD-SCDMA中引入，是智能天线技术的集中体现。该方式通过空间的分割对不同的用户进行区分。在移动通信中，能实现空间分割的基本技术就是采用自适应阵列天线，在不同的用户方向上形成不同的波束。SDMA使用不同的天线波束为不同区域的用户提供接入，如图4.25所示。相同的频率(在CDMA系统中)或不同的频率(在FDMA系统中)用来服务于被天线波束覆盖的这些不同区域。在极限的情况下，自适应阵列天线具有极小的波束和无限快的跟踪速度(类似激光束)，它可以实现最佳的SDMA。此时，在每个小区内，每个波束可提供一个没有其他用户干扰的独立信道，尽管上述理想情况需要无限多个无线阵元，是不可实现的，但采用适当数目的阵元，也可以获得较好的系统性能改善。同时处于同一波束覆盖范围的不同用户也容易通过与FDMA、TDMA和CDMA结合，以进一步提高系统容量。

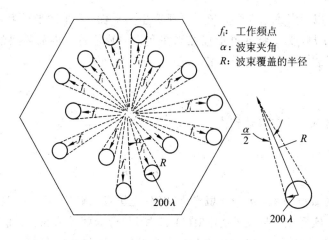

图 4.25　SDMA 示意图

在 SDMA 系统中的所有用户，将能够用同一信道在同一时间内进行双向通信。而且一个完善的自适应阵列天线系统应能够为每个用户搜索其多个多径分量，并且以最理想的方式组合它们。由于完善的自适应阵列天线系统能收集从每个用户发来的所有有效信号能量，所以它有效地克服了多径干扰和同频干扰。尽管上述理想情况是不可实现的，它需要无限多个阵元，但采用适当数目的阵元，也可以获得较大的系统增益。

# 4.5　蜂窝移动通信系统的容量分析

频谱是一种十分宝贵的资源，而能分配给公用移动通信系统使用的频谱更是非常有限，因此，涉及多址方式争议的焦点之一是采用何种多址技术才能最大化频谱利用率，换句话说，就是如何最大化系统容量。

系统容量用每个小区的可用信道数(ch/cell)即每小区允许同时工作的用户数(用户数/cell)来度量。此数值越大，系统的通信容量也越大。此外，还可以用每个小区的爱尔兰数(erl/cell)、每平方千米的用户数(用户数/$km^2$)，或每平方千米小时的通话次数(通话次数/(h · $km^2$))等进行度量。

蜂窝移动通信系统的无线容量可定义为

$$m_c = \frac{B_t}{B_c N} \qquad (4.8)$$

式中，$m_c$ 为无限容量大小；$B_t$ 为分配给系统的总频谱宽度；$B_c$ 为信道带宽；$N$ 为区群中的小区数。

蜂窝移动通信系统由若干个小区(cell)构成。在蜂窝移动通信系统中，使用同一组频率的小区称为共道(或同频)小区，共道小区之间存在的相同频率上的相互干扰称为共道(或同频)干扰。区群的小区数越小，相邻区群的地理位置靠得越近，共道干扰就越强，这说明共道干扰是限制区群中小区个数的重要约束条件。

当蜂窝网络每个区群含 7 个小区，各基站均用全向天线时，其共道小区的分布如图 4.26 所示。由图可见，共道小区围绕着某一小区为中心可分为许多层：第一层 6 个，第二层 6 个，第三层 6 个……因为在共道干扰中，来自第一层共道小区干扰最强，起主导作用，所以在分析时,可以只考虑这 6 个共道小区所产生的干扰。令小区半径为 $r$,两个相邻共道小区之间的距离为 $D$,为了将共道干扰控制在允许的数值范围内而需要的 $D/r$ 值称为共道干扰抑制因子,或共道再用因子,用 $\alpha$ 表示,即

$$\alpha = \frac{D}{r} \tag{4.9}$$

根据图 4.26,可得载干比的表达式为

$$\frac{C}{I} = \frac{C}{\sum_{i=1}^{6} I_i + n} \tag{4.10}$$

其中,$C$ 是信号的载波功率,$n$ 是环境噪声功率(这里可忽略不计),$I_i$ 是来自第 $i$ 个通道小区的干扰功率。实际上,共道干扰(如图 4.27 所示)分为两种情况:一是基站受到的来自共道小区移动台的干扰;二是移动台受到的来自共道小区基站的干扰。

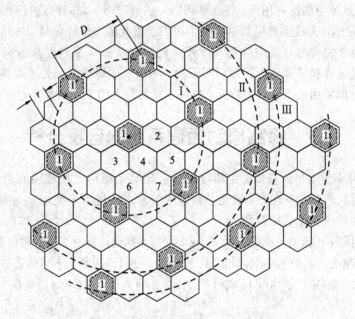

图 4.26　蜂窝网络的共道小区分布

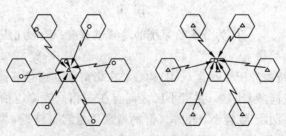

(a) 基站所受的共道干扰　　(b) 移动台所受的共道干扰

△:基站;○:移动台

图 4.27　共道干扰示意图

### 4.5.1 FDMA 和 TDMA 蜂窝系统容量

实际中通信容量的分析，无论对模拟系统还是数字系统，无论对 FDMA 系统还是 TDMA 系统，在原理上都是一样的。模拟蜂窝系统只能采用 FDMA 制式，数字蜂窝系统可以采用 FDMA、TDMA 或 CDMA 中任意一种制式。

对于模拟 FDMA 系统来说，如果采用频分复用的小区数为 $N$，根据对同频干扰和系统容量的讨论可知，对于小区制蜂窝网，有

$$N = \sqrt{\frac{2}{3} \times \frac{C}{I}} \qquad (4.11)$$

式中，$C$ 是载波信号功率；$I$ 是干扰信号功率。由此可求得 FDMA 的无线容量为

$$m_c = \frac{B_t}{B_c \sqrt{\frac{2}{3} \times \frac{C}{I}}} \quad \text{信道／小区} \qquad (4.12)$$

对于数字 TDMA 系统来说，由于数字信道所要求的载干比可以是模拟制的 20％～25％（因为数字系统有纠错措施），因而频率复用距离可以再近一些。所以可以采用比 7 小的区群，例如，一个区群内含 3 个小区的区群，则可求得 TDMA 的无线容量为

$$m_c = \frac{B_t}{B'_c \sqrt{\frac{2}{3} \times \frac{C}{I}}} \quad \text{信道／小区} \qquad (4.13)$$

式中，$B'_c$ 为等效带宽。若设载波间隔（信道带宽）为 $B_c$，每载波共有 $K$ 个时隙，则等效带宽为

$$B'_c = \frac{B_c}{K} \qquad (4.14)$$

在现代数字 TDMA 通信系统中，十分注意采用先进的技术措施，以提高系统的通信容量。其中最基本也是最有效的办法是采用先进的语音编码技术，这种编码技术不仅要降低语音编码的数据速率，而且要有效地进行差错防护。例如，在一个语音帧中，根据各个比特对差错敏感的程度进行分类，并分级进行编码保护，对差错不敏感的比特可以不进行编码保护。这样，采用先进语音编码的数字通信系统与模拟通信系统相比，在语音质量要求相同的情况下，可以适当降低所需的载干比（$C/I$），如从 18 dB 降低到 10～12 dB，其共道再用因子也可以减小，从而提高系统的通信容量。

### 4.5.2 CDMA 蜂窝系统容量

CDMA 系统的容量是干扰受限的，而 FDMA 和 TDMA 系统的容量是带宽受限的。因此，干扰的减少将导致 CDMA 容量的增加。这使得 CDMA 系统容量的计算比模拟 FDMA 系统和数字 TDMA 系统要复杂得多。

由于人们的讲话是有间歇的，在对话的过程中，通常是一方在说，另一方在听，如果利用语音激活技术，在语音的静默期压制或停止传输，则系统容量会由于背景干扰的减小而获得提高。此外，当通信系统采用扇区天线时，由于扇区的空间隔离作用也能减小背景干扰，从而提高了系统容量。再者，对于 CDMA 蜂窝系统，所有小区都可以共用相同的频

谱，这自然对提高其通信容量非常有利。因此，在使用相同频率资源的情况下，一般估计 CDMA 系统的通信容量有可能达到现有 FDMA 模拟系统的 20 倍，达到数字 TDMA 和 FDMA 系统的 4~6 倍。

决定 CDMA 蜂窝系统容量的主要参数有处理增益、$E_b/N_0$、语音负载周期、频率复用效率以及基站天线扇区数。

不考虑蜂窝系统的特点，只考虑一般扩频通信系统，接收信号的载干比是有用信号的功率与干扰功率的比值，可以写成

$$\frac{C}{I} = \frac{R_b E_b}{I_0 W} = \frac{E_b/I_0}{W/R_b} \tag{4.15}$$

式中，$E_b$ 是信息的比特能量；$R_b$ 是信息的比特速率；$I_0$ 是干扰的功率谱密度（单位 Hz 的干扰功率）；$W$ 是总频段宽度（即 CDMA 信号所占的频谱宽度）；$E_b/I_0$ 类似于通常所说的归一化信噪比（$E_b/N_0$），其取值决定于系统对误比特率或语音质量的要求，并与系统的调制方式和编码方案有关；$W/R_b$ 是系统的处理增益。

若 $N$ 个用户共用一个无线频道，显然每一个用户的信号都会受到其余 $N-1$ 个用户信号的干扰。假设到达一个接收机的信号强度和各个干扰强度都相等，则载干比为

$$\frac{C}{I} = \frac{1}{N-1} \tag{4.16}$$

或

$$N-1 = \frac{W/R_b}{E_b/I_0} \tag{4.17}$$

若 $N \gg 1$，即 $\frac{C}{I} \approx \frac{1}{N}$，于是

$$N = \frac{W/R_b}{E_b/I_0} \tag{4.18}$$

例如，语音编码速率为 $R_b = 8$ kb/s，扩频带宽为 1.25 MHz。若 $E_b/I_0 = 6$ dB，则 $N = 26$，$C/I = 0.038$；若 $E_b/I_0 = 4.5$ dB，则 $N = 35$，$C/I = 0.029$。

结果说明，在误比特率一定的条件下，所需归一化信干比 $E_b/I_0$ 越小，系统可以同时容纳的用户数越多。需要注意的是，以上讨论使用的假设条件是对单小区系统（没有邻近小区的干扰）而言，是指正向传输时，如果基站向各个移动台发送的信号不进行任何功率控制，移动台接收机接收到的信号和干扰就会满足这样的条件。但在反向传输中，各移动台向基站发送的信号必须进行理想的功率控制，才能使基站接收机收到的有用信号和干扰满足这样的条件。

CDMA 小区扇化有很好的容量扩充作用。利用 120° 扇形覆盖的定向天线把一个蜂窝小区划分成三个扇区时，处于每个扇区中的移动用户是该蜂窝的三分之一，相应的各用户之间的多址干扰分量也就减少为原来的三分之一，从而系统的容量将增加约 3 倍。对于 FDMA 和 TDMA 两种蜂窝系统，如果利用扇形分区，同样可以减小来自共道小区的干扰，从而降低共道再用距离，提高系统容量。但是，倘若系统的共道再用距离不变，即区群的小区数不变，只将小区划分成扇区，通信容量也不会得到提高。因为各相邻扇区的信道不允许重复，而将每个小区的信道总数在几个扇区中平均分配，小区单位面积的信道数并未改变。也就是说，FDMA 和 TDMA 两种系统的容量虽然可以从降低共道再用距离方面获

得好处，但不像 CDMA 系统那样，分成 3 个扇区，系统容量就会增大至原来的 3 倍。

令 $G$ 为扇区数，CDMA 系统的容量公式可被修正为

$$N = \frac{(W/R_b)G}{(E_b/I_0)d} \qquad (4.19)$$

其中，$d$ 为语音的占空比。

# 4.6 系统移动性管理

当某个移动用户在随机接入信道上呼叫另一个移动用户或某个固定网用户时，或者某个固定网用户呼叫移动用户时，公共陆地移动网络(Public Land Mobile Network，PLMN)就开始了一系列操作。这些操作涉及基站、移动台、移动交换中心、各种数据库以及网络的各个接口。这些操作将建立或释放控制信道和业务信道，进行设备和用户的识别，完成无线线路和地面线路的交换和连接，最终在主呼和被呼用户之间建立通信链路并提供服务。这个过程就是呼叫接续过程。

当移动用户从一个位置区漫游到另一个位置区时，也将引起网络各个功能单元的一系列操作。这些操作将引起各种位置寄存器中移动台位置信息的登记、修改或删除，若移动台正在通话则将引起越区切换过程。这些就是蜂窝系统的移动管理过程。

## 4.6.1 位置登记与位置更新

位置登记又称为注册，是指通信网为了跟踪移动台的位置变化而对其位置信息进行登记、删除和更新的过程。由于数字蜂窝网的用户密度大于模拟蜂窝网，因而位置登记过程必须更快、更精确。位置信息存储在归属位置寄存器(HLR)和访问位置寄存器(VLR)中。

GSM 蜂窝通信系统把整个网络的覆盖区域划分为许多位置区，并以不同的位置区标志进行区别，如图 4.28 中的 $LA_1$，$LA_2$，$LA_3$，…。

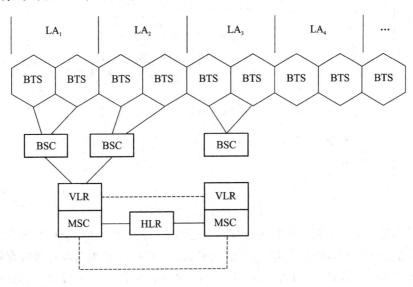

图 4.28 位置区划分示意图

　　系统中某个移动用户首次入网时，必须通过移动交换中心（MSC）在相应的归属位置寄存器（HLR）中登记注册，把与其有关的参数（如移动用户识别码、移动台编号及业务类型等）全部存放在这个位置寄存器中。

　　移动台的不断运动将导致其位置的不断变化。这种变动的位置信息由访问位置寄存器（VLR）进行登记。移动台可能远离其原籍地区而进入其他地区"访问"，该地区的 VLR 要对这种来访的移动台进行位置登记，并向该移动台的 HLR 查询其有关参数。此 HLR 要临时保存该 VLR 提供的位置信息，以便为其他用户（包括固定的市话网用户或另一个移动用户）呼叫此移动台提供所需的路由。VLR 所存储的位置信息不是永久性的，一旦移动台离开了它的服务区，该移动台的位置信息即被删除。

　　位置区的标志在广播控制信道（BCCH）中播送。移动台开机后，搜索此 BCCH，从中提取所在位置区的标志。如果移动台从 BCCH 中获得的位置区标志就是它原来用的（上次通信所用）位置区标志，则不需要进行位置更新。如果两者不同，则说明移动台已经进入新的位置区，必须进行位置更新。于是移动台将通过新位置区的基站发出位置更新的请求。也就是说，移动台的不断运动将导致其位置不断变化。它通过侦听广播信息得知自己的位置，如果自己位置改变，则上报自己所在的位置。这个过程称为"位置更新"。

　　移动台可能在不同情况下申请位置更新。例如，在任一个地区中进行初始位置登记，而在同一个 VLR 服务区中进行过区位置登记；或者在不同的 VLR 服务区中进行过区位置登记等。不同情况下进行位置登记的具体过程会有所不同，但基本方法都是一样的。图 4.29 给出的是使用 MS 的 IMSI 请求，在不同的 VLR 服务区中进行位置登记的过程，其他情况可以此类推。

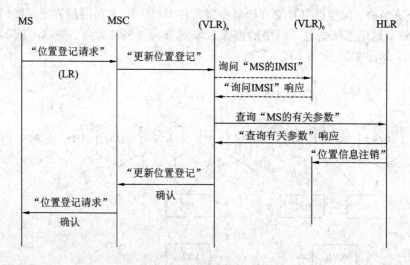

图 4.29　位置登记过程举例

　　当移动台进入某个访问区需要进行位置登记时，它就向该区的 MSC 发出"位置登记请求（LR）"。若 LR 中携带的是"国际移动用户识别码（IMSI）"，新的访问位置寄存器（VLR）$_n$ 在收到 MSC"更新位置登记"的指令后，可根据 IMSI 直接判断出该移动台（MS）的归属位置寄存器（HLR）。（VLR）$_n$ 给该 MS 分配漫游号码（MSRN），并向该 HLR 查询"MS 的有关参数"，获得成功后，再通过 MSC 和 BS 向 MS 发送"更新位置登记"的确认信息。HLR

要对该 MS 原来的移动参数进行修改，还要向原来的访问位置寄存器（VLR）。发送"位置信息注销"指令。

移动台可能处于开机状态，也可能处于关机状态。移动台的开机状态又称为激活状态，关机状态又称为非激活状态。当移动台由开机状态转入关机状态时，要在有关的 VLR 和 HLR 中设置一个特定的标志，使系统拒绝对该用户进行呼叫，以避免在无线链路上发送无效的寻呼信号。这种功能称为 IMSI 分离。移动台由关机状态转入开机状态时，移动台取消 IMSI 分离标志，恢复正常工作。这种功能称为 IMSI 附着。IMSI 分离和 IMSI 附着统称为 IMSI 分离/附着。

当 MS 向系统发送 IMSI 附着信息时，无线网链路质量很差，则有可能产生传输差错，导致系统认为 MS 仍处于分离状态；当 MS 向系统发送 IMSI 分离信息时，无线网链路质量很差，则有可能产生传输差错，导致系统认为 MS 仍处于附着状态。

为了解决上述问题，系统还采用周期性登记方式，要求移动台每隔一段时间登记一次。如果系统没有收到移动台的周期登记信息，则 VLR 就以分离作为标志，称为"隐分离"。

## 4.6.2　越区切换

越区切换（Handover 或 Handoff）是指将当前正在进行的移动台与基站之间的通信链路从当前基站转移到另一个基站的过程，又称为自动链路转移（Automatic Link Transfer，ALT）。越区切换分为硬切换和软切换两大类，如图 4.30 所示。硬切换是指在新的连接建立以前，先中断旧的连接；软切换是指既维持旧的连接，又同时建立新的连接，并利用新旧链路的分集合并来改善通信质量，当与新基站建立可靠连接之后再中断旧链路。

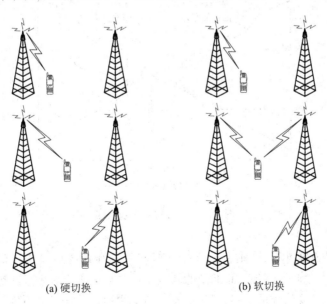

(a) 硬切换　　　　　　　　　　　　　　(b) 软切换

图 4.30　移动通信中的切换

越区切换的研究包括以下几个方面的内容：

（1）越区切换的原因，即为何要进行越区切换；

（2）越区切换的准则，即何时需要进行越区切换；

（3）越区切换如何控制，包括同一类型小区之间的切换控制以及不同类型小区之间的切换控制；

（4）越区切换时的信道分配。

评价越区切换的主要性能指标有越区切换的失败概率、因越区切换失败而使通信中断的概率、越区切换的速率、越区切换引起的通信中断的时间间隔、越区切换发生的时延等。

**1. 越区切换的原因**

（1）当一个正在通话或有数据连接（例如，正在通过 GPRS 上网）的移动台从一个小区进入另一个小区时，为避免掉话或数据断开，需要进行越区切换。

（2）在一个小区中，当连接一个新的通话的能力达到上限时，并且发起这个新的通话的移动台在另一个小区的覆盖范围时，为了均衡负载，需要进行越区切换。

（3）在非码分多址接入系统中，某一移动台使用的信道可能会与相仿小区的某一移动台使用的信道相干扰，在这种情况下，需要将该移动台的通信信道切换到同一小区的不同信道或相邻小区的不同信道，以降低干扰。

（4）在码分多址接入系统中，为了减小对相邻小区的干扰，需要进行软切换。

**2. 越区切换的准则**

通常可根据移动台接收的平均信号强度来决定何时需要进行越区切换，也可根据移动台的信噪比（或信号干扰比）、误比特率等参数来决定。假设移动台从基站 1 向基站 2 运动，其信号强度的变化如图 4.31 所示。

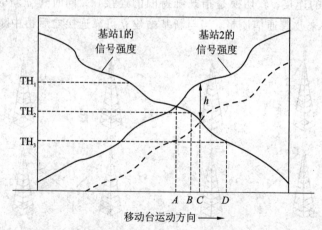

图 4.31　越区切换的示意图

越区切换准则如下：

（1）相对信号强度准则（准则 1）。在任何时间都选择具有最强接收信号的基站。如图 4.31 中的 $A$ 点将发生越区切换。此准则的缺点是：在原基站的信号强度仍满足要求的情况下，会引发太多不必要的越区切换。

（2）具有门限规定的相对信号强度准则（准则 2）。仅允许移动用户在当前基站的信号足够弱（低于某一门限），并且新基站的信号强于本基站的信号情况下，才可以进行越区切换。如图 4.31 所示，当门限为 $TH_2$ 时，在 $B$ 点将会发生越区切换。

在该准则中，门限选择非常重要。如图 4.31 所示，当门限过高（取为 $TH_1$）时，该准则与准则 1 相同；当门限过低（取为 $TH_3$）时，则会引起较大的越区时延。此时，可能因链路质量太差而导致通信中断，也会产生对相同频道用户的额外干扰。

（3）具有滞后余量的相对信号强度准则（准则 3）。仅允许移动用户在新基站的信号强度比原基站信号强很多（即大于滞后余量）的情况下进行越区切换。如图 4.31 中的 C 点将发生越区切换。该准则可以防止由于信号波动导致的移动台在两个基站之间来回重复切换，即"乒乓效应"。

（4）具有滞后余量和门限规定的相对信号强度准则（准则 4）。仅允许移动用户在当前基站的信号电平低于规定门限，并且新基站的信号强度高于当前基站某一给定滞后余量时进行越区切换。

当然还有其他类型的准则，例如，通过预测技术（即预测未来信号电平的强弱）来决定是否需要切换，还可以考虑人或车辆的运动方向和路线等。

**3. 越区切换的控制策略**

越区切换的控制包括两个方面：参数控制和过程控制。参数控制上面已经提到，此处主要讨论过程控制。在移动通信系统中，过程控制主要有以下 3 种：

（1）移动台控制的越区切换。采用该方式，移动台连续监测当前基站和几个越区候选基站的信号强度和质量。当满足某种越区切换准则时，移动台选择具有可用业务信道的最佳候选基站，并发送越区切换请求。

（2）网络控制的越区切换。在该方式中，基站监测来自移动台的信号强度和质量，当信号低于某个门限时，网络开始安排向另一个基站的切换。网络要求移动台周围的所有基站都监测该移动台的信号，并将测量结果报告给网络。网络从这些基站中选择一个基站作为越区切换的新基站，并把结果通过旧基站通知移动台和新基站。

（3）移动台辅助的越区切换。采用该方式时，网络要求移动台测量其周围基站的信号并把结果报告给旧基站，网络根据测量结果决定何时进行越区切换以及切换到哪一个基站。

**4. 越区切换的信道分配**

越区切换时的信道分配是解决当呼叫要转换到新小区时，新小区如何分配信道的。越区切换的信道分配的目的是使得越区失败的概率尽量小，常用的做法是在每个小区预留部分信道专门用于越区切换。对于该策略，由于新呼叫的可用信道数的减少，会增加呼损率，但通信被中断的概率降低，符合人们的使用习惯。

# 习 题 4

1. 说明大区制和小区制的概念，指出小区制的主要优点。
2. 要解决大区制系统上、下行传输增益差的问题，可采取哪些技术措施？
3. 什么是同频干扰？它是如何产生和减少的？
4. 什么是同频复用距离？它会带来什么影响？
5. 什么是邻道干扰？它是如何产生和减少的？

6. 什么是互调干扰？它是如何产生和减少的？

7. 为何蜂窝小区要采用正六边形，而不采用其他形状？

8. 在面状覆盖区中，用六边形表示一个小区，每一个簇的小区数量 $N$ 应该满足的关系式是什么？

9. 某小区制移动通信网中，无线区群小区个数 $N=7$，小区半径为 $r=3\text{ km}$，试计算同频小区的中心距离。

10. 什么是中心激励？什么是顶点激励？采用顶点激励方式有什么好处？

11. 蜂窝状网的固定频道指配有哪两种方法？各有什么特点？

12. 某小区制移动通信网中，每个区群有 4 个小区，每个小区有 5 个信道。试用等频距指配法完成群内小区的信道配置。

13. 时分多址与频分多址相比较有何特点？

14. 在 CDMA 蜂窝系统中，功率控制的原则是什么？

15. 什么是越区切换？为何要进行切换？

16. 软切换和硬切换的区别是什么？

17. 越区切换有哪些准则？

# 第 5 章　抗信道衰落技术

在数字移动通信中，由于电波的反射、散射和绕射等，使得发射机和接收机之间存在多条传播路径，并且每条路径的传播时延和衰耗因子都是时变的，这样就造成了接收信号的衰落。衰落可分为平坦衰落与选择性衰落以及快衰落与慢衰落。由于多径衰落和多普勒频移的影响，移动无线信道极其易变。这些影响对于任何调制技术来说都会产生很强的负面效应。因此，移动通信系统需要利用抗衰落技术来改进恶劣的无线电传播环境中的链路性能。本章主要介绍抗衰落的基本原理以及典型的抗衰落技术。

## 5.1　抗衰落技术概况

衰落是影响通信质量的主要因素。快衰落的深度可达 $30 \sim 40$ dB，通过加大发射功率来克服快衰落不仅不现实，而且会造成对其他电台的干扰。因此就迫使人们利用各种信号处理的方法来对抗衰落。分集技术(Diversity Techniques)和均衡技术就是用来克服衰落、改进接收信号质量的，它们既可单独使用，也可以组合使用。

分集接收是抗衰落的一种有效措施。CDMA 系统采用路径分集技术(又称为 Rake 接收)，TDMA 系统采用自适应均衡技术，各种移动通信系统采用不同的纠错编码技术、自动功率控制技术等，都能起到抗衰落作用，提高通信的可靠性。

均衡是信道的逆滤波，用于消除由多径效应引起的码间干扰即符号间干扰。如前所述，如果调制信号带宽超过了无线信道的相关带宽，就会产生码间干扰，并且调制信号会展宽。而接收机内的均衡器可以对信道中幅度和延迟进行补偿。均衡可分为两类：线性均衡和非线性均衡。均衡器的结构可采用横向或格形等结构。由于无线衰落信道是随机的、时变的，故需要研究均衡自适应地跟踪信道的时变特性。

分集技术和均衡技术都被用于改进无线链路的性能，提高系统数据传输的可靠性。但是在实际的无线通信系统中，每种技术在实现方法、所需费用和实现效率等方面具有很大的不同，在不同的场合需要采用不同的技术或技术组合。

## 5.2　分集技术及应用

### 5.2.1　分集的概念

分集技术是一项典型的抗衰落技术，应用非常广泛。它可以用低廉的投资大大提高多径衰落信道下的传输可靠性。分集技术是用来补偿衰落信道损耗的，它通常通过两个或更多的接收天线来实现。它在不增加传输功率和带宽的前提下，来改善无线通信信道的传输质量。在移动通信中，基站和移动台的接收机都可以采用分集技术。

分集技术主要研究如何利用无线传播环境中相互独立的(或至少是高度不相关的)多径信号来改善系统的性能。这些多径信号在结构上和统计特性上具有不同的特点，对这些信号进行区分，并按一定规律和原则进行集合与合并处理，可实现抗衰落。

分集的概念可以简单解释为：一条无线传播路径中的信号经历了深度衰落，而其他相对独立的路径中仍可能含有较强的信号，因此可以在多径信号中选择多个信号，通过在接收端进行适当地合并来提高接收端的瞬时信噪比和平均信噪比，通常可以提高 $20 \sim 30$ dB。

分集的必要条件是在接收端必须能够接收到承载同一信息内容且在统计上相互独立的若干个不同的样值信号，这若干个不同样值信号的获得可以通过不同的方式，如空间、频率、时间等。它主要是指如何有效地区分可接收的含同一信息内容但统计独立的不同样值信号。分集的充分条件是如何将可获得的含有同一信息内容但统计上独立的不同样值加以有效且可靠的利用，它是指分集中的集合与合并。

### 5.2.2　分集的分类及应用

在移动通信系统中，分集的种类繁多。从分集的区域划分，分集方式可分为宏分集和微分集两类。

#### 1. 宏分集

宏分集(也称为多基站分集)用于蜂窝通信系统中，是一种减小慢衰落影响的分集技术。宏分集把多个基站设置在不同的地理位置上(如蜂窝小区的对角)，并使其在不同的方向上。小区内的某个移动台与这些基站同时进行通信(或者选用信号最好的一个基站进行通信)。只要各个方向上的信号传播不是同时受到阴影效应或地形的影响而出现严重的慢衰落，宏分集就能保持通信不会中断。

#### 2. 微分集

微分集是一种减小快衰落影响的分集技术，是各种无线通信系统经常使用的方法。为了达到信号之间的不相关，可以从时间、频率、空间、极化、角度等方面实现这种不相关性。因此，微分集可以分为空间分集(天线分集)、频率分集、时间分集、极化分集、角度分集等，其中前三种方式最常用，这种分集主要克服小尺度衰落。

1) 空间分集

空间分集也称为天线分集，是无线通信中使用最多的分集方式。空间分集的基础是快衰落的空间独立性，即在任意两个不同的位置上接收同一个信号，只要两个位置的距离大到一定程度，则两个位置上所收信号的衰落是不相关的。空间分集的示意图如图 5.1 所示。发射端采用一副发射天线，接收机至少需要两副相隔距离为 $d$ 的天线。接收端天线之间的距离 $d$ 应足够大，以保证各接收天线输出信号的衰落特性是相互独立的。间隔距离 $d$ 与工作波长、地物及天线高度有关。在移动信道中，通常取：市区 $d = 0.5\lambda$，郊区 $d = 0.8\lambda$。对于空间分集而言，分集的支路数 $M$ 越大，分集效果越好。但当 $M$ 较大时($M > 3$)分集的复杂度增加，分集增益的增加随着 $M$ 的增大而变得缓慢。

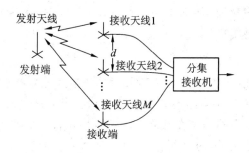

图 5.1　空间分集的示意图

2）频率分集

频率间隔大于相关带宽的两个信号所遭受的衰落可以认为是不相关的。因此，可以用两个以上不同的频率传输同一信息，以实现频率分集。

频率分集需要用两部以上的发射机同时发送同一信号，并用两部以上的独立接收机来接收信号。与空间分集相比，频率分集使用的天线数目减少了，但频率分集不仅使设备复杂，而且在频谱利用方面也很不经济。

3）时间分集

时间分集是让同一信号在不同的时间区间多次重发，只要各次发送的时间间隔足够大，那么各次发送信号所出现的衰落将是彼此独立的。因此，接收机将重复收到的同一信号进行合并，就能减小衰落的影响。

时间分集有利于克服移动信道中由多普勒效应引起的信号衰落，主要用于数字信号在衰落信道中的传输。需要特别注意的是，当移动台处于静止状态时，时间分集不能减小由多普勒效应引起的信号衰落。

4）极化分集

当天线架设的场地受到限制，空间分集不易保证空间衰落独立时，可以采用极化分集替代或改进。在无线信道传输过程中，单一极化的发射电波由于传播媒质的作用会形成两个彼此正交的极化波，这两个不同极化的电磁波具有独立的衰落特性，因而发送端和接收端可以用两个位置很近、极化方式不同的天线分别发送和接收信号，以获得分集效果。极化分集可以看成是空间分集的一种特殊情况，它也需要两副天线，仅仅是利用了不同极化波具有不相关的衰落特性而缩短了天线间的距离而已。这种分集方式的优点是结构比较紧凑，节省空间；缺点是由于发射功率分配到两副天线上，信号功率将有 3 dB 的损失。一般来讲，极化分集的效果不如空间分集。

5）角度分集

角度分集的原理是使电波通过几个不同路径、以不同角度到达接收端，接收端利用多个方向性尖锐的接收天线将来自不同方向的信号分量进行分离。

由于不同方向来的信号分量具有互相独立的衰落特性，所以可以实现角度分集并获得抗衰落的效果。

6）场分集

由电磁场理论可知，当电磁波传输时，电场 $E$ 总是伴随着磁场 $H$，且与 $H$ 携带相同的信息。若把衰落情况不同 $E$ 和 $H$ 的能量加以利用，得到的就是场分集。场分集不需要把两根天线从空间分开，天线的尺寸也基本保持不变，对带宽无影响，但要求两根天线分别接

$E$ 和 $H$。适用于较低工作频段(如低于 100 MHz)。当工作频率较高时(800～900 MHz),空间分集在结构上更容易实现。

**3. 应用实例**

图 5.2 为空间分集的一个应用实例。其采用的是空间分集接收技术,利用多副距离足够大的接收天线来接收和合并多路不相关性的信号。当某一副接收天线的输出信号很低时,其他接收天线的输出则不一定在这同一时刻也出现幅度低的现象,将这些信号的能量按一定规则合并起来,使接收的有用信号能量最大,从而得到较高的信噪比和较好的音质。

图 5.2　通道真分集红外对频无线会议麦克风

再如,中国联通东营分公司的 GSM 系统中,S8000 型的基站设备采用了极化分集、空间分集等多种显分集和隐分集技术。经实际应用与测试证明,在基站间距较小、高楼林立的市区,若安装环境较差,可采用体积较小的极化分集天线,它可以获得与空间分集同样甚至更好的效果;而在开阔的郊区及农村,则应采用增益较高的空间分集天线。

### 5.2.3　分集的合并方式及性能

接收端收到 $M(M\geqslant2)$ 个分集信号后,如何利用这些信号以减小衰落的影响,这就是合并问题。一般均使用线性合并器,把输入的 $M$ 个独立衰落信号相加后合并输出。

假设 $M$ 个输入信号电压为 $r_1(t),r_2(t),\cdots,r_M(t)$,则合并器输出电压 $r(t)$ 为

$$r(t)=a_1r_1(t)+a_2r_2(t)+\cdots+a_Mr_M(t)=\sum_{k=1}^{M}a_kr_k(t) \tag{5.1}$$

式中,$a_k$ 为第 $k$ 个信号的加权系数。

合并技术通常应用在空间分集中。分集信号的合并是指接收端收到多个独立衰落的信号后如何合并的问题。选择不同的加权系数,构成不同的合并方式。常用的合并方式有选择合并、最大比合并、等增益合并。

**1. 选择合并**

选择合并(Selection Combining,SC)就是将天线接收的多路信号加以比较之后选取最高信噪比的分支。这种方式实际上并非是合并,而是从中选择信号质量最好的一个输出,因此又称为选择分集或开关分集。在选择式合并器中,加权系数只有一项为1,其余均为0。选择合并的实现最为简单,其原理框图如图 5.3 所示。

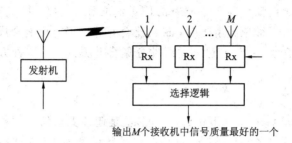

图 5.3    选择合并的原理框图

选择合并有检测前合并与检测后合并两种方式，如图 5.4 所示。若使用检测前合并方式，则选择是在天线输出端进行，从 $M$ 个天线输出中选择一个最好的信号，再经过一部接收机就可以得到合并后的基带信号。

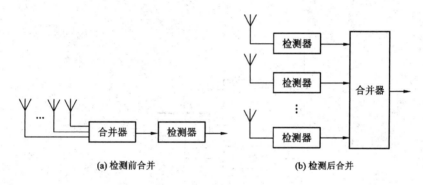

图 5.4    检测前与检测后合并方式

## 2. 最大比合并

最大比合并(Maximal Ratio Combining, MRC)是最佳的分集合并方式，因为它能得到最大的输出信噪比。最大比合并的原理如图 5.5 所示。$M$ 个分集支路经过相位调整，保证各路信号在叠加时是同相位的。然后按适当的增益系数同相相加(检测前合并)，再送入检测器。最大比合并的实现比其他的合并方式更困难，因为此时每一支路的信号都要利用，而且要给予不同的加权，使合并输出的信噪比最大。$M$ 路信号进行加权的权重是由各支路的有用信号功率与噪声功率的比值所决定的。

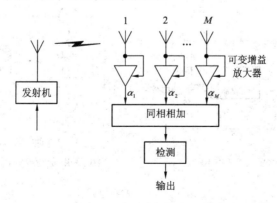

图 5.5    最大比合并的原理图

最大比合并的输出信噪比等于各支路的信噪比之和。所以，即使当各路信号都很差，以至于没有一路信号可以被单独解出时，最大比合并算法仍有可能合成一个达到信噪比要求的、可以被还原的信号。在所有已知的线性分集合并方式中，这种方式的抗衰落统计特性最佳。

**3. 等增益合并**

等增益合并(Equal Gain Combining，EGC)就是使各支路信号同相后等增益相加作为合并后的信号，它与最大比合并类似，只是加权系数设置为 1。等增益合并的原理图如图 5.6 所示。等增益合并是目前使用比较广泛的一种合并方式，因为其抗衰落性能接近最大比合并，而实现又比较简单。在某些情况下，对真实的最大比组合提供可变化的加权系数是不方便的，所以将加权系数均设为 1，简化了设备，也保持了从一组不可接收的输入产生一个可接收的输出信号的可能性。等增益合并的性能比最大比合并稍差，但优于选择合并。

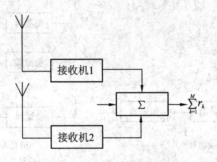

图 5.6　等增益合并的原理图

等增益合并适合在两路信号电平接近时工作，此时可以获得约 3 dB 的增益。但是它不适合在两路信号相差悬殊时工作，因为此时信号弱的那一路也将被充分放大后参与合并，这会使总输出信噪比下降。需要注意的是，等增益合并必须在中频进行，因为若是在低频合并，会由于各支路解调器的增益不是常数而无法保证等增益合并。

最大比合并和等增益合并，可以采用如图 5.7 所示的同相调整电路来实现同相相加。另外还可以在发射信号中插入导频，在接收端通过提取导频的相位信息实现同相相加。

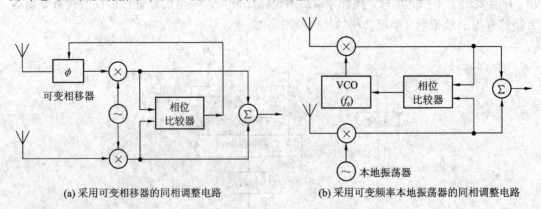

(a) 采用可变相移器的同相调整电路　　　　(b) 采用可变频率本地振荡器的同相调整电路

图 5.7　同相调整电路

#### 4. 三种合并方式的性能比较

三种分集合并方式的增益比较如图 5.8 所示。从图中可以看出，三种分集合并方式较无分集对系统的性能上都有不同程度的改善，其中，分集增益随分集支路数的增加呈线性递增，但是当支路数大于 5 后，分集增长缓慢，趋于门限值，这是因为随着支路数的增加，分集的复杂性也跟着增加。另外，从图中还可以看出，最大比合并是合并的最优方式。对于等增益合并而言，当 $M$ 较大时，仅比最大比合并差 1.05 dB，这样，接收机仍可以利用同时收到的各路信号，并且接收机从大量不能够解调出来的信号中合成出一个可解调信号的概率仍很大，其性能只比最大比合并差一些，但比选择合并要好很多。

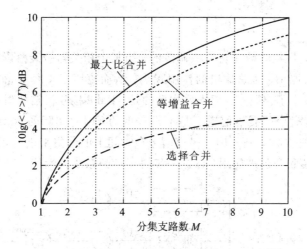

图 5.8　三种分集合并的增益比较

### 5.2.4　Rake 接收机

通常接收的多径信号时延差很小且是随机的，叠加后的多径信号一般很难分离。所以，在一般的分集中，需要建立多个独立路径信号，在接收端按最佳合并准则进行接收。而多径分集是通过发送端的特定信号设计来达到接收端接收多径信号的分离。下面要介绍的 Rake 接收技术就是一种典型的多径分集接收技术。

#### 1. Rake 接收机的工作原理

Rake 的概念是 1958 年由 R.Price 和 P.E.Green 在《多径信道中的一种通信技术》中提出来的。Rake 接收技术是第三代 CDMA 移动通信系统中的一项重要技术。在 CDMA 移动通信系统中，由于信号带宽较宽，存在着复杂的多径无线电信号，通信受到多径衰落的影响。Rake 接收机的原理就是使用相关接收机组，对每个路径使用一个相关接收机，各相关接收机与同一期望（被接收的）信号的一个延迟形式（即期望信号的多径分量之一）相关，然后这些相关接收机的输出（称为耙齿输出）根据它们的相对强度进行加权，并把加权后的各路输出相加，合成一个输出。加权系数的选择原则是输出信噪比要最大。由于这种接收机收集的是多条路径上的信号，有点像把一堆零乱的草用"耙子"把它们集拢到一起，其作用与农用多齿草耙（英文为 Rake）的作用相似，故称为 Rake 接收机。

与一般的分集技术把多径信号作为干扰来处理不同，Rake 接收机不是减弱或削弱多径信号,而是充分利用多径信号来增强信号。Rake 接收机利用多个并行相关器检测多径信号,按照一定的准则合成一路信号供解调器解调。

　　Rake 接收机的工作原理如图 5.9 所示。假定有 $L$ 个相关器,每个相关器与其中一个多径分量强相关,而与其他多径分量弱相关,各个相关器的输出经过加权后同相相加,总的输出信号为

$$y(t) = \sum_{i=1}^{L} z_i(t) w_i(t) \tag{5.2}$$

　　加权系数由相应多径信号能量在总能量中所占比例决定,即

$$w_i = \frac{z_i^2(t)}{\sum\limits_{i=1}^{L} z_i^2(t)} \tag{5.3}$$

　　由式(5.3)可知,加权系数是自适应调节的。当某个相关器被衰落影响而输出能量减小时,对应的加权系数取小,对总输出的作用减小,从而克服了多径衰落的影响,提高了系统的信噪比性能,减小了误码率。但需要注意的是,Rake 接收机需要对多径分量的时延和损耗进行估计,这在时变的衰落信道下是不易实现的,因此实际的 Rake 接收机性能将有所下降。Rake 接收机实际上是利用了多径信号在时间上的分集来进行相关接收。这个处理方法可以与天线分集联合起来使用,以进一步提高扩频系统的性能。

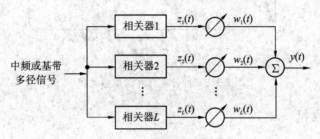

图 5.9　Rake 接收机的工作原理

**2. Rake 接收机的工程实现**

　　在 IS-95 CDMA 系统中 Rake 多径分集接收的过程是:在基站处,每一个反向信道都有四个数字解调器,这样每个基站都可以同时解调四路多径信号,并进行矢量合并,通过这样恢复出的信号比任何一路信号都要好。在手机中,有三个数字解调单元、一个搜索单元,这样手机也能同时解调三路多径信号并进行矢量合并。

# 5.3　均衡技术及应用

## 5.3.1　均衡原理

　　在数字移动通信中,为提高频率利用率和业务性能,满足高可靠性各种非话音业务的无线传输,我们需要高速移动无线数字信号传输技术。而在采用时分多址的这种高速数字移动通信中,由于多径传播,不仅产生瑞利衰落,而且产生频率选择性衰落,造成接收信号既有单纯电平波动,又伴随有波形失真产生,影响接收质量,并且传输速率越高,多径

传播所引起的码间干扰越严重。码间干扰被认为是在移动无线信道中传输高速率数据时的主要障碍。单纯电平波动可用自动增益控制电路加以抑制，而波形失真引起的传播特性恶化，则需要用均衡器来解决。均衡技术就是指各种用来处理码间干扰(ISI)的算法和实现方法。

　　均衡的基本原理如图 5.10 所示。设信道冲击响应序列$\{f_n\}$的 $Z$ 变换是 $F(z)$，输入到信道的序列为$\{I_k\}$，均衡器的冲击响应序列$\{C_n\}$的 $Z$ 变换是 $C(z)$，均衡器的输出序列为$\{\hat{I}_k\}$。采用均衡技术的目的是根据信道的特性 $F(z)$，按照某种最佳准则来设计均衡器的特性 $C(z)$，使得$\{I_k\}$与$\{\hat{I}_k\}$之间达到最佳匹配。

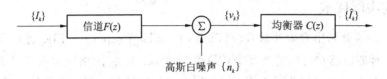

图 5.10　均衡的基本原理

## 5.3.2　均衡的分类

　　从广义上讲，均衡可以是指任何用来削弱码间干扰的信号处理操作。在无线信道中，可以用各种各样的均衡技术。下面我们就对均衡器的分类进行介绍。

　　均衡器按技术类型可分为线性均衡和非线性均衡两类。两类均衡器的差别主要在于均衡器的输出是否用于反馈控制。通常信号经过接收机判决后，输出决定信号的数字逻辑值。如果逻辑值没有被用于均衡器的反馈逻辑中，那么均衡器是线性的；反之，如果该逻辑值被应用于反馈逻辑中，并且帮助改变了均衡器的后续输出，那么均衡器是非线性的。线性均衡器实现简单，然而与非线性均衡器相比，噪声增强现象严重。在非线性均衡器中，判决反馈均衡器是最常见的，因为其实现简单，而且通常性能良好；然而在低信噪比时，引起错误传播现象，导致性能降低。最佳的均衡技术是最大似然序列估计(MLSE)，但MLSE 的复杂度随着信道的时延扩展长度呈指数增加，因此在多数信道中不实用；然而，MLSE 的性能经常作为其他均衡技术的性能上界。

　　均衡器按结构可分为横向结构和格形结构两类。横向结构是具有 $N-1$ 个延迟单元、$N$ 个可调谐的抽头权重因子。格形滤波器与横向滤波器相比复杂度较高，但其数值稳定性高、收敛性好，滤波器长度变化灵活。

　　均衡器按其所处位置可分为预均衡器和均衡器两类。预均衡器的优点是可以采用简单的算法实现性能良好的均衡，避免了噪声增强，降低了接收机的复杂度，但是它需要上行和下行信息具有互易性。互易性就是指在同一频率上传输的上行或下行数据遭受相同的衰落和相位旋转。预均衡器通常放在发射端，可用在时分双工系统中。均衡器通常都放在接收端。

　　均衡器按检测级别可分为码片均衡器、符号均衡器和序列均衡器三类。码片均衡器在码片级进行均衡，它是提高 CDMA 系统性能的一种特别的均衡器，只能采用线性均衡，因为在码片级无法进行判决；符号均衡器是逐个符号进行判决，然后去除每个符号的码间干扰(ISI)；序列均衡器进行符号序列检测判决，然后去除码间干扰，最大似然序列估计是序列检测的最佳形式。

均衡器按其频谱效率可分为基于训练序列的均衡、盲均衡（Blind Equalization，BE）、半盲均衡三类。盲均衡不需要训练序列，因而其频谱利用率高，但是其收敛速率慢，目前在实际中难以较好地应用。基于训练序列的均衡器是指在发射端发送训练序列，在接收端根据此训练序列对均衡器进行调整，通常又将基于训练序列的均衡称为自适应均衡，它在实际中得到了很好的应用。半盲均衡频谱效率介于盲均衡与自适应均衡之间。

当然，均衡器还有其他的分类方式，这里就不一一列举了。下面主要介绍线性均衡、非线性均衡及自适应均衡技术。

### 5.3.3　线性均衡技术

线性横向均衡器可由有限冲激响应（Finite Impulse Response，FIR）滤波器（又称为横向滤波器，这种滤波器在可用的类型中是最简单的）实现。它的结构如图 5.11 所示。图中，输入信号的将来值、当前值及过去值，均被均衡器时变抽头系数进行线性加权求和后得到输出，然后根据输出值和理想值之间的差别按照一定的自适应算法调整滤波器抽头系数。

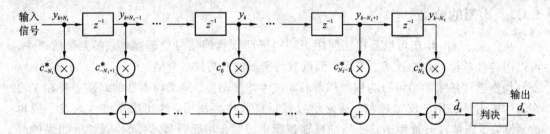

图 5.11　线性横向均衡器结构

均衡器通常是在数字域中实现，其采样信号被存储于移动寄存器中。对于模拟信号，均衡器输出的连续信号波形将以符号速率被采样，并送至判决器。在图 5.11 中，$c_n^*$ 表示滤波器的系数（或权重）为复数，$\hat{d}_k$ 是 $k$ 时刻的输出，$y_i$ 是 $t_0 + iT$ 时刻收到的输入信号，$t_0$ 是均衡器的初始工作时间，滤波器阶数 $N = N_1 + N_2 + 1$。

线性横向均衡器最大的优点就在于其结构非常简单，容易实现，因此在各种数字通信系统中得到了广泛的应用。但是其结构决定了它有两个难以克服的缺点：

（1）噪声的增强会使线性横向均衡器无法均衡具有深度零点的信道。为了补偿信道的深度零点，线性横向均衡器必须有高增益的频率响应，然而同时无法避免的也会放大噪声。

（2）线性横向均衡器与接收信号的幅度信息关系密切，而幅度会随着多径衰落信道中相邻码元的改变而改变。因此滤波器抽头系数的调整不是独立的。

由于以上两点线性横向均衡器在畸变严重的信道和低信噪比（Signal to Noise Ratio，SNR）环境中性能较差，而且均衡器的抽头调整相互影响，从而需要更多的抽头数目。

线性均衡器还可以由格形滤波器实现，即线性格形均衡器如图 5.12 所示。输入信号 $y_k$ 被转换成一组作为中间值的前向和后向误差信号，即 $f_N(k)$ 和 $b_N(k)$。这组中间信号作为各级乘法器的输入，用以计算并更新滤波系数。

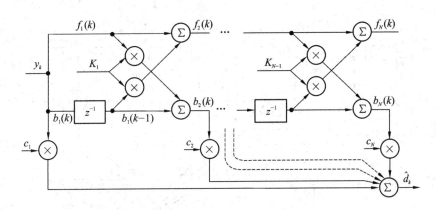

图 5.12 线性格形均衡器结构

线性格形均衡器由于在动态调整阶数的时候不需要重新启动自适应算法，因而在无法大概估计信道特性的时候非常有利，可以利用线性格形均衡器的逐步迭代而得到最佳的阶数。另外，线性格形均衡器有着优良的收敛特性和数值稳定性，有利于在高速的数字通信和深度衰落的信道中使用。但是线性格形均衡器的结构比较复杂，实现起来困难，从而限制了其在数字通信中的应用。

## 5.3.4 非线性均衡技术

当信道失真过于严重以至于线性均衡器不易处理时，采用非线性均衡技术会比较好。当信道中有深度频谱衰落时，用线性均衡器不能取得满意的效果，这是由于为了补偿频谱的失真，线性均衡器会对出现深衰落的那段频谱及其附近的频谱产生很大的增益，从而增加了该段频谱的噪声。有效的非线性均衡算法有很多种，本节主要介绍判决反馈均衡（Decision Feedback Equalization，DFE）。

判决反馈均衡的基本方法是信息符号经检测和判决以后，它对随后信号的干扰在其检测之前可以被估计并消减，其结构如图 5.13 所示。它是由两个横向滤波器和一个判决器构成的。这两个横向滤波器是前馈滤波器（Feedforward Filter，FFF）和反馈滤波器（Feedback Filter，FBF），FBF 的输入是判决器的先前输出，其系数可以通过调整减弱当前估计中的码间干扰。判决反馈均衡器的作用和原理与前面讨论的线性横向均衡器类似，但由于均衡器的反馈环路包含了判决器，因此均衡器的输入/输出不再是简单的线性关系，而是非线性关系。

当频谱衰落较平坦时，线性均衡器能够良好地工作，而当频谱衰落严重不均时，线性均衡器的性能会恶化，而采用 DFE 的均衡器则表现出更好的性能。因此，判决反馈均衡更适合于有严重失真的无线信道，在高速数据传输系统中得到了广泛的应用。它的结构具有许多优点，当判决差错对性能的影响可忽略时，DFE 优于线性均衡器。显而易见，相对于线性均衡器而言，加入判决反馈部分可得到性能上的很大改善，反馈部分消除了由先前被检测符号引起的符号间干扰，然而 DFE 结构面临的主要问题之一是错误传播，错误传播是由于对信息的不正确判决而产生的，错误信息的反馈会影响反馈滤波器（FBF）部分，从而影响未来信息的判决；另一问题是对移动通信中的收敛速度产生影响。

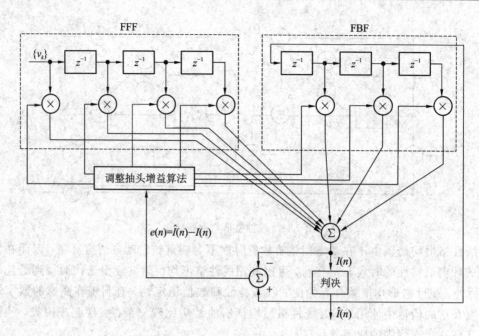

图 5.13　横向滤波判决反馈均衡器

判决反馈均衡的格形实现与横向滤波器的实现类似，也有一个 $N_1$ 阶前馈滤波器和一个 $N_2$ 阶反馈滤波器，并且 $N_1 > N_2$。

## 5.3.5　自适应均衡技术

由于移动信道的衰落具有随机性和时变性，常常要求均衡器能够实时跟踪移动信道的变化，这种均衡器又称为自适应均衡器。自适应均衡器是一个自适应滤波器，它能够动态地调整其特性和参数，使其能够跟踪信道的变化，在任何情况下都能够使均衡器达到所要求的指标。自适应滤波是近 30 年以来发展起来的一种最佳滤波方法。由于它具有更强的适应性和更优的滤波性能，所以在工程实际中，尤其在信息处理技术中得到了广泛的应用。其广泛应用于通信、雷达、声呐、控制和生物医学工程等许多领域。

用于移动无线信道的高速自适应均衡技术是数字移动通信中一个关键性技术课题，TDMA 的信号结构和快速变化的信道衰落特性，也为自适应均衡器的设计增加了一定的难度。寻求高性能、低复杂度的自适应算法是实现自适应均衡器的关键。

自适应均衡器的基本结构如图 5.14 所示。其采用横向滤波器结构。它有 $N$ 个延迟单元$(z^{-1})$、$N+1$ 个抽头及可调的复数乘法器(权值)，阶数为 $N+1$。这些权值通过自适应算法进行调整，调整的方法可以是每个采样点调整一次，或每个数据块调整一次。

均衡器的阶数可由信道的最大期望时延决定。一个均衡器只能均衡小于或等于滤波器最大时延的时延扩展。例如，如果均衡器的每一个时延单元提供一个 $10\ \mu s$ 的延时，而由 4 个延时单元构成一个 5 阶的均衡器，那么可以被均衡的最大延时扩展为 $4 \times 10\ \mu s = 40\ \mu s$，而超过 $40\ \mu s$ 的多径时延扩展就不能被均衡。由于电路复杂性和处理时间随着均衡器的阶数和延时单元的增加而增大，因而在选择均衡器的结构和算法时，获知延时单元的最大数目是很重要的。

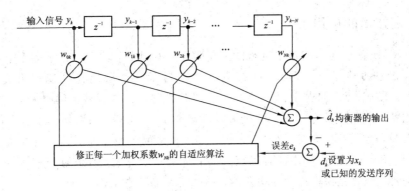

图 5.14　自适应均衡器的基本结构

自适应均衡器通常包含两种工作模式：训练模式和跟踪模式。在训练模式下，发端发射一个已知的定长训练序列，以使均衡器迅速收敛，完成抽头增益的初始化。典型的训练序列是一个二进制伪随机信号或是一个预先指定的比特串。用户数据紧跟在训练序列之后被传送。接收端的均衡器通过递归算法评估信道特性，并修正滤波器系数实现对信道的补偿。在设计训练序列时，要求做到即使在最差的信道条件下，均衡器也能通过这个序列获得正确的滤波系数。这样就可以在收到训练序列后，使均衡器的滤波系数接近最佳值。而在接收用户数据时，均衡器的自适应算法可以跟踪不断变化的信道。通过上述方式，自适应均衡器将不断改变其滤波特性。

为了保证能有效地消除码间干扰，均衡器需要周期性地进行重复训练。均衡器被大量用于数字通信系统中，因为在数字通信系统中用户数据是被分为若干段并在相应的时间段中传送的。时分多址无线通信系统特别适于均衡器的应用。时分多址系统在固定长度的时间段中传送数据，训练序列通常在时间段的起始被发送。在每个新的时间段，均衡器会用同样的训练序列进行修正。

均衡器通常在接收机的基带或中频部分实现。采用自适应均衡器的通信系统如图 5.15 所示。图中接收机中含有自适应均衡器，$x(t)$ 是原始基带信号，$f(t)$ 是等效的基带冲激响应，综合反映了发射机、无线信道和接收机的射频、中频部分的总的传输特性。

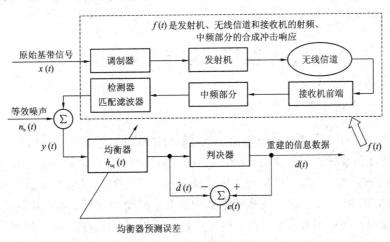

图 5.15　采用自适应均衡器的通信系统

### 5.3.6　均衡技术的应用

在 900 MHz 移动通信信道中进行的测量表明,美国 4 个城市所有测量点中,时延扩展少于 15 $\mu$s 的占 99%,而少于 5 $\mu$s 接近 80%。对于一个采用符号速率为 243 kb/s 的 DQPSK 调制系统来说,如果 $\Delta/T = 0.1$($\Delta$ 是时延扩展,$T$ 是符号持续时间),符号间干扰产生的误比特率变得不能忍受时,则最大时延扩展是 4.12 $\mu$s。如果超过了这个值,就需要采用均衡来减小比特率。大量的研究表明,大约 25% 的测量结果,其时延扩展超过 4 $\mu$s。所以尽管 IS-54、GSM 标准中没有确定具体的均衡实现方式,但是为 IS-54 与 GSM 系统规定了均衡器,也就是说,若没有均衡器,系统将不能正常工作。

很多 IS-54 手机采用的均衡器是判决反馈均衡器。它包括 4 个前馈抽头和反馈抽头,其中前馈抽头间隔为符号的一半。这种分数间隔类型使得均衡器对简单的定时抖动具有抵抗能力。自适应滤波器的系数由递归最小平方算法来更新。设备制造商开发了许多 IS-54 专用均衡器。

GSM 的均衡是通过每一时隙中间段所发送的训练序列来实现的。GSM 标准没有指定均衡器的类型,而是由制造商确定。但是 GSM 均衡器要求可以处理延迟达到 4 bit 的反射,相当于 15 $\mu$s,对应 4.5 km。于实用的 GSM 均衡器主要有两种:一种是判决反馈均衡器;另一种是最大似然序列均衡器。

在 IS-54 与 GSM 系统中采用符号级或序列级均衡器,而在 CDMA 系统中,为了进一步提高系统的性能,需要采用码片级均衡器。采用多用户检测能够实现上行链路的最佳 CDMA 接收,而下行链路的移动终端受复杂度限制,且其他用户的参数通常是未知的,因此,不能使用多用户检测,只能寻求次最佳接收。Rake 接收是目前 CDMA 系统最常用的接收方法。当激活用户数很多时,等效噪声增加,导致输出信噪比下降,性能会恶化。近年来,针对 WCDMA 系统下行链路接收机,出现了一种新的基于码片处理的抗多径技术,称为码片均衡。该方法的原理是对接收到码片波形在解扰/解扩之前进行码片级的自适应均衡,这样一来,在解扩之前就只存在一条路径,这就在某种程度上有效恢复了被多径信道破坏的用户之间的正交性,也即抑制了多址干扰。研究表明,利用码片均衡原理实现的码片均衡器,其性能优于 Rake 接收机。

## 5.4　智能天线技术及应用

### 5.4.1　智能天线技术概况

随着社会信息交流需求的急剧增加、个人移动通信的迅速普及,频谱已成为越来越宝贵的资源。智能天线采用空分复用(SDM),利用在信号传播方向上的差别,将同频率、同时隙的信号区分开来。它可以成倍地扩展通信容量,并与其他复用技术相结合,最大限度地利用有限的频谱资源。另外,在移动通信中,由于复杂的地形、建筑物结构对电波传播的影响,大量用户间的相互影响,产生时延扩散、瑞利衰落、多径、共信道干扰等,使通信质量受到严重影响。采用智能天线可以有效地解决这个问题。

自适应天线波束赋形技术在 20 世纪 60 年代得到发展,其研究对象是雷达天线阵,目的是提高雷达的性能和电子对抗的能力。其发展也是从雷达开始的。20 世纪 90 年代，美国和中国开始将智能天线技术应用于无线通信系统。近年来，国内外不少公司在开发智能天线方面投入了大量人力物力，很多技术已经进入实用阶段。我国大唐集团推出的 SCDMA 系统，就是成功应用智能天线技术的 CDMA 系统。

　　用于基站的智能天线是一种由多个天线单元组成的阵列天线。它通过调节各阵元信号的加权幅度和相位来改变阵列天线的方向，从而抑制干扰，提高信噪比。它可自动测出用户方向，并将波束指向用户，从而实现波束随着用户走；还可以提高天线增益，减少信号发射功率，延长电池寿命，减少用户设备体积；或在不降低发射功率的前提下，大大增加基站的覆盖率。

　　用于手机的智能天线可以有效地提高通信性能，降低发射功率，减少电波对人体的影响。此外，由于智能天线可以从用户方向和传播时延获知用户位置，它将成为一种有效的定位手段，可以为用户提供新的服务，如导航、紧急救助等。天线的空间分集可以克服快衰落，显著提高通信质量，有时也把它归入智能天线的范畴。

## 5.4.2　智能天线的原理及分类

### 1. 智能天线的原理

　　智能天线包括射频天线阵列部分和信号处理部分，其中信号处理部分根据得到的关于通信情况的信息，实时地控制天线阵列的接收和发送特性。这些信息可能是接收到的无线信号的情况；在使用闭环反馈的形式时，也可能是通信对端关于发送信号接收情况的反馈信息。图 5.16 给出了一种具有 $M$ 个天线振子，利用 $N$ 个自适应抽头延迟结构的智能天线的信号处理结构。其每个天线单元有一个可控数字滤波器，通过调整滤波器系数，改变单元输出的信号幅度和相位，最后各单元合成为天线阵的天线波束方向和增益。

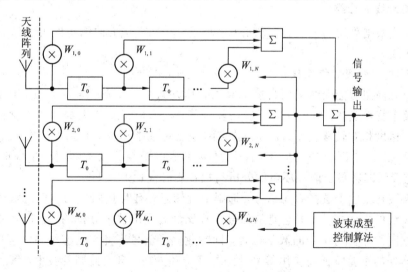

图 5.16　智能天线的信号处理结构

　　智能天线系统由天线阵列部分、阵列形状、模/数转换等几部分组成，其原理框图如图 5.17 所示。实际的智能天线结构比图 5.17 所示的结构复杂，因为图中表示的是单个用户情况。假如在一个小区中有 $K$ 个用户，则图 5.17 中仅天线阵列和模/数转换部分可以共用，其余自适应数字信号处理器与相应的波束形成网络需要每个用户一套，共 $K$ 套，以形成 $K$ 个自适应波束跟踪 $K$ 个用户。被跟踪的用户为期望用户，剩下的 $K-1$ 个用户均为干扰用户。智能天线可以按通信的需要在有用信号的方向提高增益，在干扰源的方向降低增益。

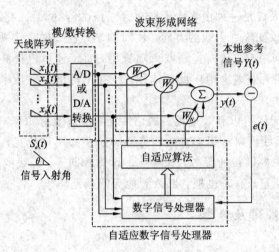

图 5.17 智能大线系统的原理框图（单个用户）

智能天线就是通过反馈控制去自动调整自身天线波束成型模式的自适应天线阵。阵列天线是智能天线技术的基础，智能天线是在它的基础上发展起来的。随着移动通信技术的发展，阵列处理技术被引入到了移动通信领域。其中，以自适应阵列天线为代表的智能天线已成为最活跃的研究领域之一，应用领域包括声音处理、跟踪扫描雷达、射电天文学、射电望远镜和 3G 手机网络等。

**2. 智能天线的分类**

智能天线根据采用的天线方向图形状，可以分为自适应方向图智能天线和固定形状方向图智能天线。

1) 自适应方向图智能天线

自适应方向图智能天线采用自适应算法，其方向图与变形虫相似，没有固定的形状，随着信号及干扰而变化。它的优点是算法较为简单，可以得到最大的信号干扰比。但是它的动态响应速度相对较慢。另外，由于波束的零点对频率和空间位置的变化较为敏感，在频分双工系统中上、下行的响应不同，因此它不适应于频分双工而比较适应时分双工系统。自适应天线阵着眼于信号环境的分析与权集实时优化上。

智能天线在空间上选择有用信号，抑制干扰信号，有时我们称为空间滤波器。虽然这主要是靠天线的方向特性，但它是从信号干扰比的处理增益来分析的，它带来的好处是避开了天线方向图分析与综合的数学困难，同时建立了信号环境与处理结果的直接联系。自适应天线阵列的重要特征是应用信号处理的理论和方法、自动控制的技术，解决天线权集优化问题。

自适应天线自出现以来，已有 30 多年。大体上可以分成三个发展阶段：第一个 10 年主要集中在自适应波束控制上；第二个 10 年主要集中在自适应零点控制上；第三个 10 年主要集中在空间谱估计上，诸如最大似然谱估计、最大熵谱估计、特征空间正交谱估计等。

在大规模集成电路技术发展的促进下，20 世纪 80 年代以后自适应天线逐步进入应用阶段，尤其用在通信对抗。与此同时，自适应信号处理理论与技术也得到了大力发展与广泛的应用。

2）固定形状方向图智能天线

固定形状方向图智能天线在工作时，天线方向图形状基本不变。它通过测向确定用户信号的到达方向（DOA），然后根据信号的 DOA 选取合适的阵元加权，将方向图的主瓣指向用户方向，从而提高用户的信噪比。固定形状波束智能天线对于处于非主瓣区域的干扰，是通过控制低的旁瓣电平来确保抑制的。与自适应智能天线相比，固定形状波束智能天线无需迭代、响应速度快，而且鲁棒性好，但它对天线单元与信道的要求较高。

近年来，一些研究小组针对个人移动通信环境的 DOA 检测算法进行了相当的理论和实验研究。Bigler 等人的实验表明，在 900 MHz 移动通信频段的 DOA 的实测值是可以满足固定形状波束智能天线工程需要的，实验中 DOA 估计值对测量时间、信号功率、信号频率的变化均不敏感，各种情况下测试结果的标准偏差均小于 4 度。

在多径环境下，空间信道的分析和测量是目前理论和实验研究的热点。已有多种传播模型和分析方法，并用它对各种不同通信体制、不同信号带宽、不同环境（城市、农村、商业区、楼内）进行了分析，给出了对应的模型。在美国的波士顿（Boston）地区、美国新泽西州（New Jersey）的高速公路、德国的 Munich 地区等进行了大量的测试。结果表明，在农村、城郊以及许多城区，对于窄波束，其时间色散可以减少。采用通信信号中的训练序列进行信道估计，可以给出空间信道的响应，这也是研究的热点之一。

## 5.4.3　移动通信中的智能天线

智能天线实际上是一种空间信号处理技术。将该技术与时间信号处理技术相结合可以获得更大的好处。在时间信号处理方面，如均衡技术，时、频域分集接收，Rake 接收，最大似然接收等已在通信中得到广泛应用。它们本身也常用于克服多径衰落，提高通信质量。如果把两种信号处理技术结合起来，产生一种新的统一的算法，可以更有效地提高通信性能和处理效率。有的文献称之为矢量或二维 Rake 接收。图 5.18 给出了一种空间滤波 Rake 接收机的原理框图。

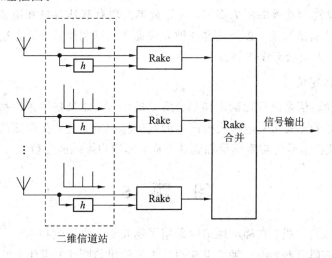

图 5.18　空间滤波 Rake 接收机的原理框图

　　图 5.19 给出了空间滤波 Rake 接收机的性能曲线。从图中可以看出,采用时空信号处理的空间滤波 Rake 接收机的性能明显好于时域 Rake 接收机的性能。

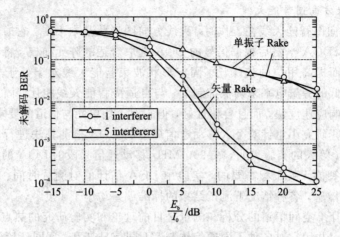

图 5.19　空间滤波 Rake 接收机的性能曲线

　　智能天线技术对移动通信系统所带来的优势是显而易见的。在使用智能天线时必须结合使用其他基带数字信号处理技术,如联合检测、干扰抵消及 Rake 接收等。它在移动通信中的用途主要包括抗衰落、抗干扰、增加系统容量以及移动台的定位。

**1. 抗衰落**

　　采用智能天线控制接收方向,天线自适应地构成波束的方向性,使得延迟波方向的增益最小,减少信号衰落的影响。智能天线还可以用于分集,减少衰落。

**2. 抗干扰**

　　高增益、窄波束智能天线阵用于 WCDMA 基站,可减少移动台对基站的干扰,改善系统性能。抗干扰应用实质是空间域滤波。

**3. 增加系统容量**

　　为了满足移动通信业务的巨大需求,应尽量扩大现有基站容量和覆盖范围。要尽量减少新建网络所需的基站数量,必须通过各种方式提高频谱利用效率。方法之一是采用智能天线技术,用多波束板状天线代替普通天线。

**4. 实现移动台定位**

　　目前蜂窝移动通信系统只能确定移动台所处的小区。如果基站采用智能天线阵,一旦收到信号,即对每个天线元所连接收机产生的响应作相应处理,获得该信号的空间特征矢量及矩阵,由此获得信号的功率估值和到达方向,即用户终端的方位。

# 习 题 5

　　1. 分集技术如何分类?在移动通信中采用了哪几类分集接收技术?

　　2. 合并方式有哪几种?哪一种可以获得最大的输出信噪比?为什么?

　　3. 画出一个当输出 $M$ 个接收机时选择合并的原理框图。

4. Rake 接收机的工作原理是什么？

5. 均衡器可以分为哪些类型？

6. 线性均衡和非线性均衡有什么区别？

7. 简述自适应均衡器的作用。

8. 为什么智能天线技术能够抗衰落？

# 第6章　第二代(2G)移动通信系统

GSM(Global System for Mobile Communications，GSM)是泛欧数字蜂窝移动通信网的简称，即"全球移动通信系统"。自20世纪90年代中期投入商用以来，被全球100多个国家采用。我国具有世界上最大的GSM网络。

第一代蜂窝移动通信网也称为模拟蜂窝网，尽管用户迅速增长，但有很多不足之处，例如：

(1) 模拟蜂窝系统制式混杂，不能实现国际漫游。

(2) 模拟蜂窝网不能提供综合业务数字网(ISDN)业务。

(3) 模拟系统设备价格高。

(4) 手机体积大，电池充电后有效工作时间短。

(5) 模拟蜂窝网用户容量受到限制，系统扩容困难。

(6) 模拟系统保密性差、安全性差。

为了上述问题，很多国家、部门都开始研究数字蜂窝移动通信系统。数字蜂窝移动通信系统能迅速发展，其基本原因有两个：

(1) 采用多信道共用和频率复用技术，频率利用率高。

(2) 系统功能完善，具有越区切换、漫游等功能，与市话网相互连接，可以直拨市话、长话、国际长途，计费功能齐全，用户使用方便。

## 6.1　GSM移动通信系统

为了解决全欧移动电话自动漫游，采用统一制式得到了欧洲邮电主管部门会议成员国的一致赞成。为了推动这项工作的进行，于1982年成立了移动通信特别小组(Group Special Mobile，GSM)着手进行泛欧蜂窝状移动通信系统的标准制定工作。1985年提出了移动通信的全数字化，并对泛欧数字蜂窝状移动通信提出了具体要求。根据目标提出了两项主要设计原则：语音和信令都采用数字信号传输，数字语音的传输速率降低到16 kb/s或更低；不再采用模拟系统使用的12.5～25 kHz标准带宽，采用时分多址接入方式。

在GSM协调下，1986年欧洲国家的有关厂家向GSM提出了8个系统的建议，并在法国巴黎进行移动实验的基础上对系统进行了论证比较。1987年，就泛欧数字蜂窝状移动通信采用时分多址(TDMA)、规则脉冲激励-长期线性预测编码(RPE-LTP)、高斯滤波最小移频键控调制方式(GMSK)等技术，取得一致意见，并提出了如下一些主要参数：

频段：935～960 MHz(基站发，移动台收)；890～915 MHz(移动台发，基站收)。

频带宽度：25 MHz。

通信方式：全双工。

载频间隔：200 kHz。

信道分配：每载频 8 时隙；全速信道 8 个，半速信道 16 个(TDMA)。

信道总速率：270.8 kb/s。

调制方式：GMSK(高斯最小频移键控)。

话音编码：13 kb/s，规则脉冲激励-长期线性预测编码(RPE - LTP)。

数据速率：9.6 kb/s。

抗干扰技术：跳频技术(217 跳/s)，分集接收技术，交错信道编码，自适应均衡技术。

## 6.1.1　GSM 概述

### 1. GSM 的特点

GSM 最主要的特点如下：

(1) 漫游功能。GSM 的移动台具有漫游功能，可以实现国际漫游。

(2) 提供多种业务。除了能提供话音业务外，还可以开放各种承载业务、补充业务和与综合业务数字网(ISDN)相关的业务，可与今后的 ISDN 兼容。GSM 提供的新业务包括 300~9600 b/s 双工异步数据、1200~9600 b/s 双工同步数据、分组数据和话音数字信号、可视图文以及对 ISDN 终端的支持等。

(3) 较好的抗干扰能力和保密功能。GSM 可以向用户主要提供以下两种保密功能：

① 对移动台识别码加密，使窃听者无法确定用户的移动台电话号码，起到对用户位置保密的作用。

② 将用户的话音、信令数据和识别码加密，使非法窃听者无法收到通信的具体内容。

(4) 越区切换功能。在微蜂窝移动通信网中，高频度的越区切换已不可避免。GSM 采取主动参与越区切换的策略。移动台在通话期间，不断向所在工作区基站报告本区和相邻区无线环境的详细数据。当需要越区切换时，移动台主动向本区基站发出越区切换请求，固定方(移动业务交换中心和基站)根据来自移动台的数据，查找是否存在替补信道，以接收越区切换，如果不存在，则选择第二替补信道，直至选中一个空闲信道，使移动台切换到该信道上继续通信。

(5) GSM 系统容量大、通话音质好。

(6) 具有灵活和方便的组网结构。

### 2. GSM 系统的网络结构

一个完整的 GSM 系统主要是由交换子系统和基站子系统组成，此外还有大量移动台作为用户接入移动通信网的用户设备。网络运行部门为管理整个移动通信系统还需专门的操作支持子系统，如图 6.1 所示。

GSM 系统的各子系统之间和子系统内部各功能实体之间存在大量的接口。为保证各厂商的设备能够实现相互连接，在 GSM 技术规范中对其做了详细的规定。基站子系统(BSS)在移动台(MS)和网络子系统(NSS)之间提供和管理传输通路，还包括了 MS 与 GSM 系统的功能实体之间的无线接口管理。NSS 负责管理通信业务，保证 MS 与相关的公用通信网或与其他网之间建立通信，即 NSS 不直接与 MS 互通，BSS 也不直接与公用通信网互通。MS、BSS 和 NSS 组成 GSM 系统的实体部分。操作支持子系统(OSS)负责控制和维护实际运行部分。

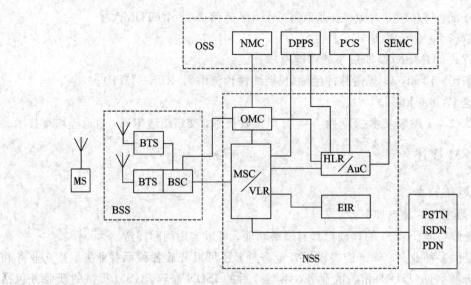

OSS—操作支持子系统；BSS—基站子系统；NSS—网络子系统；

NMC—网络管理中心；DPPS—数据后处理系统；SEMC—安全性管理中心；

PCS—用户识别卡个人化中心；OMC—操作维护中心；MSC—移动业务交换中心；

VLR—来访用户位置寄存器；HLR—归属用户位置寄存器；AUC—鉴权中心；

EIR—移动设备识别寄存器；BSC—基站控制器；BTS—基站收发信台；

PDN—公用数据网；PSTN—公用电话网；ISDN—综合业务数字网；MS—移动台

图 6.1　GSM 系统的网络结构

1）移动台

移动台是公用 GSM 移动通信网中用户使用的设备，是整个 GSM 系统中用户能够直接接触的唯一设备。移动台的类型有车载台、便携台和手持台。

移动台能通过无线方式接入通信网络，为主叫和被叫提供通信，完成各种控制和处理，MS 还具备与使用者之间的接口，如完成通话呼叫所需要的话筒、扬声器、显示屏和按键，或者提供与其他一些终端设备之间的接口，如与个人计算机或传真机之间的接口，或同时提供这两种接口。因此，根据用户应用情况，移动台可以是单独的移动终端（如手持机、车载台）或者是由移动终端（MT）直接与终端设备（TE）传真机相连接而构成的，或者是由移动终端（MT）通过相关终端适配器（TA）与终端设备（MT）相连接而构成的。

移动台的主要功能如下：

（1）能通过无线接入通信网络，完成各种控制和处理，以提供主叫或被叫通信。

（2）具备与使用者之间的人机接口。例如，要实现话音通信必须要有送话器、受话器、键盘以及显示屏幕等，或者与其他终端设备相连接的适配器，或两者兼有。

移动台的另一个重要组成部分是用户身份识别模块（Subscriber Identify Module，SIM）。它以 SIM 卡的形式出现，移动台上只配有读卡装置，SIM 有与用户有关信息，包括鉴权和加密信息。移动台中必须插入 SIM 卡才能工作，只有在处理异常的紧急呼叫时，可在没有 SIM 卡的情况下操作。SIM 卡的应用使移动台并非固定地束缚于一个用户，因为 GSM 系统是通过 SIM 卡来识别移动电话用户的，无论在什么地方，用户只要将其 SIM 卡插入其他移动台设备中，同样可以获得用户自己所注册的各种通信服务。SIM 卡为用户提供了一种非常灵活的使用方式，这为将来发展个人通信打下基础。

移动台还涉及用户注册与管理。移动台依靠无线接入，不存在固定的线路。移动台本身必须具备用户的识别号码，这些用于识别用户的数据资料可以由电话局一次性注入移动台。

2) 基站子系统

广义地讲，基站子系统包含了 GSM 系统中无线通信部分的所有地面基础设施，它通过无线接口直接与移动台相连，负责无线发送、接收和无线资源管理。另外，基站子系统(BSS)通过接口与移动交换中心(MSC)相连，并受移动交换中心(MSC)控制，处理与交换业务中心的接口信令，完成移动用户之间或移动用户与固定用户之间的通信连接，传送系统信号和用户信息等。因此 BSS 可视作移动台与交换机之间的桥梁。BSS 还建立与操作支持子系统(OSS)之间的通信连接，向用户提供一个操作维护接口，使系统运行时有良好的维护手段。网管中心与 BSS 之间可以没有直接的物理链接，而通过系统交换机转接。BSS 结构如图 6.2 所示。

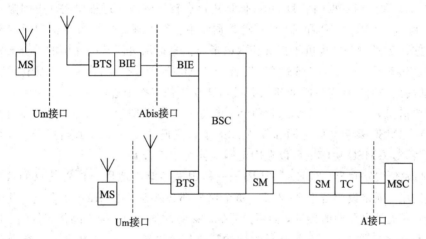

图 6.2  BSS 结构

BSS 可分为两部分，即基站收发信台(BTS)和基站控制器(BSC)。其分述如下：

(1) 基站收发信台。BTS 是通过无线接口与移动台一侧相连的基站收发信机，主要负责无线传输；BSC 在另一侧与交换机相连，负责控制和管理。BTS 包括无线传输所需要的各种硬件和软件，如发射机、接收机、支持各种小区结构所需要的天线、连接基站控制器的接口电路以及收发台本身所需要的检测和控制装置等。BTS 可以直接与 BSC 相连接，也可以通过基站接口设备(BIE)采用远端控制的连接方式与 BSC 相连接。BTS 的天线通常安装在几十米外的天线铁塔上，通过馈线电缆与收发信机架相连接。

在 GSM 系统结构中，BTS 还有一个重要的功能部件称为码型转换器/速率适配器(TC)，它使 GSM 系统内部信号与传输线路中标准的 64 kb/s 脉冲编码调制(PCM)相配合。TC 虽是 BTS 的一部分，但可以放在远离 BTS 的地方，大多数场合都放在 BSC 与交换机之间，用来提高 BTS 与 BSC 之间传输线路的效率。

(2) 基站控制器。BSC 是基站收发台和移动交换中心之间的连接点，也为基站收发台和操作维护中心之间交换信息提供接口。一个基站控制器通常控制几个基站收发台，其主要功能是进行无线信道管理，实行呼叫和通信链路的建立和拆除，并为本控制区内的移动台的越区切换进行控制等。

3）网络子系统（NSS）

NSS 具有系统交换功能和数据库功能，数据库中存有用户数据及移动性、安全性管理所需的数据，在系统中起着管理作用。NSS 内各功能实体之间和 NSS 与 BSS 之间通过 7 号信令协议和 GSM 的 7 号信令网络互相通信。

NSS 由移动业务交换中心（MSC）、归属位置寄存器（HLR）、访问位置寄存器（VLR）、鉴权中心（AUC）、移动设备识别寄存器（EIR）和操作维护中心（OMC）构成。

（1）移动业务交换中心（MSC）。MSC 是蜂窝通信网络的核心，其主要功能是对于本 MSC 控制区域内的移动用户进行通信控制与管理。例如：① 信道的管理与分配；② 呼叫的处理和控制；③ 越区切换和漫游的控制；④ 用户位置登记与管理；⑤ 用户号码和移动设备号码的登记与管理；⑥ 服务类型的控制；⑦ 对用户实施鉴权；⑧ 为系统与其他网络连接提供接口，例如，与其他 MSC、公用通信网络（如公用交换电信网（PSTN）、综合业务数字网（ISDN）和公用数据网（PDN）等）保证用户在转移或漫游过程中实现无间隙的服务。

MSC 可从 HLR、VLR 和 AUC 三种数据库中获取处理用户位置登记和呼叫请求所需的全部数据；反之，MSC 也可根据其获取的最新信息请求更新数据库中的部分数据。

大容量移动通信网中的 NSS 可包括若干个 MSC、VLR 和 HLR。当固定网用户呼叫 GSM 移动网用户时，首先将呼叫接入到关口移动业务交换中心（GMSC），由关口交换机负责获取位置信息，并把呼叫转接到可向该移动用户提供即时服务的 MSC（即被访 MSC（VMSC））。GMSC 具有与固定网和其他 NSS 实体互通的接口，其功能在 MSC 中实现。根据网络的需要，GMSC 功能也可以在固定网交换机中综合实现。

（2）归属位置寄存器（HLR）。HLR 是一种用来存储本地用户位置信息的数据库。在蜂窝通信网中，通常设置若干 HLR，每个用户都必须在某个 HLR 中登记。登记的内容分为两类：一类是永久性的参数，如用户号码、移动设备号码、接入的优先等级、预定的业务类型以及保密参数等；另一类是暂时性的需要随时更新的参数，即用户当前所处位置的有关参数，当用户漫游到 HLR 服务区域之外，HLR 也要登记由该区传送来的位置信息。这样做的目的是保证当呼叫任一个不知处于哪一个地区的移动用户时，均可由该移动用户的归属位置寄存器获知它当时处于哪一个地区，进而建立起通信链路。

（3）访问位置寄存器（VLR）。VLR 是一种用于存储来访用户位置信息的数据库。一个 VLR 通常为一个 MSC 控制服务区，也可分为几个相邻 MSC 控制服务区。当移动用户漫游到新的 MSC 控制区时，它必须向该区的 VLR 申请登记。VLR 要从该用户的 HLR 查询其有关的参数，要给该用户分配一个新的漫游号码（MSRN），并通知其 HLR 修改用户的位置信息，准备为其他用户呼叫此移动用户时提供路由信息。当移动用户由一个 VLR 服务区移动到另一个 VLR 服务区时，HLR 在修改该用户的位置信息后，还要通知原来的 VLR，删除此移动用户的位置信息。

（4）鉴权中心（AUC）。AUC 的作用是可靠地识别用户的身份，只允许有权用户接入网络并获得服务。GSM 系统采取了特别的安全措施，例如，用户鉴权，对无线接口上的话音、数据和信号信息进行加密等。因此，AUC 存储着鉴权信息和加密密钥，用来防止无权用户进入系统和保证通过无线接口的移动用户通信的安全。AUC 属于 HLR 的有关功能单元部分，专用于 GSM 系统的安全性管理。

（5）移动设备识别寄存器（EIR）。EIR 存储着移动设备的国际移动设备识别码（IMEI），用于对移动设备的鉴别和监视，并拒绝非法移动台入网。EIR 通过核查白色清单、黑色清单或灰色清单这三种表格，在表格中分别列出了准许使用的、出现故障需监视的、失窃不准使用的移动设备的 IMEI，使得运营部门对于网络中非正常运行的 MS 设备，都能采取及时的防范措施，以确保网络内所使用的移动设备的唯一性和安全性。

（6）操作维护中心（OMC）。OMC 的任务是对全网进行监控和操作。例如，系统的自检、报警与备用设备的激活，系统的故障诊断与处理，话务量的统计和计费数据的记录与传递，以及各种资料的收集、分析与显示等。

4）操作支持子系统（OSS）

OSS 的主要功能是移动用户管理、移动设备管理以及网络操作和维护。移动用户管理包括用户数据管理和呼叫计费。用户数据管理一般由 HLR 来完成，用户数据可从营业部门的人机接口设备通过网络传到 HLR 上，SIM 卡的管理也是用户数据管理的一部分，但须用专门的 SIM 个人化设备来完成。呼叫计费可以由移动用户所访问的各个 MSC 或GMSC 分别处理，也可以通过 HLR 或独立的计费设备来集中处理计费数据。在移动通信环境下，计费管理要比固定网复杂得多。计费设备要为网内的每个移动用户收集来自各方面的计费信息。

移动设备管理是由移动设备识别寄存器（EIR）来完成的。EIR 与 NSS 的功能实体之间通过 SS7 信令网络接口相互连接。

网络操作与维护实现对 BSS 和 NSS 的操作与维护管理任务。此设施称为操作与维护管理中心（OMC）。从电信管理网（TMN）的发展角度考虑 OMC 应具备与高层次的 TMN进行通信的接口功能，以保证 GSM 网络能与其他电信网络一起进入先进、统一的电信管理网络中进行集中操作与维护管理。

总之，OSS 是一个相对独立的管理和服务中心，不包括与 GSM 系统的 NSS 和 BSS 部分密切相关的功能实体。OSS 主要包括网络管理中心（NMC）、安全性管理中心（SEMC）、用于用户设备卡管理的个人化中心（PCS）、用于集中计费管理的数据库处理系统（DPPS）等功能实体。

## 6.1.2　GSM 移动通信网络接口

### 1. GSM 的主要接口

为了保证网络运营部门能在充满竞争的市场条件下灵活选择不同供应商提供的数字蜂窝移动通信设备，GSM 在制定技术规范时就对其子系统间及各功能实体间的接口和协议做了比较具体的定义，使不同供应商提供的 GSM 设备能够符合统一的 GSM 规范，而达到互通、组网的目的。GSM 各接口采用的分层协议结构是符合开放系统互联（OSI）参考模型的，分层的目的是允许隔离各组信令协议功能，按连续的独立层描述协议，每层协议在明确的服务接入点对上层协议提供它自己特定的通信服务。本节主要介绍 GSM 移动通信网中的接口类型及位置。

GSM 系统的主要接口是指 A 接口、Abis 接口、Um 接口、Sm 接口和网络子系统内部接口，如图 6.3 所示。这五种接口的定义和标准化能保证不同供应商生产的移动台、基站子系统和网络子系统设备能融入同一个 GSM 数字移动通信网运行和使用。

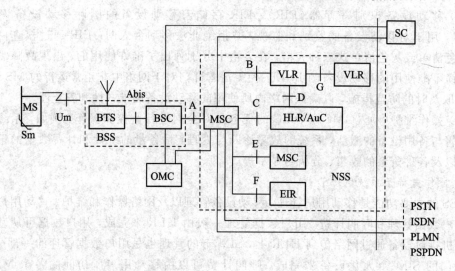

图 6.3　GSM 系统的主要接口

1）A 接口

A 接口定义为网络子系统 NSS 与基站子系统 BSS 间的通信接口，从系统的功能实体来说，就是 MSC 与 BSC 间相互连接的接口，其物理链接通过采用标准的 2.048 Mb/s 的 PCM 数字传输链路来实现。此接口传递的信息包括移动台管理、基站管理、移动性管理、接续管理等。

2）Abis 接口

Abis 接口定义为基站子系统的两个功能实体基站控制器（BSC）和基站收发信台（BTS）间的通信接口，用于 BTS（不与 BSC 并置）与 BSC 间的远端相互连接，物理链接通过采用标准的 2.048 Mb/s 或 64 kb/s PCM 数字传输链路来实现。作为特例，Abis 接口也可用于与 BSC 并置的 BTS 与 BSC 间的直接连接，此时 BSC 与 BTS 间的距离小于 10 m。此接口支持所有向用户提供的服务，并支持对 BTS 无线设备的控制和无线频率的分配。

3）Um 接口（空中接口）

Um 接口定义为移动台与基站收发信机 BTS 间的通信接口，用于移动台与 GSM 系统设备间的互通，其物理链接通过无线链路实现。此接口传递的信息包括无线资源管理、移动性管理和接续管理等。

4）用户与网络间的接口（Sm 接口）

Sm 接口是指用户与网络间的接口，主要包括用户对移动终端进行操作，移动终端向用户提供显示、信号音等。此接口还包括用户身份识别卡（SIM 卡）与移动设备（ME）间的接口。

5）网络子系统内部接口

网络子系统由 MSC、VLR、HLR/AUC 及 EIR 等功能实体组成。因此，GSM 技术规范定义了不同的接口以保证各功能实体间接口的标准化。

在网络子系统 NSS 内部各功能实体间已定义了 B、C、D、E、F 和 G 接口。这些接口的通信（包括 MSC 与 BSS 间的通信）全部由 No.7 信令系统支持，GSM 系统与 PSTN 间的通信优先采用 No.7 信令系统。与非呼叫相关的信令是采用移动应用部分(MAP)协议,用于 NSS 内部接口间的通信;与呼叫相关的信令则采用电话用户部分 TUP 的通信。应指出的是,电话用户部分和综合业务数字用户部分 ISUP 信令必须符合国家制定的相应技术规范,MAP 信令则必须符合 GSM 技术规范。

(1) B 接口:B 接口定义为 VLR 与 MSC 间的内部接口,用于 MSC 向 VLR 询问有关移动台当前的位置信息或者通知 VLR 有关移动台的位置更新信息等。

(2) C 接口:C 接口定义为 HLR 与 MSC 间的接口,用于传递路由选择和管理信息。如果选择 HLR 作为计费中心,呼叫结束后,建立或接收此呼叫的移动台所在的 MSC 应把计费信息传送给该移动用户当前归属的 HLR。一旦要建立一个至移动用户的呼叫时,GMSC 应向被叫用户所归属的 HLR 询问被叫移动台的漫游号码,即查询该 MS 的位置信息。C 接口的物理链接方式与 D 接口相同。

(3) D 接口:D 接口定义为 HLR 与 VLR 间的接口,用于交换有关移动台位置和用户管理的信息,保证移动台在整个服务区内建立和接收呼叫。GSM 系统中一般把 VLR 综合于 MSC 中,而把 HLR 与 AUC 综合在同一物理实体内。因此,D 接口的物理链接是通过 MSC 与 HLR 间的标准 2.048 Mb/s 的 PCM 数字传输链路实现的。

(4) E 接口:E 接口定义为相邻区域的不同 MSC 间的接口,当移动台在一个呼叫进行过程中,从一个 MSC 控制的区域移动到相邻的另一个 MSC 控制的区域时,为不中断通信需完成越区切换,此接口用于切换过程中交换有关切换信息以启动和完成切换。E 接口的物理链接方式是通过 MSC 间的 2.048 Mb/s 的 PCM 数字传输链路实现的。

(5) F 接口:F 接口定义为 MSC 与 EIR 间的接口,用于交换相关的 IMEI 管理信息。F 接口的物理链接方式通过 MSC 与 EIR 间的标准 2.048 Mb/s 的 PCM 数字传输链路实现的。

(6) G 接口:G 接口定义为 VLR 间的接口。当采用 TMSI 的 MS 进入新的 MSC/VLR 服务区域时,此接口用于向分配 TMSI 的 VLR 询问此移动用户的 IMSI 信息。G 接口的物理链接方式与 E 接口相同。

**2. GSM 与其他公用电信网的接口**

其他公用电信网主要是指公用电话网(PSTN)、综合业务数字网(ISDN)、分组交换公用数据网(PSPDN)和电路交换公用数据网(CSPDN)等。GSM 通过 MSC 与这些公用电信网相互连接,其接口必须满足 ITU 的有关接口和信令标准及各个国家通信运营部门制定的与这些电信网有关的接口和信令标准。

根据我国现有 PSTN 的发展现状和 ISDN 的发展前景,GSM 与 PSTN、ISDN 网的连接采用 No.7 信令系统接口。其物理链接方式是通过 MSC 与 PSTN 或 ISDN 交换机间标准 2.048 Mb/s 的 PCM 数字传输链路实现的。

如果具备 ISDN 交换机,HLR 与 ISDN 网间可建立直接的信令接口,使 ISDN 交换机可以通过移动用户的 ISDN 号直接向 HLR 询问移动台的位置信息,以建立至移动台当前所登记的 MSC 间的呼叫路由。

**3. 无线接口**

无线接口是移动台与基站收发信机间接口的统称,是移动通信实现的关键,是不同系统的区别所在。GSM 使用了 TDMA 时分多址的概念，每帧包括 8 个时隙 TS，从 BTS 到 MS 为下行信道，相反的方向为上行信道。接下来主要介绍 GSM 无线接口中信道的类型、数据格式、逻辑信道与物理信道的映射、MS 的测试过程、移动用户的接续处理过程。

1) 信道的定义

(1) 物理信道：在 GSM 中，一个载频上的 TDMA 帧的一个时隙为一个物理信道，它相当于 FDMA 系统中的一个频道。因此，GSM 中每个载频分为 8 个时隙，有 8 个物理信道，即信道 0~7(对应时隙 $TS_0$~$TS_7$)，每个用户占用一个时隙用于传递信息，在一个 TS 中发送的信息称为一个突发脉冲序列。

(2) 逻辑信道：大量的信息传递于 BTS 与 MS 之间，GSM 中根据传递信息的种类定义了不同的逻辑信道。逻辑信道是一种人为的定义，在传输过程中要被映射到某个物理信道上才能实现信息的传输。逻辑信道可分为两类：业务信道和控制信道。

2) 逻辑信道的分类

(1) 业务信道(TCH)。业务信道用于传送编码后的语音或用户数据。

(2) 控制信道(CCH)。为了建立呼叫，GSM 设置了多种控制信道，除了与模拟蜂窝系统相对应的广播控制信道、寻呼信道和随机接入信道外，数字蜂窝系统为了加强网络控制能力，增加了慢速随路控制信道和快速随路控制信道等。控制信道用于传递信令或同步数据，可分为三类：广播信道(BCII)、公共控制信道(CCCH)及专用控制信道(OCCH)。

① 广播信道可分为：频率校正信道(FCCH)、同步信道(SCH)和广播控制信道(BCCH)三种，全为下行信道。

A. FCCH：此信道用于传送校正 MS 频率的信息。

B. SCH：此信道用于传送给 MS 的帧同步(TDMA 帧号)和 BTS 的识别码(BSIC)的信息。

C. BCCH：此信道用于广播每个 BTS 小区特定的通用信息。

② 公共控制信道是基站与移动台间的点到多点的双向信道，可分为：寻呼信道(PCH)、随机接入信道(RACH)和允许接入信道(AGCH)三种。

A. PCH：此信道用于寻呼(搜索)MS，是下行信道。

B. RACH：此信道用于 MS 在寻呼响应或主叫接入时向系统申请分配 SDCCH，是上行信道。

C. AGCH：此信道用于为 MS 分配一个 SDCCH，是下行信道。

③ 专用控制信道可分为：独立专用控制信道(SDCCH)、慢速随路控制信道(SACCH)和快速随路控制信道(FACCH)。

A. SDCCH：此信道用于在分配 TCH 前的呼叫建立过程中传送系统信令。例如，登记和鉴权就在此信道上进行。

B. SACCH：此信道与一个业务信道 TCH 或一个独立专用控制信道 SDCCH 相关，是一个传送连接信息的连续数据信道，如传送移动台接收到的关于服务及邻近小区的信号强度测试报告、MS 的功率管理和时间的调整等。SACCH 是上、下行双向，点对点(移动对移动)信道。

C. FACCH：此信道与一个业务信道 TCH 相关，在语音传输期间，如果突然需要以比 SACCH 所能处理的高得多的速率传送信令信息，则借用 20 ms 的语音(数据)突发脉冲序列来传信令,这种情况通常在切换时使用。由于语音解码器会重复最后 20 ms 的语音,因此这种中断不易被用户察觉。

GSM 空中接口逻辑信道配置图如图 6.4 所示。

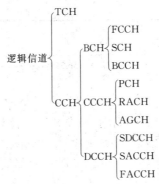

图 6.4　GSM 空中接口逻辑信道配置图

3) 突发脉冲序列

系统中有不同的逻辑信道,这些逻辑信道以某种方式映射到物理信道,为了了解上面提到的映射关系,首先介绍突发脉冲序列的概念。

TDMA 信道上一个时隙中的信息格式称为突发脉冲序列,也就是说,信道以固定的时间间隔(TDMA 信道上每 8 个时隙中的一个)发送某种信息的突发脉冲序列,每个突发脉冲序列共 156.25 bit,占时 0.577 ms。突发脉冲序列共有五种类型。

(1) 普通突发脉冲序列(NB)。NB 用于携带业务信道及除 RACH、SCH 和 FCCH 以外的控制信道上的信息。NB 结构如图 6.5 所示。

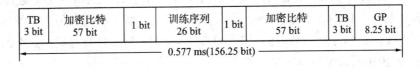

图 6.5　普通突发脉冲序列(NB)

① 加密比特是 57 bit 的加密数据或编码后语音。

② 1 bit 为"借用标志",表示这个突发脉冲序列是否被 FACCH 信令借用。

③ 训练序列共 26 bit,是一串已知比特,供均衡器用于产生信道模型以消除时间色散。训练序列可以用不同的序列,分配给小区中使用相同频率的前向信道,以克服它们间的干扰。

④ 尾比特 TB 总是 000,帮助均衡器知道起始位和停止位,因均衡器中使用的方法需要一个固定的起始和停止点。

⑤ 8.25 bit 为保护间隔 GP,是一个空白间隔,不发送任何信息。由于每个频道最多有 8 个用户,因此必须保证它们使用各自时隙发射时不互相重叠。由于移动台在呼叫时不断移动,在实践中很难使每个突发脉冲序列精确同步,来自不同移动台的突发脉冲序列彼此间仍会有小的"滑动",或在送到基站时由于移动台到基站的距离不同而具有不同的时延。为了保证它们间各自使用的时隙不至造成重叠,故而采用 8.25 bit 的保护间隔,8.25 bit 相当于大约 30 μs 的时间。GP 可使发射机在 GSM 建议的技术要求许可范围内上下波动。

（2）频率校正突发脉冲序列（FB）。FB 用于构成 FCCH，使 MS 获得频率上的同步。FB 结构如图 6.6 所示。图中 142 bit 为固定比特，使调制器发送一个频偏为 67.5 kHz 的全"0"比特。

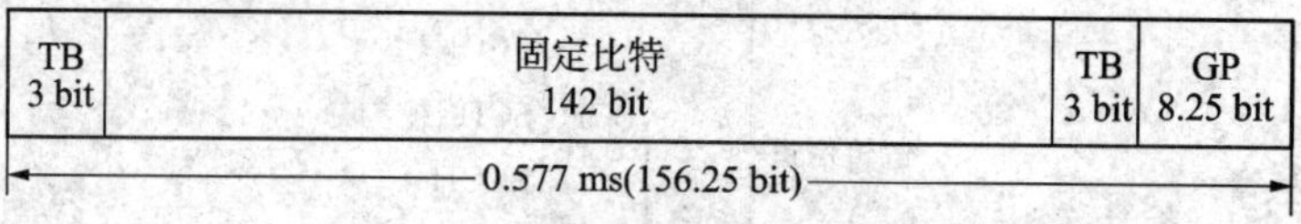

| TB<br>3 bit | 固定比特<br>142 bit | TB<br>3 bit | GP<br>8.25 bit |
|---|---|---|---|

0.577 ms(156.25 bit)

图 6.6　频率校正突发脉冲序列（FB）

（3）同步突发脉冲序列（SB）。SB 用于构成 SCH，使移动台获得与系统的时间同步。SB 包括一个易被检测的长同步序列，以及携带有 TDMA 帧号和基站识别色码 BSIC 信息的加密信息，其结构如图 6.7 所示。

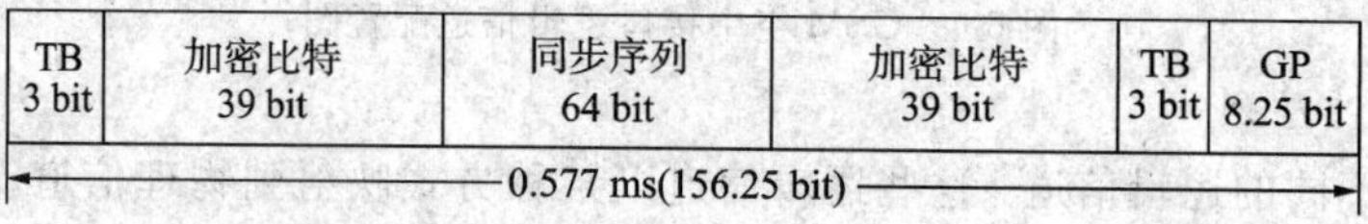

| TB<br>3 bit | 加密比特<br>39 bit | 同步序列<br>64 bit | 加密比特<br>39 bit | TB<br>3 bit | GP<br>8.25 bit |
|---|---|---|---|---|---|

0.577 ms(156.25 bit)

图 6.7　同步突发脉冲序列（SB）

在图 6.7 中，39 bit 的加密比特包含 25 bit 的信息位、10 bit 的奇偶校验、4 bit 的尾比特。其中 25 bit 的信息位由两部分组成：6 bit 的基站识别色码 BSIC 信息和 19 bit 的 TDMA 帧号。39 bit 再经 1∶2 卷积编码，得到总比特数 78 bit，分成两个 39 bit 的编码段填入。

GSM 的特性之一是用户信息的保密性，这是通过在发送信息前对信息进行加密实现的。在加密比特中，TDMA 帧号为一个输入参数，因此，每一帧都必须有一帧号。帧号以 2 715 648 个 TDMA 帧为周期循环的。有了 TDMA 帧号，移动台就可根据这个帧号判断控制信道 $TS_0$ 上传送的是哪一类逻辑信道。

当移动台进行信号强度测量时，用 BSIC 检测进行基站的识别，以防止在同频小区上测量。

（4）接入突发脉冲序列（AB）。AB 用于 MS 主呼或寻呼响应时随机接入，它有一个较长的保护时间间隔（68.25 bit）。这是因为移动台的首次接入或切换到一个新的基站后不知道时间提前量，移动台可能远离基站，这意味着初始突发脉冲序列会迟一些到达，由于第一个突发脉冲序列没有时间提前，为了不与正常到达的下一个时隙中的突发脉冲序列重叠，此突发脉冲序列必须要短一些，保护间隔长一些。AB 结构如图 6.8 所示。

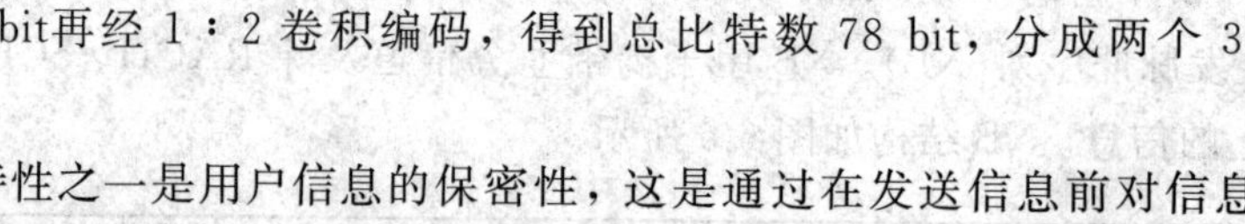

| TB<br>3 bit | 同步序列<br>41 bit | 加密比特<br>36 bit | TB<br>3 bit | GP<br>68.25 bit |
|---|---|---|---|---|

0.577 ms(156.25 bit)

图 6.8　接入突发脉冲序列（AB）

在图 6.8 中，36 bit 为加密比特，包含 8 bit 的信息位、6 bit 的奇偶校验和 4 bit 的尾比特。在 8 bit 的信息位中，其中 3 bit 为接入原因，用于表明紧急呼叫等；5 bit 为随机鉴别

器,用于检查确定碰撞后的重发时间。这 18 bit 经 1∶2 的卷积编码得到 36 bit,将 36 bit
的编码段填入加密比特。

(5) 空闲突发脉冲序列(DB)。当用户无信息传输时,用 DB 代替 NB 在 TDMA 时隙中
传送。DB 不携带任何信息,不发送给任何移动台,格式与普通突发脉冲序列相同,只是其
中加密比特改为具有一定的比特模型的混合比特。

**4. 逻辑信道到物理信道的映射**

传递各种信息的信道,在传输过程中要放在不同载频的某个时隙上,才能实现信息的
传送。一个基站有 $n$ 个载频,由 $C_0$,$C_1$,$C_2$,…,$C_n$ 表示,每个载频有 8 个时隙。一个系统
的不同小区使用的 $C_0$ 不一定是同一载波,$C_n$ 表示小区内的不同载波。

1) $TS_0$ 上的映射

图 6.9 给出了广播信道(BCH)和公共控制信道(CCCH)在一个小区内的 $TS_0$ 上的
复用。

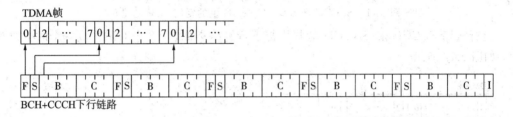

图 6.9　BCH 与 CCCH 在 $TS_0$ 上的复用

广播信道和公共控制信道以 51 个时隙的帧重复,但是从所占的时隙来看只用了
TDMA 帧的 $TS_0$,在空闲帧之后从 F、S 开始。在图 6.9 中,F 表示 FCCH,用于移动台的
频率同步;S 表示 SCH,移动台据此读取 TDMA 帧号和 BSIC,获得时间上的同步;B 表
示 BCCH,移动台由此读取有关小区的通用信息;I 表示 IDLE,为空闲帧,不发送任何
信息。

当没有呼叫时,基站也总在发射,使移动台能够测试基站的信号强度,以确定使用哪
个小区更合适,即当移动台开机、越区切换时,FCCH、SCH 及 BCCH 总在发射。$C_0$ 的
$TS_1$～$TS_7$ 时隙也一样常发,如果没有信息传送,则用空闲突发脉冲序列代替。

对上行链路,$C_0$ 上的 $TS_0$ 不包含上述信道,$TS_0$ 用作移动台的接入,如图 6.10 所示。这
里只给出了 51 个连续 TDMA 帧的 $TS_0$。图中 R 表示 RACH。

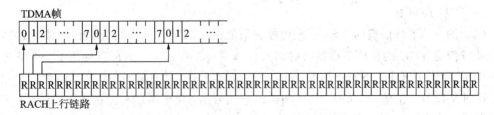

图 6.10　$TS_0$ 上 RACH 的复用

BCCH、FCCH、SCH、PCH、AGCH 和 RACH 均映射到 $TS_0$，RACH 映射到上行链路，其余信道映射到下行链路。

2）$TS_1$ 上的映射

下行链路 $C_0$ 上的 $TS_1$ 的映射如图 6.11 所示。$TS_1$ 用来将专用控制信道映射到物理信道，共 102 个时隙重复一次。由于呼叫建立和登记时的比特率相当低，因此可在一个 TS（$TS_1$）上放 8 个专用控制信道，使时隙的利用率提高。

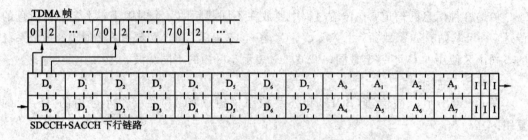

图 6.11　SDCCH 和 SACCH 在 $TS_1$ 上的复用（下行链路）

上行链路 SDCCH 和 SACCH 的复用与下行链路类似，102 个时隙构成一个时分复用帧，如图 6.12 所示。

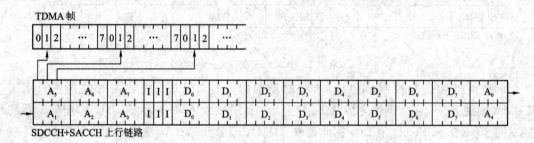

图 6.12　SDCCH 和 SACCH 在 $TS_1$ 上的复用（上行链路）

SDCCH 用 $D_x$ 表示，只在移动台建立呼叫时用，移动台转到 TCH 上开始通话或登记结束后释放，即可提供给其他移动台使用。

在传输建立阶段（也可能是切换时），必须交换控制信令，如功率调整、无线测量数据等，移动台的这些信令在 SACCH 上由 $A_x$ 传送。

在载频 $C_0$ 上的 $TS_1$ 时隙的上行链路的结构与下行链路的结构相同，只是时间上有一个偏移，偏移 3TS，使 MS 可进行双向接续，如图 6.12 所示。

3）TCH 的映射

$C_0$ 上的上、下行信道的 $TS_0$、$TS_1$ 由控制信道使用，$TS_2 \sim TS_7$ 则分给业务信道使用。

业务信道 TCH 的物理信道的映射如图 6.13 所示。在 $TS_2$ 上的信息构成了一个业务信道。业务信道 TCH 上、下行链路共 26 个 TS，包含 24 个信息帧、1 个控制帧和 1 个空闲帧。在图 6.13 中，T 表示 TCH，包括编码语音或数据，用于通话和低速数据传送；A 表示随路信道（SACCH 或 FACCH），用于传送控制信息，如命令调整输出功率。若某 MS 分配到 $TS_2$，每个 TDMA 帧的每个 $TS_2$ 包含了此移动台的信息，直到该 MS 通信结束。空闲帧不含任何信息，移动台以一定方式使用它。空闲帧后，序列从头开始。

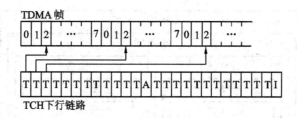

图 6.13　TCH 的复用

上行链路 TCH 的结构与下行 TCH 一样，但也有 3TS 的偏移，时间偏移是 3 个 TS，也就是说，上、下行的 $TS_2$ 不同时出现，这意味着移动台不必收发同时进行，如图 6.14 所示。$C_0$ 上的全部时隙如下：

$TS_0$：逻辑控制信道，重复周期 51 个 TS。

$TS_1$：逻辑控制信道，重复周期 102 个 TS。

$TS_2 \sim TS_7$：逻辑业务信道，重复周期 26 个 TS。

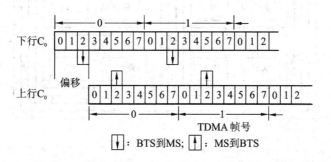

图 6.14　TCH 上、下行偏移

### 6.1.3　GSM 的区域和网络编号

**1. GSM 的区域划分**

GSM 的区域划分如图 6.15 所示。各类区域的定义如下：

(1) GSM 服务区。该区域是指移动台可获得服务的区域，这些服务区具有完全一致的 MS-BS 接口。一个服务区可包含一个或多个公用陆地移动通信网(PLMN)，从地域上说，可对应一个国家或多个国家，也可以是一个国家的一部分。

(2) PLMN 区。该区域可由一个或多个移动交换中心组成。该区域具有共同的编号制度和路由计划，其网络与公众交换电话网相互连接，形成整个地区或国家规模的通信网。

(3) MSC 区。该区域是指 MSC 所覆盖的服务区。该区域提供信号交换功能及和系统内其他功能的连接，从位置上看，包含多个位置区。

(4) 位置区。位置区在 4.6.1 节已做过介绍，该区域一般由若干个基站区组成，移动台在位置区内移动时无需进行位置的登记或更新。

(5) 基站区。该区域是指基站提供服务的所有区域，也称为小区。

(6) 扇区。当基站收发天线采用定向天线时，基站区可分为若干个扇区。若采用 120°定向天线，一个小区分为 3 个扇区；若采用 60°定向天线，则为 6 个扇区。

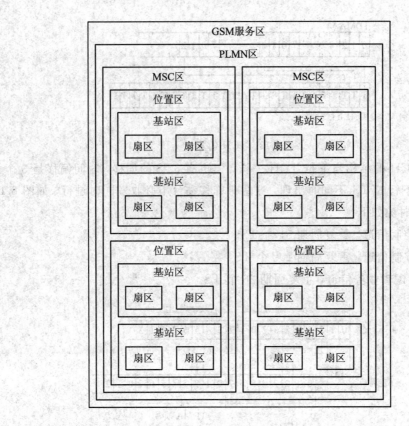

图 6.15　GSM 的区域划分

GSM 移动通信网在整个服务区内具有控制、交换功能，以实现位置更新、呼叫接续、越区切换及漫游功能。实现这些功能和各类区域的具体划分密切相关。

**2. GSM 的网络编号**

GSM 网络是十分复杂的，它包括交换系统、基站子系统和移动台。移动用户可以与市话网用户、综合业务数字网用户和其他移动用户进行接续呼叫，因此必须具有多种识别号码。移动网的号码或标识码较为复杂，一个移动用户可能同时拥有多个号码，有的号码是固定的，有的是临时的。下面我们对移动用户的号码进行介绍。

1）移动台的国际身份号码（MSISDN）

MSISDN 是供用户拨打的公开号码，具有全球唯一性。国际电信联盟建议的结构为

$$\text{MSISDN} = \text{CC} + \text{NDC} + \text{SN} \tag{6.1}$$

其中，CC 为国家码，即在国际长途电话通信网中的号码，中国为 86；NDC 为国内目的地码，包括接入号 $N_1N_2N_3$，用于识别网络；SN 为用户号码，其中前 4 位 $H_1H_2H_3H_4$（$H_1H_2H_3$ 由全国统一分配，$H_4$ 为省内分配）是 HLR 标识码，表明用户所属的 HLR。

例如，一个 GSM 移动手机号码为 8613981080001，其中，86 是国家码 CC；139 便是 NDC，用于识别网号；81080001 是用户号码 SN，8108 用于识别归属区。

2）国际移动用户识别码（IMSI）

IMSI 唯一标识了一个 GSM 移动网的用户，并且能指出用户所属的国家号、PLMN 网号和 HLR 号码。

IMSI 分别储存在用户的身份识别卡 SIM 卡上和 HLR 内，以及用户目前访问的 VLR 内。在无线接口及移动应用部分(MAP)接口上传送。

IMSI 在所有的用户漫游位置都有效，移动网用它来识别用户和对用户进行安全鉴别，以判定其是否有权建立呼叫或做位置更新。IMSI 总长不超过 15 位，它的组成如下：

$$IMSI = MCC + MNC + MSIN \tag{6.2}$$

其中，MCC 为移动用户的国家码，中国是 460；MNC 为移动用户所属的 PLMN 网号，中国移动为 00，中国联通为 01；MSIN 为移动用户标识，共有 10 位，用来识别某一移动通信网中的移动用户。

3) 移动台漫游号码(MSRN)

移动用户的特性决定它的位置是不断变动的，仅靠 MSISDN 还不足以在 PLMN 内把一个呼叫送达目标用户，它只指出了用户所属的 HLR。

MSRN 是由移动用户现访的 VLR 分配给它的一个临时 ISDN 号码，通过 HLR 查询送给 GMSC，使得 GMSC 可建立起一条至目标用户现访 VLR 的通路，从而把呼叫送达。因此 MSRN 必须是和 MSISDN 一样符合国家通信网统一编号方式并且带有 VLR 地址信息的编码。MSRN 的组成如下：

$$MSRN = CC + NDC + SN \tag{6.3}$$

其中，CC 为国家码，中国为 86；NDC 为国内目的地码，包括接入号 N1N2N3，用于识别网络；SN 为用户号，对应于用户的 IMSI 号码。

MSRN 分配过程如下：市话用户通过公用交换电信网发 MSISDN 号至 GSMC、HLR。HLR 请求被访 MSC/VLR 分配一个临时性漫游号码，分配后将该号码送至 HLR。一方面，HLR 向 MSC 发送该移动台有关参数，如国际移动用户识别码(IMSI)；另一方面，HLR 向 GMSC 告知该移动台漫游号码，GMSC 即可选择路由，完成市话用户→GMSC→MSC→移动台接续任务。

MSRN 在每次开始呼叫时分配给目标用户，用于一次呼叫的路由选择，呼叫完成后即释放，由别的用户使用。

4) 临时移动用户识别码(TMSI)

TMSI 是为了对用户的身份保密，而在无线通道上替代 IMSI 使用的临时移动用户标识，这样可以保护用户在空中的话务及信令通道的隐私，它的 IMSI 不会暴露给无权者。它是由 VLR 分配给在其覆盖区内漫游的移动用户的标识码，与用户的 IMSI 相对应，只在本地 VLR 内有效，TMSI 可作为在位置更新、切换、呼叫、寻呼等操作时的用户识别码，并且可在每次鉴权成功之后被重新分配。该号码只在本 MSC 区域有效，其结构可由运营商自行选择，长度不超过 4 个字节。

5) 国际移动台设备识别码(IMEI)

GSM 的每个用户终端都有一个唯一的标识码 IMEI，IMEI 是和移动台设备相对应的号码，与哪个用户在使用该设备无关。移动网可在任何时候请求工作着的移动台的 IMEI，以检查该设备是否属于被窃设备，或它的型号是否被允许使用，若结果是否定的，呼叫会被拒绝。在用户不用 SIM 卡进行紧急呼叫的情况下，IMEI 可被用作用户标识号码，这也是唯一的 IMEI 用于呼叫的情况。IMEI 是唯一用来识别移动台终端设备的号码，称为系列号。IMEI 为 15 位长，它的组成如下：

$$IMEI = TAC + FAC + SNR + SP \tag{6.4}$$

其中，TAC 为型号码，6 位，由欧洲型号认证机构(European Type Approval Authority)分配；FAC 为工厂组装码，2 位，由厂家分配，表明生产厂家及产地；SNR 为流水号，6 位，由厂家分配；SP 为备用，1 位。

6) 位置区识别码(LAI)

LAI 代表 MSC 业务区的不同位置区，用于移动用户的位置更新。LAI 的组成形式为

$$LAI = MCC + MNC + LAC \tag{6.5}$$

其中，MCC 为移动用户的国家码，中国是 460；MNC 为移动网号，用于识别国内的 GSM 网；LAC 为位置区号码，用于识别一个 GSM 网中的位置区，LAC 的最大长度为 16 bit，一个 GSM PLMN 中最多可以定义 65 536 个不同的位置区。

7) 小区全球识别码(CGI)

CGI 用于识别一个位置区内的小区。CGI 的组成形式为

$$CGI = MCC + MNC + LAC + CI \tag{6.6}$$

其中，MCC 为移动用户的国家码，中国为 460；MNC 为移动网号；LAC 为位置区编号，最长为 16 bit，可定义 65 536 个位置区；CI 为小区识别代码。

8) 基站识别色码(BSIC)

BSIC 用于移动台识别相邻的、采用相同载频的、不同的基站收发信台 BTS，特别用于区别在不同国家的边界地区采用相同载频的相邻 BTS。BSIC 为一个 6 bit 编码。BSIC 的组成形式为

$$BSIC = NCC + BCC \tag{6.7}$$

其中，NCC 为国家色码，用于识别 GSM 移动网；BCC 为基站色码，用于识别基站。

# 6.2　IS‐95 CDMA 移动通信系统

## 6.2.1　IS‐95 CDMA 简介

美国电信工业协会(TIA)于 1995 年 5 月颁布了代号为 IS‐95 的窄带码分多址(N‐CDMA)蜂窝移动通信标准，简称 IS‐95A。它的全称是"双模式宽带扩频蜂窝系统的移动台—基站兼容标准"，这是真正在全球得到广泛应用的第一个 CDMA 标准。随着移动通信对数据业务需求的增长，1998 年 2 月，推出了 IS‐95B 标准。IS‐95B 可提高 CDMA 系统性能，并增加用户移动通信设备的数据流量，数据传输速率理论上最高可达 115.2 kb/s，实际可达到 64 kb/s。IS‐95A 和 IS‐95B 均有一系列标准，其总称为 IS‐95。所有基于 IS‐95 标准的各种 CDMA 产品又总称为 CDMA One。IS‐95 只是一个公共空中接口(CAI)标准，它没有完全规定一个系统如何实现，而只是提出了信令协议和数据结构特点和限制。不同的制造商可采用不同的技术和工艺制造出符合 IS‐95 标准规定的系统和设备。

IS‐95 系统(即 IS‐95CDMA 系统)的主要性能参数如下：

(1) 码片速率：IS‐95 系统中的用户数据通过各种技术被扩展到码片速率为 1.2288 Mc/s 的信道上(总扩频因子为 128)。但上行链路和下行链路的扩频过程是不同的。

(2) 扩展码：64 维(进制)沃尔什(Walsh)码与长 m 序列。

(3) 速率集 1 为 9.6 kb/s，速率集 2 为 14.4 kb/s；IS-95B 为 115.2 kb/s。

(4) 帧长度：20 ms。

(5) 话音编码器：在 IS-95 中有三种话音编码方式：8 kb/s 的码激励线性预测的可变速率混合编码(QCELP)，8 kb/s 的增强型可变速率编解码(EVRC)和 13 kb/s 的代数码本激励线性预测编码(ACELP)。其中 QCELP 采用了检测话音激活(VAD)技术，可随输入话音信息的特征动态地分为 8 kb/s、4 kb/s 和 2 kb/s、1 kb/s 四种，从而以 9.6 kb/s、4.8 kb/s、2.4 kb/s 和 1.2 kb/s 的信道速率传输，可使平均传输速率比最高传输速率降低 50% 以上。

(6) 功率控制：在 IS-95 中，下行链路功率控制不是重点，因此采用相对较简单的慢速闭环功率控制。上行链路是功率控制的重点，采用开环和快速闭环相结合的功率控制方式。其快速闭环的控制速率达 800 次/秒，调整步长精确到 1 dB。

### 6.2.2　IS-95 CDMA 的空中接口

**1. IS-95 CDMA 系统的无线传输方式**

在 IS-95 CDMA 系统中，通常采用 FDMA/CDMA 的混合多址传输方式，即将可使用的频段分成许多 1.25 MHz 间隔的频道，一个蜂窝小区占用一个频道或同时使用多个频道。在一个工作频道上，CDMA 再以码分的多址方式分为许多个信道，这样的信道称为逻辑信道。

由于正、反向链路传输的要求不同，因此正、反向链路上信道的种类及作用也不同。图 6.16 所示的是 CDMA 蜂窝系统无线传输信道示意图。在基站到移动台的正向传输信道中，包含导频信道、同步信道、寻呼信道和正向业务信道。在移动台至基站的反向传输信道中，包含接入信道和反向业务信道。下面我们分别介绍正向传输信道和反向传输信道的构成以及各信道的功能和传输信号的参数。

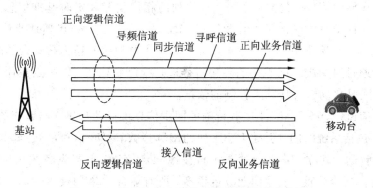

图 6.16　CDMA 蜂窝系统无线传输信道示意图

**2. CDMA 正向传输信道**

一个 CDMA 正向传输频道一般使用 Walsh 码作为地址来划分逻辑信道。各基站使用一对正交伪随机码(引导 PN 序列)进行扩频和四相调制，所有基站的引导 PN 序列具有相同的产生结构，但不同基站的引导 PN 序列具有不同的相位偏置。移动台根据不同的相位偏置量来区分不同小区或扇区发出的信号，根据分配给每个逻辑信道的地址码来区分不同的逻辑信道。

1) 正向传输信道的构成

CDMA 蜂窝系统的一个正向传输频道，以 64 维的 Walsh 码划分成 64 个逻辑信道。图 6.17 所示是一种典型的配置方式，包括 4 种传输信道，分别是 1 个导频信道、1 个同步信道、7 个寻呼信道(允许的最多信道数)和 55 个正向业务信道。但正向传输频道的逻辑信道配置并不是固定的，其中导频信道必须有，而同步信道和寻呼信道在需要的情况下可以改作业务信道。在业务最繁忙时，逻辑信道的配置可以是一个导频信道、0 个同步信道、0 个寻呼信道和 63 个业务信道。这种情况发生在基站拥有两个以上的 CDMA 频道的条件下，其中一个为 CDMA 基本频道，基站可在这个 CDMA 基本频道的寻呼信道上发送逻辑信道配置消息，将移动台安排到另一个 CDMA 频道的逻辑信道上进行业务通信，则这个 CDMA 频道的逻辑信道中只需要一个导频信道，而不需要同步信道和寻呼信道。

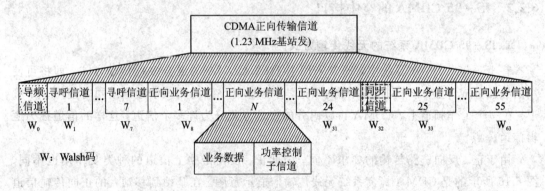

图 6.17　CDMA 正向传输信道的逻辑信道结构

4 种传输信道的主要功能如下：

(1) 导频信道(Pilot Channel)：其传输的是一个不含用户数据信息的无调制、直接序列扩频信号，在导频信号中包含有引导 PN 序列的相位偏置和定时基准信息。导频信号是连续发送的，并且发射功率比其他信道高 20 dB，以使移动台可以迅速地捕获定时信息，获得初始系统同步，并提取用于信号解调的相干载波。导频信号还为移动台的越区切换提供依据，移动台通过对周围不同基站的导频信号进行检测和比较，以决定在什么时候进行切换。导频信号还是移动台开环功率控制的依据。

(2) 同步信道(Sync Channel)：其传输的同步信息供移动台建立与系统的定时和同步。同步信息主要包括系统时间、引导 PN 序列的偏置指数、寻呼信道的数据率、长伪随机码的状态等。一旦同步建立，移动台通常不再使用同步信道，但当设备关机后重新开机时，还需要重新进行同步调整。当通信业务量很多，所有业务信道均被占用而不够使用时，同步信道也可临时改作业务信道使用。

(3) 寻呼信道(Paging Channel)：每个基站有一个或几个寻呼信道，其功能是向小区内的移动台发送呼入信号、业务信道配置信息和其他信令。在需要时，寻呼信道也可以改作业务信道使用，直至全部用完。

（4）正向业务信道（Forward Traffic Channel）：用于基站到移动台之间的通信，主要传送用户业务数据。在业务信道中包含了一个功率控制子信道，传输用于移动台进行功率控制的控制信令，正向业务信道还传输越区切换的控制指令等信息。

2）正向传输信道的信号处理

图 6.18 所示的是正向传输信道上 4 种逻辑信道的电路原理框图。

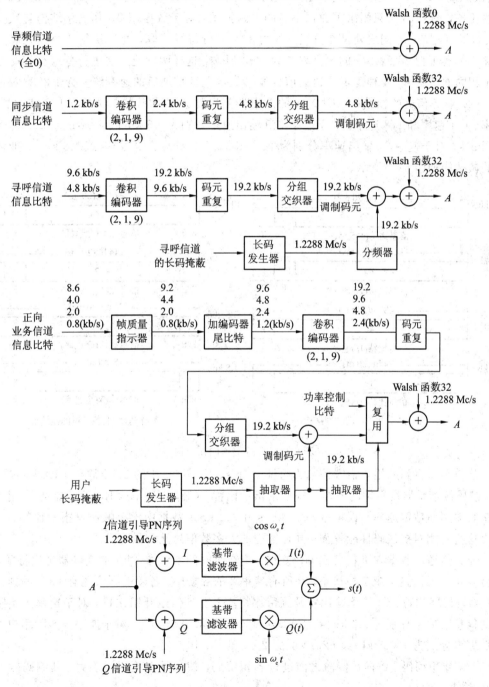

图 6.18　正向传输信道上 4 种逻辑信道的电路原理框图

导频信道为全"0"码，直接进行 Walsh 函数正交扩频调制。其他三种信道的信号在进行 Walsh 函数正交扩频之前需经过卷积编码、码元重复、分组交织等信号处理。下面我们介绍正向传输信道中各部分的处理功能及处理方式。

(1) 数据速率。导频信道为全"0"码；同步信道工作在 1.2 kb/s；寻呼信道工作在 9.6 kb/s或 4.8 kb/s。正向业务信道可同时支持速率 1(9.6 kb/s)和速率 2(14.4 kb/s)的声码器业务，图 6.18 中只画出了数据率 1 的电路框图，对于数据率 2，其电路结构与数据率 1 大体相同，唯一不同之处是在分组交织之前要进行符号抽取，通过从每 6 个输入码元中删除 2 个实现把 28.8 kb/s 的数据率变为 19.2 kb/s，这样两种速率在进行分组交织时就具有了相同的数据率。4 种逻辑信道的信号经 Walsh 函数扩展后的速率统一为 1.2288 Mc/s。

(2) 业务信道的帧结构。CDMA 的声码器是可变速率声码器，可工作于全速率、1/2 速率、1/4 速率和 1/8 速率。对于速率 1 其输出速率分别为 9.6 kb/s、4.8 kb/s、2.4 kb/s 或 1.2 kb/s，对于速率 2，输出速率分别为 14.4 kb/s、7.2 kb/s、3.6 kb/s 或 1.8 kb/s。业务信道的帧结构如图 6.19 所示。

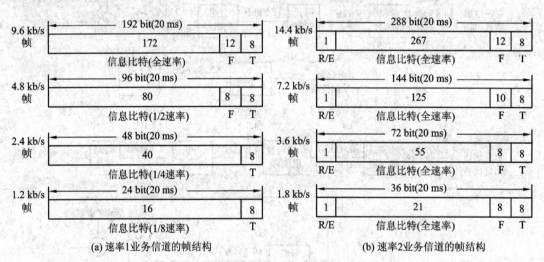

(a) 速率1业务信道的帧结构　　　　　(b) 速率2业务信道的帧结构

图 6.19　业务信道的帧结构

从声码器得到的用户话音信息为每帧 20 ms。除了速率 1 的 2.4 kb/s 和 1.2 kb/s 数据外，帧质量指示器在每帧的末尾加帧质量指示比特 F(循环冗余码 CRC 检验比特)，用于帮助接收端判断数据速率和误帧率。2.4 kb/s 和 1.2 kb/s 数据中没有帧质量指示比特，这是因为这些帧相对抗误码性能较强，并且发送的大多数信息是背景噪声。

业务信道的数据在进行卷积编码之前，要在每帧的末尾加 8 bit 的编码器尾比特 T，用于将卷积编码器置于规定的状态。在所有速率 2 的数据中，各帧的开头还有 1 bit 的预留字符。编码器尾比特、CRC 检验比特及预留比特均是业务信道开销比特，对于速率 1 实际用户的信息数据率分别为 8.6 kb/s、4.0 kb/s、2.0 kb/s、0.8 kb/s；对于速率 2 实际用户的信息数据率分别为 133.5 kb/s、62.5 kb/s、27.5 kb/s、10.5 kb/s。

(3) 卷积编码。数据在传输之前进行卷积编码，使之具有检纠错能力。其编码效率为 1/2，约束长度为 9。

(4) 码元重复。对于同步信道，码元经过编码后，在分组交织之前，都要重复一次(每码元连续出现 2 次)。对于寻呼信道和业务信道,只要输入信号的数据率低于本信道的最高输入数据率,在分组交织之前都要进行码元重复处理。例如,对于业务信道速率 1,如果输入是 19.2 kb/s,码元不重复;如果输入是 9.6 kb/s,则每个码元重复 1 次(每码元符号连续出现两次);如果输入是 4.8 kb/s,则每个码元重复 3 次(每码元符号连续出现 4 次),如果输入是 2.4 kb/s,则每个码元重复 7 次(每码元符号连续出现 8 次)。重复符号的发送功率比全速率符号的功率低。例如,对于 9.6 kb/s 的速率,每个码元符号重复 1 次,但在半功率上发送。码元重复的目的是使各种信息速率均变成相同的调制码元速率。另外,码元重复还可为无线信道抵抗衰落提供附加的措施,增加接收的可靠性。

(5) 分组交织。数据信号经过卷积编码和码元重复之后,被送到分组交织器中进行交织。交织的目的是使传输信号具有一定的抗瑞利衰落的能力。同步信道所采用的分组交织器的长度是 26.666 ms,在码元速率为 4800 s/s(符号/秒)时,等于 128 个调制码元宽度,交织器组成的阵列是 16 行×8 列。寻呼信道和正向业务信道所采用的交织器长度为 20 ms,在调制符号速率为 19 200 s/s 时,等于 384 个调制符号(也就是业务信道一帧所含有的调制符号的个数)的宽度,交织器组成的阵列是 24 行×16 列。输入码元按顺序逐列写入分组交织器,填满整个阵列后按行依次读出数据即可实现符号的交织。

(6) 数据扰码。数据扰码(或称为数据掩蔽)只用于寻呼信道和前向业务信道,其作用是为通信提供安全性和保密性。

(7) 功率控制子信道。功率控制子信道传输基站对移动台的功率控制信息。功率控制子信道每 1.25 ms 发射一个比特("0"或"1")的控制命令,即其发射速率为 800 b/s,该命令使移动台以 1 dB 的步长提高或降低发射功率。如果基站接收某一移动台的功率较低,则通过功率控制子信道发射一个"0",命令移动台提高发射功率;反之,则发送"1"命令移动台降低发射功率。一个功率控制比特等于正向业务信道中的两个调制码元的宽度。

功率控制比特是采用抽取插入技术在相应的前向业务信道上传输的。在出现正向业务数据扰码以后,用功率控制比特取代两个连续业务信道上的调制码元(不考虑其重要性),功率控制比特就插入到了业务数据码流中,但插入位置不固定。图 6.20 给出了一个功率控制比特插入位置的例子。

在功率控制比特更新的一个周期(1.25 ms)内,可以发送 24 个调制码元(称为一个功率控制组),IS-95 为功率控制比特指定了 16 个可能的插入位置,每个位置对应于前 16 个调制码元中的一个,位置编号从 0 到 15。功率控制比特的插入位置受前一个功率控制组的掩码长码的控制。掩码长码经 1/64 抽取后,在 1.25 ms 周期内共有 24 个长码比特。因为 16 个位置可用四位二进制数来指定,因此仅用 24 个长码比特的最后 4 个比特来确定功率控制比特的插入位置。在图 6.20 中,前一个功率控制组的掩码长码的后 4 个比特为"1001",即为十进制数 9,于是功率控制比特的插入位置编号为 9。

当基站根据反向信道的信号测定某一移动台的信号强度后,则在相应的正向业务信道延迟两个功率控制组中发送功率控制比特。在如图 6.20 所示的例子中,基站测得反向信道第 3 个功率控制组的信号强度后,将其变换为功率控制比特,然后在第 3+2=5 个正向业务信道功率控制组中传送出去。

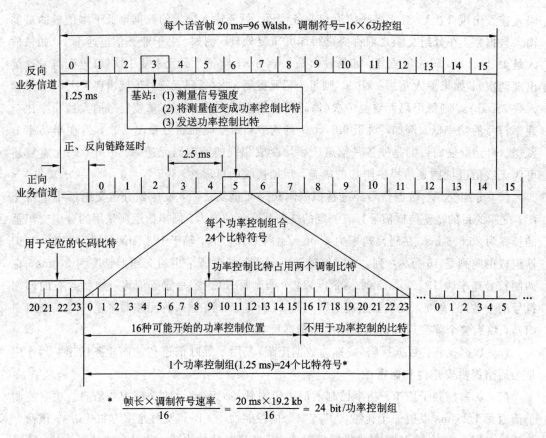

图 6.20　正向业务信道功率控制传输示意图

（8）正交 Walsh 函数扩频。在 CDMA 正向传输信道中，为了使各个逻辑信道之间具有正交性，避免相互之间的干扰，所有信号都用 1.2288 Mc/s 固定码片速率的正交 Walsh 函数进行调制扩频。CDMA 正向信道所采用的是 64 维（64×64 阵列）的 Walsh 函数，每个 Walsh 函数由 64 个二进制序列组成，每 52.083 μs 重复一次，这个周期正好是一个正向业务信道调制码元的宽度，也就是一个数据码元用 64 个 Walsh 码片来扩频。

（9）四相扩频调制。在完成正交 Walsh 扩频后，所有信道的数据都要与基站特定的引导 PN 序列（被称为短码）进行四相扩频调制。进行引导 PN 序列四相调制的目的是给每一个基站一个特定的识别码，并且产生四相相移键控（QPSK）的输出信号。实际上，所有基站台使用的是同样的引导 PN 序列，但各个基站采用不同的时间偏置（相位不同）来作为它们的身份扩频码。由于 PN 序列在时间上偏移大于一个码片宽度时，其相关性就为零或近似于零，因而移动台用相关检测法可以很容易地区分出不同基站发来的信号。

### 3. CDMA 反向传输信道

#### 1）CDNA 反向传输信道的构成

CDMA 反向传输信道由两种信道组成，即接入信道和业务信道，其逻辑信道结构如图 6.21 所示。接入信道与正向传输信道的寻呼信道相对应，传输指令、应答和其他有关信息，被移动台用来初始化呼叫等。业务信道与正向业务信道相同。CDMA 反向传输信道与正向传输信道相似，只是具体参数有所不同。

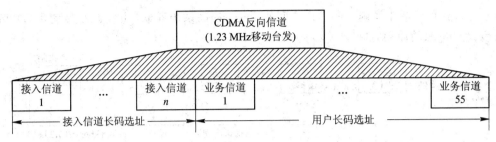

图 6.21　CDMA 反向传输信道的逻辑信道结构

在一个 CDMA 频道上,反向信道利用具有不同相位偏移量的长码 PN 序列码作为选址码,每一个长码相位偏移量代表一个确定的地址,而长码偏移量由代表信道或用户特征的掩码所决定。两种传输信道的主要功能如下:

(1) 接入信道(Access Channel)。当移动台没有业务通信时,移动台通过接入信道向基站进行登记注册、发起呼叫以及响应基站的呼叫等。

在反向信道中,最少有一个,最多有 32 个接入信道。接入信道是一个随机接入的 CDMA信道,每一个接入信道都要对应正向信道中的一个寻呼信道,但与一个特定寻呼信道相连的多个移动台可以同时抢占同一个接入信道,每一个寻呼信道最多可支持 32 个接入信道。

(2) 反向业务信道(Reverse Traffic Channel)。反向业务信道用于在呼叫建立期间传输用户业务信息和指令信息。

反向业务信道与正向业务信道的帧长度相同(20 ms),业务和信令都能使用这些帧。当一个业务信道被分配时,CDMA 支持两种模式传送信令信息:空白突发序列模式和半空白突发序列模式。这两个模式在上行和下行链路上都能使用。当采用空白突发序列模式时,一旦有信令信息要发送,初始业务数据的一个或多个帧(如被编码的话音)就被信令数据代替。之所以采用半空白突发序列模式传送信令,是因为在 CDMA 中使用了变速率声码器。在此模式中,声码器运行在 1/2、1/4 或 1/8 模式的其中一个模式上,由于没有使用全速声码器,节省的比特可为信令使用。只有在全速率发送时,在此模式上的声码器速率会受到限制。由于半空白突发序列模式话音质量下降基本上不易被察觉,所以它比空白突发序列模式有更大的优势。

2) CDMA 反向传输信道的信号处理

CDMA 反向传输信道的信号处理的主要模块包括:加编码器尾比特、卷积编码器、码元重复、分组交织器、正交调制器(六十四进制)、长码产生器和 OQPSK(交错四相相移键控)等。图 6.22 为 CDMA 反向传输信道的电路原理框图。

(1) 传输速率。移动台在接入信道上发送消息的速率固定为 4.8 kb/s。反向业务信道根据所使用的声码器不同,可支持两种业务速率,速率 1 包括 9.6 kb/s、4.8 kb/s、2.4 kb/s 和 1.2 kb/s 4 种速率,速率 2 包括 14.4 kb/s、7.2 kb/s、3.6 kb/s 和 1.8 kb/s 4 种速率,这两种信道的数据中均要加入编码器尾比特(8 bit),用于将卷积编码器复位到规定的状态。在反向业务信道上传输高速率的数据(9.6 kb/s、4.8 kb/s 及速率 2)时,也要加质量指示比特(CRC 检验比特)。在无业务激活时,以低速率 1.2 kb/s(速率 2 为 1.8 kb/s)传输结构简单的无业务数据,保持与基站的联系。随着话音激活的程度不同,业务信道速率可以逐帧地改变，这样可以减小系统中各信道之间的干扰，提高系统容量，并可减小移动台的功耗，延长移动台电源的使用时间。

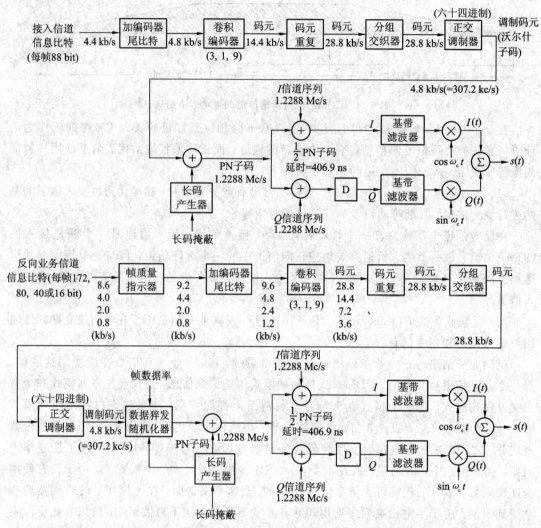

图 6.22　CDMA 反向传输信道的电路原理框图

（2）卷积编码。CDMA 接入信道和反向业务信道所传输的数据都要经过卷积编码处理。接入信道和速率 1 反向业务信道的编码效率为 1/3、约束长度为 9。

（3）码元重复。码元重复的目的是使所有信道的信号在进行分组交织时具有相同的数据率。反向业务信道的码元重复方法与正向业务信道相同。在反向业务信道上，这些重复的码元不会全部被传输，而是除其中一个码元外，其余的重复码元在发送之前均被删除。而在接入信道中，因为数据率固定为 4.8 kb/s，所以每一个码元都要重复一次，这些重复的码元都要传输，以增加接收的可靠性。

（4）分组交织。在调制和发射之前，移动台对所有信道的信号进行分组交织处理，以提高信号抗瑞利衰落的能力。在反向信道中，分组交织的长度为 20 ms，交织器的组成阵列为 32 行×18 列（共 576 个单元）。输入码元按顺序逐列写入交织器，填满整个阵列后按行依次读出数据。

(5) 64 维正交 Walsh 函数调制。CDMA 反向信道采用了 64 维正交 Walsh 函数调制，Walsh 函数的构成与正向信道的 Walsh 函数相同。调制时将每 6 个输入码元符号分为一组，作为一个调制符号，用 64 维 Walsh 码函数中的一个进行调制，则调制码元的速率为 28800/6＝4800 s/s，每一个调制码元含 64 个 Walsh 码片，因此，Walsh 码的码片速率为 64×4800＝307.2 kc/s。

需要注意的是，64 维 Walsh 码函数在正向信道和反向信道中使用的目的是不同的，在正向信道中，Walsh 函数用于区分不同的信道及对信号进行扩频调制，而在反向信道中，Walsh 函数仅用于数据的扩频调制。

(6) 变数据猝发随机化处理。CDMA 反向业务信道上发送的是变速率数据，当数据速率低于 9.6 kb/s 时，码元符号的重复引入了冗余量。为了减小移动台的功耗和减小它对其他移动台的干扰，反向业务信道对数据进行了选通发送，即只允许需要的码元传输，而删除其他重复的码元。

(7) 直接序列扩频。接入信道的信号经过正交调制、反向业务信道的信号经数据猝发随机化处理后都要用长码 PN 序列进行直接序列扩频。实际上在整个 CDMA 系统中使用的都是同一个长码 PN 序列，只是其相位偏置不同。在 CDMA 系统的反向传输信道中，通过不同的掩码给每一个信道分配一个不同相位偏置的长码 PN 序列。由于当 PN 序列在时间上偏移量大于一个码片宽度时，其相关性就为零或近似为零，因而可利用不同相位偏置的长码 PN 序列来区分不同的信道。

(8) 四相扩频调制。反向传输信道进行四相扩频所采用的引导 PN 序列与正向传输信道四相扩频的引导 PN 序列相同，但反向信道上使用的是固定零偏置的 PN 序列，并且四相扩频调制方式与正向传输信道不同。在正向传输信道中采用的是 QPSK 调制，而反向传输信道采用的是 OQPSK 调制。$Q$ 信道的扩频数据相对于 $I$ 信道的扩频数据延迟半个 PN 序列的码片周期(406.901 ns)，这个延迟用于改善信号的频谱形状和同步性能。

### 6.2.3　IS - 95 CDMA 的控制功能

#### 1. 软切换

软切换处理过程是先通后断，只能在同一频率的 CDMA 信道中进行，是 CDMA 蜂窝系统独有的切换方式，可有效地提高切换的可靠性，而且若移动台处于小区的边缘上，软切换能提供正向业务信道的分集，也能提供反向业务信道的分集，从而保证通信质量。

硬切换的特点则是先断后通，如果采用硬切换，两个小区的基站在该处的信号电平都较弱而且有起伏变化，这会导致移动台在两个基站之间反复要求切换(即 4.6.2 节提到的"乒乓效应")，从而重复地往返传送切换信息，使系统控制的负荷加重，或引起过载，并增加了中断通信的可能性。

软切换的主要优点是：

(1) 无缝切换，可保持通话的连续性。

(2) 减少掉话可能性。由于在软切换过程中，在任何时候移动台至少可跟一个基站保持联系，从而减少了掉话的可能性。

(3) 处于切换区域的移动台发射功率降低。减少发射功率是通过分集接收来实现的，降低发射功率有利于增加反向容量。

但同时，软切换也相应带来了一些缺点，主要有：

（1）导致硬件设备（即信道卡）的增加。

（2）降低了前向容量。但由于 CDMA 系统前向容量大于反向容量，所以适量减少前向容量不会导致整个系统容量的降低。

**2. 软容量**

在 CDMA 系统中，用户数和服务级别之间有着更灵活的关系，用户数的增加相当于背景噪声的增加，造成话音质量的下降。例如，系统经营者可在话务量高峰期将误帧率稍微提高，从而增加可用信道数。而且由于 CDMA 是一个自干扰系统，我们可将带宽看成是一个大房子，所有的人将进入唯一的大房子，如果他们使用完全不同的语言，就可以清楚地听到同伴的声音而只受到一些来自别人谈话的干扰。在这里，屋里的空气可以看成是宽带的载波，而不同的语言即被作为不同的编码，我们可以不断地增加用户直到整个背景噪音增大至用户间交谈无法进行下去为止。如果能控制住用户的信号强度，在保持高质量通话的同时我们就可以容纳更多的用户。

体现软容量的另一种形式是小区呼吸功能。小区呼吸功能是指各个小区的覆盖大小是动态的。当相邻两小区负荷一轻一重时，负荷重的小区通过减少导频发射功率，使本小区的边缘用户由于导频强度不足，转到相邻小区，使负荷分担，即相当于增加了容量。这种功能用在切换时，在防止由于缺少信道导致通话中断方面特别重要。在模拟系统和数字TDMA 系统中，如一时缺少信道，通话必须等待信道出现空闲，否则就会造成切换时的通话中断。然而，在 CDMA 系统中，通过稍微降低用户通话质量，可以保证通话的继续进行，等到目标小区负荷减轻时，通话质量再恢复正常。此外，CDMA 系统还提供多级别服务。例如，现在已经有了两种语音编码 13 kb/s 和 8 kb/s，如果用户支付较高费用，则可获得高级别服务；高级用户的切换也可较其他用户优先。

**3. 功率控制**

前面已提到，CDMA 系统的通信质量和容量主要受限于收到干扰功率的大小。若基站接收到的移动台信号功率太低，则误比特率太大，无法保证通信质量；反之，基站接收到某一移动台功率太高，虽然保证了该移动台和基站间的通信质量，却对其他移动台增加了干扰，导致整个系统的通信质量恶化、容量减小。只有当每个移动台的发射功率控制到基站所需信噪比时，通信系统的容量才达到最大值。为了获得大容量、高质量的通信，CDMA 移动通信系统必须具有功率控制功能。CDMA 系统的功率控制功能已在 4.4.3 节做了详细介绍，此处不再赘述。

# 6.3　第二代移动分组数据业务系统

## 6.3.1　GPRS 系统

### 1. GPRS 概述

随着 Internet 应用的日益普及，分组数据业务需求猛增，为了使 2G 能够向 3G 平滑过渡，人们在 GSM 的基础上提出了通用分组无线服务技术（General Packet Radio Service，

GPRS)。由于 GPRS 是一种介于第二代移动网络与第三代移动网络之间的过渡技术，因此它也常常被称为是 2.5G 技术，能够提供的理论最高数据速率为 171.2 kb/s。

1) GPRS 主要特点

(1) 以灵活的方式与 GSM 语音业务共享无线与网络资源，采用灵活的策略实现数据与语音业务共存。

(2) 采用分组交换的传输模式，用户只有在发送和接收数据期间才占用资源，这就意味着多个用户可高效率地共享同一无线信道，从而提高了资源利用率。

(3) 定义了新的 GPRS 无线信道，且分配方式十分灵活，同一用户可以占用 1~8 个时隙，同一时隙能由多个用户同时占用，且上行链路和下行链路的分配是独立的。

(4) GPRS 支持中、高速数据传输，可提供 9.05~171.2 kb/s 的数据传输速率，GPRS 采用了与 GSM 不同的信道编码方案，定义了 CS1、CS2、CS3、CS4 四种编码方案。

(5) 在核心网络中引入 GPRS 服务支持节点(Serving GPRS Support Node，SGSN)和 GPRS 网关支持节点(Gateway GPRS Support Node，GGSN)，SGSN 和 GGSN 采用分组交换平台方式，定义了基于 TCP/IP 的 GPRS 隧道协议(GTP)方式来承载高层数据。SGSN 通过帧中继连接到基站系统，GGSN 支持与外部分组交换网的互通，并经由基于 IP 的 GPRS 骨干网和 SGSN 连通。

(6) 采用封装和隧道技术，用户数据在 MS 和外部数据网络之间透明地传输，数据包采用特定的 GPRS 协议信息打包并在 MS 和 GGSN 之间传输。这种透明的传输方法缩减了 GPRS PLMN 对外部数据协议解释的需求，而且易于将来引入新的互通协议。用户数据能够压缩，并且有重传协议保护，因此数据传输高效且可靠。

2) GPRS 的局限性

GPRS 是对 GSM 网络的补充，是 GSM 向 3G 系统演进的重要一环，与其他的非语音移动数据业务相比，在频谱效率、容量和功能等方面有较大的改善。然而，GPRS 尚有不少局限性。

(1) 可靠性较差。由于分组交换连接比电路交换连接的可靠性要差，使用 GPRS 会发生一些丢包现象。

(2) 小区总容量有限。GPRS 并不能增加网络现存小区的总容量，即不能创造资源，只能更有效地使用资源。因此无线频率资源仍然有限，相同的无线资源分配给不同的业务使用，用于一种就不能用于另一种使用，GPRS 的容量取决于 GSM 系统预留给 GPRS 使用的时隙数。

(3) 实际传输速率与理论值间存在较大差值。要获得 171.2 kb/s 的最大传输速率，必须使单一用户同时占用某个载频的所有 8 个时隙且不采用任何纠错措施。显然这是不可能的。

(4) 对 GPRS MT 终端的支持得不到保证。终端不支持无线终止功能，可能会允许任意信息到达终端，移动用户将需为所接收到的所有信息付费，包括垃圾信息甚至恶意信息。

(5) 调制方式有待改进。GMSK 并不是最好的调制方式，增强型数据速率 GSM 演进技术(Enhanced Data Rate for GSM Evolution，EDGE)采用 8PSK 调制方式，可允许更高的比特速率通过空中接口。

(6) 传输时延大。GPRS 采用分组交换方式传数据，传输时延是不可避免的。使用高速电路交换数据(HSCSD)实现数据呼叫,传输时延要小得多。

**2. 基于 GSM 的 GPRS 网络结构**

从提供的业务类型上看,原有的 GSM 网络主要是针对话音业务而设计的,而 GPRS 则主要用来提供非话音的数据业务。

从网络结构上看,GPRS 网络是基于原有的 GSM 网络实现的,如果将现有 GSM 网络改造为能提供 GPRS 业务的网络,在 GSM 网络侧需要增加新的节点、接口和对部分设备软件升级。升级的 GPRS 参考模型如图 6.23 所示。

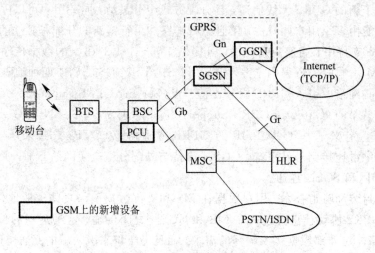

图 6.23　GPRS 参考模型

1) GPRS 相比于 GSM 新增的主要设备

(1) SGSN。SGSN 的主要功能是对移动终端进行鉴权和移动性管理,记录移动台当前位置信息,建立移动终端到 GGSN 的通道,同时将接收从 BSC 送来的移动台分组数据,通过 GPRS 骨干网传送给 GGSN,或将分组发送到同一服务区内的移动台。SGSN 还可以集成计费网关、边缘网关和防火墙功能。

(2) GGSN。GGSN 是连接 GPRS 网络与外部数据网络的节点,主要起网关作用,可以和多种不同的数据网络连接。对于外部网络来说,它就是一个路由器,负责存储已经激活的 GPRS 用户的路由信息。

GGSN 使 GPRS 网络成为一个内部专网,其特性对于外部数据网来说是不可见的,而移动终端就是 GPRS 子网中的普通主机,可通过 IP 地址来识别。GGSN 接收移动台发来的数据,进行协议转换,转发至相应的外部网络,或接收来自外部数据网络的数据,通过隧道技术传送给相应的 SGSN。除此之外,GGSN 还可以具有地址分配、计费、防火墙等功能。

(3) PCU(Packet Control Unit,分组控制单元)。PCU 通常被设置在 BSC 实体内部,主要用于分组数据的信道管理和信道接入控制。

2) 软件升级

(1) BTS:对于 CS-1 和 CS-2,需软件升级支持新的逻辑信道和编码方式。

(2) MSC:如需实现 MS 与 SGSN 的 Gs 接口,则需要对 MSC 做软件升级,否则无需对 MSC 进行改造。

(3) HLR:需要软件升级支持 GPRS 的用户数据和路由信息。

3）需要改造的设备

（1）BSC：需要增加新的分组数据处理单元 PCU 模块。

（2）计费系统：需升级计费，系统采用按数据流量而不是按时长计费。

（3）终端：采用支持 GPRS 的终端。

4）增加接口

在 GPRS 系统中，接口可分为两大类：一类既可传信令，也可传数据；另一类只能传信令。GPRS 的接口都用 G 标识，其示意图如图 6.24 所示。对于 GPRS 网络来说，这些接口都是开放的，如 Gb、Gn 和 Gr，其中 Gb 和 Gr 决定着多数厂家设备能否互通，从而影响GPRS 业务的实现，而 Gn 则影响着业务实现方式和组网方式。

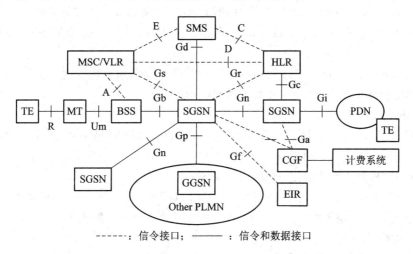

图 6.24　GPRS 的接口示意图

**3. GPRS 主要业务及业务建立流程**

GPRS 网络目前主要承载四种数据业务：第一种是 WAP(无线应用通信协议)业务；第二种是彩信(MMS)业务；第三种是 Internet 业务；第四种是企业接入业务。

1）GPRS 网络附着过程（手机启动）

GPRS 网络附着过程如图 6.25 所示。

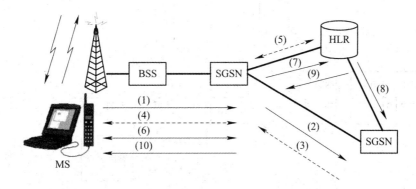

图 6.25　GPRS 网络附着过程

GPRS 业务建立流程如下:

(1) MS 通过 BSS 和 PCU 向 SGSN 申请 Attach(old RAI, old P_TMSI)请求。

(2) 新 SGSN 通过旧的路由器标识(RAI)识别出旧 SGSN 并请求提供 IMSI 号码。

(3) 如果旧 SGSN 存在 MS 数据则发送 MS 的 IMSI 和鉴权三元组到新 SGSN。

(4) 如果旧 SGSN 不存在 MS 数据或与旧 SGSN 通信失败,新 SGSN 则要求 MS 发送 IMSI。

(5) 新 SGSN 根据 MS 的 IMSI 从 HLR 中获得鉴权三元组数据。

(6) 新 SGSN 对 MS 进行鉴权。

(7) 新 SGSN 发送 Update_Location(IMSI,新 SGSN GT 地址)消息到 HLR。

(8) HLR 发送 Cancel_Location 消息到旧 SGSN,删除 MS 的登记信息。

(9) HLR 发送 Update_Location 的应答消息到新 SGSN 并将用户数据登记到该 SGSN 上。

(10) 如需要,新 SGSN 将通知用户使用新的临时标识用于数据通信。

2) PDP(分组数据协议)上下文激活过程(手机启动)

(1) 手机向 SGSN 申请 PDP 要求。

(2) SGSN 验证其激活请求后将其申请 APN 送至 DNS(域名系统)进行解析,获得 GGSN 地址。

(3) SGSN 将激活请求发送至相应的 GGSN。

(4) GGSN 根据 APN(接入点名称,用来标识 GPRS 的业务种类)确定是否进行鉴权或发起地址分配请求,同时为用户生成 PDP 上下文数据,并确定路由方式。

(5) 如果需要,GGSN 分配一个动态 PDP 地址。

(6) SGSN 向手机发送确认消息。

3) WAP 业务和彩信业务

WAP 业务和彩信业务的示意图如图 6.26 所示。CMWAP(为手机 WAP 上网而设立接入点)是用户通过 GPRS 上 WAP 浏览网页的 APN,也是彩信发送所需要的 APN,RADIUS(远程用户拨号认证服务器)用于提供用户号码鉴权功能及发送计费信息,主要用于 CMWAP,放置于北京。当 RADIUS 不正常时,会导致 CMWAP 使用异常。

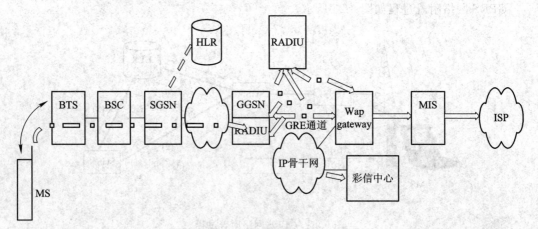

图 6.26　WAP 业务和彩信业务的示意图

由于 CMWAP 激活和话务通道经过的设备比较多,其中任何一个节点出现问题,都会导致使用异常。所以 CMWAP 是 GPRS 投诉比较多的业务之一。

4) Internet 业务

Internet 业务的示意图如图 6.27 所示。通过 CMNET 激活连接 Internet 是随 E 行卡用户用得比较多的业务。CMNET 的话务通道比较简单,业务相对比较稳定。我们在测试中使用 FTP(文件传输协议)进行的文件上传、下载,也是这种业务的应用,而且是最主要的应用。

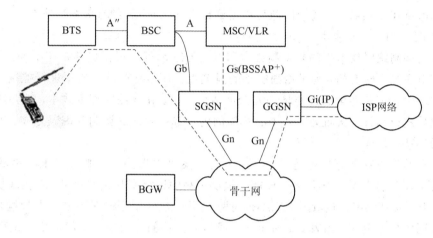

图 6.27 Internet 业务的示意图

5) GPRS 功能的开启

(1) 开启 GPRS 功能非常简单,只需要 1 条指令,即 RLGSI:CELL=XXX。

(2) 关闭 GPRS 功能的指令为 RLGSE:CELL=XXX。

## 6.3.2 EDGE 系统

### 1. EDGE 概述

EDGE 是增强型数据速率 GSM 演进技术的简称,可以理解为增强型的 GPRS,通常又被人们称为 2.75G 技术。EDGE 分为两个阶段,其中,第一阶段的 EDGE 可以增强 HSCSD(高速电路交换数据)和 GPRS 这两种系统的每时隙吞吐量,承诺的最高数据速率为 384 kb/s。对应于 GPRS 的是 EGPRS(增强型 GPRS),提高分组交换数据速率;对应于 HSCSD 的是 ECSD(增强型电路交换数据),提高电路交换数据。第二阶段的 EDGE 提供与第一阶段不同的实时新业务,系统功能接近于 3G。

EDGE 技术能够充分利用现有的 GSM 资源。因为它除了采用现有的 GSM 频率外,同时还利用了大部分现有的 GSM 设备。所以,只需要对网络软件及硬件做一些较小的改动,就能够使运营商向移动用户提供诸如互联网浏览、视频电话会议和高速电子邮件传输等无线多媒体服务,并且 EDGE 能够与 3G 时期的 WCDMA 制式共存。在 3G 正式投入运行之前,EDGE 是基于 GSM 网络最高速的无线数据传输技术。

**2. EDGE 系统的关键技术**

为了提供比 GPRS 更高的传输速率和更高的频谱利用率，EDGE 采用了三种关键技术，它们分别是：8PSK（八相相移键控）调制方式、自适应调制编码技术和增量冗余技术。

1）8PSK 调制方式

在 GSM/GPRS 网络中，使用的是 GMSK（高斯最小频移键控）调制方式。在 EDGE 中，为了提高数据传输速率，引入了 8PSK 调制方式。所谓的 8PSK，即用八种不同相位来表示 3 个比特的信息量（即 000~111），传输速率可以提高到 GSM/GPRS 系统的 3 倍，其符号速率保持在 270 kb/s，每个时隙可以得到最大 59.2 kb/s 的有效载荷速率。

2）自适应调制编码技术

自适应调制编码技术指的是调制方案和编码方案都可以根据当前链路情况进行选择，即由于信道质量是时变的，为了增强链路的强健性，有必要对链路质量进行控制。链路质量控制技术包括链路匹配和逐步增加冗余度两个方面。在链路匹配方式中，需要周期性地对链路质量进行估计，从而为下一个要传输的内容选择合适的调制和编码方式，进而使用户的数据比特率最大。

EDGE 的核心就是链路自适应，不仅编码方案可以选择，调制方式也不再是固定的 GMSK 了，而是引入了 8PSK。8PSK 能够提供更高的比特率和频谱效率，且实现复杂度属于中等。为了保证链路的健壮性，EDGE 对两种调制方案和几种编码方案进行组合，形成了 9 种不同的传输模式，如表 6.1 所示。根据当前链路的实时质量，EDGE 系统可以灵活选择合适的调制编码方案，而在 GSM/GPRS 网络中，调制方式是没有办法选择的，只有 GMSK 一种调制方式。

**表 6.1　EDGE 和 GPRS 的调制编码方案**

| GPRS 编码方案 | EDGE 编码方案 | 调制 | 每 20 ms 承载 RLC 块/无线块的数量/(个) | 输入数据有效载荷/bit | 网络数据速率/(kb/s) | 备注 |
|---|---|---|---|---|---|---|
| CS1 | MCS-1 | GMSK | 1 | 176 | 8.8 | 错误保护 |
| CS2 | MCS-2 | GMSK | 1 | 224 | 11.2 | |
| CS3 | MCS-3 | GMSK | 1 | 296 | 14.8 | |
| CS4 | MCS-4 | GMSK | 1 | 352 | 17.6 | 无错误保护 |
| | MCS-5 | 8PSK | 1 | 448 | 22.4 | 错误保护 |
| | MCS-6 | 8PSK | 1 | 592 | 29.6 | |
| | MCS-7 | 8PSK | 2 | 2×448 | 44.8 | |
| | MCS-8 | 8PSK | 2 | 2×544 | 54.4 | |
| | MCS-9 | 8PSK | 2 | 2×592 | 59.2 | 无错误保护 |

3）增量冗余技术

EDGE 中应对链路质量变化的方式是逐步增加冗余度。在这种方式中，与信息刚开始传输时，会采用纠错能力比较低的编码方式，如果接收端解码正确，则能得到比较高的信息码率；反之，如果解码失败，则需要增加编码冗余量，直到解码正确为止。显然，编码冗余度的增加将导致有效数据速率的降低和时延的增加，这也是通信系统中可靠性和有效性之间的矛盾。

# 6.4　2G 的业务应用

2G 系统可提供功能更加完备的业务。从信息类型上划分，2G 系统可分为语音业务和数据业务；从业务的提供方式上划分，可分为基本业务和补充业务。本节简单介绍 2G 系统提供的各类业务。

## 6.4.1　2G 的基本业务

2G 的基本业务包括电话业务、紧急呼叫业务、短消息业务、语音信箱业务、传真和数据通信业务等。

### 1. 电话业务

电话业务是 2G 系统提供的最基本的业务，可提供移动用户与固定网用户间的实时双向通话，也可提供两个移动用户间的实时双向通话。

### 2. 紧急呼叫业务

在紧急情况下，移动用户可拨打紧急服务中心的号码获得服务。紧急呼叫业务优先于其他业务，在移动用户没有插入 SIM 卡时也可使用。

### 3. 短消息业务

短消息业务就是用户可以在移动电话上直接发送和接收文字或数字消息，因其传送的文字信息短而称为短消息业务。短消息业务包括移动台间点对点的短消息业务以及小区广播式短消息业务。

点对点的短消息业务由短消息中心完成存储和前转功能。点对点短消息业务的收发在呼叫状态或待机状态下进行，系统中由控制信道传送短消息业务，其消息量有限制。短消息中心是与 2G 系统相分离的独立实体，可服务于 2G 用户，也可服务于具备接收短消息业务的固定网用户。

小区广播式短消息业务是移动通信网络以有规则的间隔向移动台广播具有通用意义的短消息，如天气预报等。移动台只有在待机状态下才可接收显示广播消息。

### 4. 语音信箱业务

语音信箱业务是有线电话服务中派生出来的一项业务。语音信箱是存储声音信息的设备，它是按声音信息归属于某用户来存储声音信息的，用户可根据自己的需要随时提取。在其他用户呼叫 2G 移动用户而不能接通时，可将声音信息存入此用户的语音信箱，或直接拨打该用户的语音信箱留言。

语音信箱业务有三种操作，分别是用户留言、用户以自己的 2G 移动电话提取留言、用户以其他电话提取留言。

**5. 传真和数据通信业务**

全球通移动传真与数据通信服务可使用户在户外或外出途中收发传真、阅读电子邮件、访问 Internet、登录远程服务器等。

## 6.4.2　2G 的补充业务

补充业务是对基本业务的改进和补充，它不能单独向用户提供，而必须与基本业务一起提供，同一补充业务可应用到若干个基本业务中，补充业务的大部分功能和服务不是 2G 系统所特有的，也不是移动电话所特有的，而是直接继承固定电话网的业务，但也有少部分是为适应用户的移动性而开发的。

用户在使用补充业务前，应在归属局申请使用手续，在获得某项补充业务的使用权后才能使用。系统按用户的选择提供补充业务，用户可随时通过移动电话通知系统为自己提供或删除某项具体的补充业务。用户在移动电话上对补充业务的操作有激活（从现在开始本移动电话使用某项补充业务）、删除（从现在开始本移动电话暂不使用原已激活的某项补充业务）、查询。

**1. 号码识别类补充业务**

号码识别类补充业务如下：

(1) 主叫号码识别显示：向被叫方提供主叫方的 ISDN 号码。

(2) 主叫号码识别限制：限制将主叫方的 ISDN 号码提供给被叫方。

(3) 被叫号码识别显示：将被叫方的 ISDN 号码提供给主叫方。

(4) 被叫号码识别限制：限制将被叫方的 ISDN 号码提供给主叫方。

**2. 呼叫提供类补充业务**

呼叫提供类补充业务如下：

(1) 无条件呼叫转移：被服务的用户可以使用网络将呼叫他的所有入局呼叫连接到另一号码。

(2) 遇忙呼叫转移：当遇到被叫移动用户忙时，将入局呼叫接到另一个号码。

(3) 无应答呼叫转移：当遇到被叫移动用户无应答时，将入局呼叫接到另一号码。

(4) 不可及呼叫转移：当移动用户未登记、没有 SIM 卡、无线链路阻塞或移动用户离开无线覆盖区域，无法找到时，网络可将入局呼叫接到另一号码。

**3. 呼叫限制类补充业务**

呼叫限制类补充业务如下：

(1) 闭锁所有出呼叫：不允许有呼出。

(2) 闭锁所有国际出呼叫：阻止移动用户进行所有出局国际呼叫，仅可与当地的 PLMN 或 PSTN 建立出局呼叫，无论此 PLMN 是否为归属的 PLMN。

(3) 闭锁除归属 PLMN 国家外所有国际出呼叫：仅可与当地的 PLMN 或 PSTN 用户，以及归属 PLMN 国家的 PLMN 或 PSTN 用户建立出局呼叫。

(4) 闭锁所有入呼叫：该用户无法接收任何入局呼叫。

(5) 在漫游出归属 PLMN 国家后闭锁入呼叫：在用户漫游出归属 PLMN 国家后，闭锁所有入局呼叫。

### 4. 呼叫完成类补充业务

呼叫完成类补充业务如下：

（1）呼叫等待：可以通知处于忙状态的被叫移动用户有来话时呼叫等待，然后，由被叫选择接受还是拒绝这一等待中的呼叫。

（2）呼叫保持：允许移动用户在现有呼叫连接上暂时中断通话，让对方听录音通知，而在随后需要时，重新恢复通话。

（3）至忙用户的呼叫完成：当主叫移动用户遇被叫用户忙时，可在被叫空闲时获得通知，例如，主叫用户接受回叫，网络可自动向被叫发起呼叫。

### 5. 多方通信类补充业务

2G 系统允许多方通话，即允许一个用户和多个用户同时通话，并且这些用户间也能相互通话。也可以根据需要，暂时将与其他方的通话置于保持状态而只与某一方单独通话，任何一方可以独立退出多方通话。

### 6. 集团类补充业务

2G 系统可实现移动虚拟网 VPN，即由一些用户构成用户群，群内用户相互通信可采用短号码，用另外方式的计费；与群外用户通信，则按常规方式拨号和计费。

### 7. 计费类补充业务

2G 系统可实现计费通知，该业务可以将呼叫的计费信息实时地通知应付费的移动用户。

# 习　题　6

1. 简述 GSM 数字移动通信系统的优点。

2. 画出 GSM 系统的组成框图，并简述各组成部分的作用。

3. GSM 系统中有哪些重要的数据库？存储何种信息？

4. GSM 系统中采用了哪种多址技术？

5. 什么是物理信道？什么是逻辑信道？

6. GSM 系统中逻辑信道是如何分类的？各类信道分别起什么作用？

7. 什么是突发脉冲序列？在 GSM 中有几种？分别在什么信道中应用？

8. 画出普通突发脉冲序列(NB)的结构，并简述各部分的作用。

9. 简述逻辑信道是如何映射到物理信道上的。

10. SIM 卡有哪些功能？存储哪些信息？

11. 什么是 PIN 码？什么是 PUK 码？PIN 码和 PUK 码在实际使用中有哪些规定？

12. GSM 系统采用了哪些安全措施？

13. 解释 MSISDN、IMSI 和 IMEI 的含义。

14. 简述地址码在 IS-95 CDMA 系统中的应用。

15. 分集技术和合并技术有哪几种？在 CDMA 中采用了哪些分集技术和合并技术？

16. 在 IS-95 CDMA 系统中采用了哪种语音编码技术？其数据速率如何选择？

17. 在前向链路和反向链路中信号是如何进行处理的？

18. 在 CDMA 系统中移动台的呼叫处理包含哪些状态?

19. 从网络结构上看,GPRS 网络与 GSM 网络的主要区别有哪些?

20. GPRS 能够提供的理论最高数据速率是多少?

21. 基于 GSM 网络最高速的无线数据传输技术是什么?

22. EDGE 采用了哪三种关键技术?

# 第 7 章　第三代(3G)移动通信系统

20 世纪 80 年代末到 90 年代初,第二代数字移动通信系统刚刚出现,第一代模拟移动通信系统还在大规模发展,此时存在着一个较明显的问题:第一代移动通信系统制式繁多,第二代移动通信系统也只实现了区域内制式的统一,而且覆盖也只限于城市地区。这时,用户希望通信界能在短期内实现一种能够提供真正意义的全球覆盖,提供带宽更宽、更灵活的业务,并且使终端能够在不同的网络间无缝漫游的系统,以取代第一代和第二代移动通信系统。为此,国际电信联盟(ITU)提出了公共陆地移动通信系统(FPLMT)的概念。将其命名为 IMT – 2000,即第三代移动通信系统(3G)。IMT – 2000 系统包括地面系统和卫星系统,其终端既可连接到基于地面的网络,也可连接到卫星通信的网络。目前,3G 包含三种主流标准:宽带码分多址接入(Wideband Code Division Multiple Access,WCDMA)、多载波码分多址接入(Code Division Multiple Access 2000,CDMA 2000)和时分同步码分多址接入(Time Division-Synchronous Code Division Multiple Access,TD-SCDMA)。其中,WCDMA 标准由欧洲提出、CDMA2000 标准由美国提出、TD-SCDMA 标准由中国提出。

## 7.1　3G 概 述

**1. IMT – 2000 系统的总体要求**

IMT – 2000 系统的总体要求如下:

(1) 在服务质量方面:对语音质量有所改进,实现无缝覆盖,降低费用,业务质量(传输、延迟)方面要求根据业务特点改进服务质量,增加效率和能力。

(2) 在新业务和能力方面:在每一方面都必须有很强的灵活接入能力、业务能力,实现在第一代和第二代系统中不能实现的新语音和数据业务;以较低的费用提供宽带业务,提高网络的竞争能力;按需自适应分配带宽。

(3) 在发展和演进能力方面:与第二代系统能共存、互通,实现第二代到第三代的平滑过渡。

(4) 在灵活性方面:提供更高级别的互通,包括多功能、多环境能力、多模式操作和多频带接入。

**2. IMT – 2000 系统的特点**

IMT – 2000 系统有以下主要特点:

(1) IMT – 2000 系统具有全球性漫游的特点。虽然经过国际标准化组织的努力,最终还是没有将所有的候选技术合并成一个无线接口。但是已经使几个主流的无线接口技术间的差别尽可能地缩小了,为实现多模多频终端打下了很好的基础。

(2) IMT – 2000 系统的终端类型多种多样。IMT – 2000 系统的终端包括普通语音终端、与笔记本电脑相结合的终端、病人的身体监测终端、儿童的位置跟踪及其他各种形式的多媒体终端等。

(3) IMT-2000 系统除提供质量更佳的语音和数据业务外,还能提供一个很宽范围的数据速率,不对称数据传输能力;有更高级的鉴权和加密算法,提供更强的保密性。

(4) IMT-2000 系统能与第二代系统的共存和互通。系统的结构是开放式和模块化的,可很容易地引入更先进的技术和不同的应用程序。

(5) IMT-2000 系统包括卫星和地面两个网络,适用于多环境。同时具有更高的频谱利用率,可降低同样速率的业务的价格。

(6) IMT-2000 系统可同时提供语音、分组数据和图像,并支持多媒体业务。用户实际得到的业务将依赖于终端能力,属于的业务集及相应的网络运营者能够提供的业务集。

**3. IMT-2000 系统结构**

1)系统组成

IMT-2000 系统的功能模型如图 7.1 所示。该系统主要由四个功能子系统构成,即核心网(CN)、无线接入网(RAN)、移动终端(MT)和用户识别模块(UIM)组成。分别对应于 GSM 系统的交换子系统(SSS)、基站子系统(BSS)、移动台(MS)和 SIM 卡。

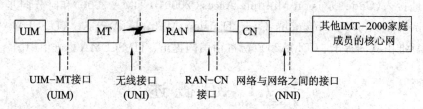

图 7.1  IMT-2000 系统的功能模型

2)系统标准接口

ITU 定义了以下 4 个标准接口:

(1) 网络与网络接口(NNI):由于 ITU 在网络部分采用了"家族概念",因而,此接口是指不同家庭成员之间的标准接口,是保证互通和漫游的关键接口。

(2) 无线接入网与核心网之间的接口(RAN-CN):对应于 GSM 系统的 A 接口。

(3) 无线接口(UNI)。

(4) 用户识别模块和移动台之间的接口(UIM-MT)。

3)结构分层

与第二代移动通信系统相类似,第三代移动通信系统的分层方法也可用三层结构描述。但第三代移动通信系统需要同时支持电路型业务和分组业务,并支持不同质量、不同速率业务,因而其具体协议组成要复杂得多。

第三代移动通信系统各层的主要功能描述如下:

(1) 物理层:由一系列下行物理信道和上行物理信道组成。

(2) 链路层:由媒体接入控制(MAC)子层和链路接入控制(LAC)子层组成。MAC 子层根据 LAC 子层的不同业务实体的要求对物理层资源进行管理与控制,并负责提供 LAC 子层的业务实体所需的 QoS 级别。LAC 子层采用与物理层相对独立的链路管理与控制,并负责提供 MAC 子层所不能提供的更高级别的 QoS 控制,这种控制可以通过自动重传请求(ARQ)等方式来实现,以满足来自更高层业务实体的传输可靠性。

(3) 高层:集 OSI 参考模型中的网络层、传输层、会话层、表示层和应用层为一体。高层实体主要负责各种业务的呼叫信令处理;语音业务(包括电路类型和分组类型)和数据业务(包括 IP 业务、电路和分组数据、短消息等)的控制与处理等。

# 7.2　WCDMA 移动通信系统

## 7.2.1　WCDMA 概述

### 1. 技术指标

WCDMA 是一种直接序列码分多址技术(DS - CDMA),信息被扩展成 3.84 MHz 的带宽,然后在 5 MHz 的带宽内进行传送。

WCDMA 的主要技术指标如下:

(1) 基站同步方式:支持异步和同步的基站运行。

(2) 信号带宽:5 MHz。

(3) 码片速率:3.84 Mc/s。

(4) 发射分集方式:时间倒换发送分集(TSTD)、空时发送分集(STTD)、反馈发送分集(FBTD)。

(5) 信道编码:卷积码、Turbo 码。

(6) 调制方式:四相相移键控(QPSK)。

(7) 功率控制:上、下行闭环与开环功率控制。

(8) 解调方式:导频辅助的相干解调方式。

(9) 语音编码:自适应多速率编码(AMR)。

### 2. WCDMA 的主要特点

概括起来,WCDMA 系统具有以下特点:

(1) 信道复杂,可适应多种业务需求。WCDMA 可通过公共信道/共享信道、接入信道和专用信道等不同类型的信道实现不同业务,适应不同时延和分布特点的要求,使资源的调配更加灵活。正是这种复杂的信道和灵活的资源调配方式,可以使 WCDMA 能满足不同业务的 QoS。

(2) 大容量和高业务速率。WCDMA 系统的码片速率达 3.84 Mc/s,载波带宽为 5 MHz,相对于窄带 CDMA 系统,WCDMA 系统的带宽能够支持更高的速率,同时带来了无线电传播的频率分集;相对于速率大致相同的话音业务,具有更高的扩频增益,接收灵敏度更高。

(3) 功率控制完善。WCDMA 采用开环和闭环两种功率控制方式,当链路没有建立时,开环功率控制用来调节接入信道的发送功率。链路建立之后使用闭环功率控制。WCDMA的上、下行均采用快速功率控制,频率为 1500 Hz,在 3 类标准中是最快的,其快速功率控制速度比任何较明显的路径损耗的变化都要快,可以有效抵抗链路的功率不平衡现象和瑞利衰落,能够更好的控制系统内的干扰,提升网络覆盖、容量方面的性能。

（4）支持基站异步操作。同步只是可选项，也就是说，网络侧对同步没有要求，从而易于实现室内和密集小区的覆盖，但需要快速小区搜索技术。

（5）切换机制健全，有更灵活的分层组网结构。WCDMA 系统既支持软切换，又支持不同载频间的硬切换，也可以采用压缩模式实现不同系统之间的硬切换。提供分层小区结构组网，即分别选择宏小区、微小区、微微小区进行组网，以满足不同容量和覆盖需求。

（6）优化的分组数据传输方式。支持帧间数据速率转换，允许不同 QoS 要求的业务复用，具有良好的资源调度机制。

（7）上、下行链路均利用导频进行相干检测。与窄带 CDMA 系统比较，WCDMA 系统增加了反向导频辅助的相干检测，扩大了覆盖范围。

**3. WCDMA 系统的网络结构**

WCDMA 系统的网络结构如图 7.2 所示。以模块来划分，整个 WCDMA 系统可分为三个功能实体：用户设备（UE）、无线接入网（UTRAN）和核心网（CN）。

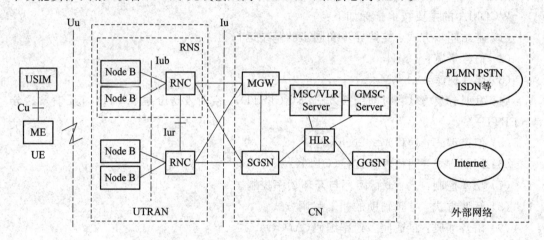

图 7.2　WCDMA 系统的网络结构

1) 用户设备( User Equipment，UE)

用户设备主要包括射频处理单元、基带处理单元、协议栈模块以及应用层软件模块等。UE 通过 Uu 接口与网络设备进行数据交互，为用户提供电路域和分组域内的各种业务功能，包括普通语音、数据通信、移动多媒体、Internet 应用（如 E-mail、WWW 浏览、FTP 等）。移动设备（Mobile Equipment，ME）提供应用和服务；用户业务识别模块（UMTS Subscriber Identity Module，USIM）提供用户身份识别。

2) 无线接入网(UMTS Terrestrial Radio Access Network，UTRAN)

UTRAN 包含一个或几个无线网络子系统（RNS）。一个 RNS 由一个或多个基站（Node B）和一个无线网络控制器（RNC）组成。

（1）基站（Node B）。Node B 是 WCDMA 系统的基站，包括无线收发信机和基带处理部分，完成 Uu 接口物理层协议的处理。其主要功能是扩频、调制、信道编码及反处理，还包括基带信号和射频信号的相互转换等功能，参与无线资源管理。

（2）无线网络控制器（Radio Network Controller，RNC）。RNC 拥有和控制它管辖区内的无线资源，是 UTRAN 提供给 CN 所有业务的业务接入点，如管理 CN 到 UE 的连接。它主要实现系统信息广播与系统接入控制功能;切换和 RNC 迁移等移动性管理功能;宏分集合并、功率控制、无线承载分配等无线资源管理和控制功能。

(3) 核心网(Core Network,CN)。WCDMA 核心网(CN)的基本结构是电路域、分组域和其他设备。电路域(CS 域)指为用户提供"电路性业务"或提供相关信令连接的实体。CS 域特有的实体包括 MSC、GMSC、VLR、IWF(互通单元)。分组域(PS)为用户提供"分组型数据业务",其特有的实体包括服务 GPRS 支持节点(SGSN)和网关 GPRS 支持节点(GGSN)。其他设备如 HLR、AUC、EIR 等为 CS 域和 PS 域公用。

① 移动交换中心/访问位置寄存器(MSC/VLR)。MSC/VLR 是 WCDMA 核心网 CS 域功能节点,主要功能是提供 CS 域的呼叫控制、移动性管理、鉴权和加密等功能。

② 网关 MSC 节点(GMSC)。GMSC 是 WCDMA 移动网 CS 域与外部网络之间的网关节点,主要功能是完成 VMSC(拜访移动交换中心)功能中的呼入呼叫的路由功能及与固定网等外部网络的网间结算功能。

③ 服务 GPRS 支持节点(SGSN)。SGSN 是 WCDMA 核心网 PS 域功能节点,主要功能是提供 PS 域的路由转发、移动性管理、会话管理、鉴权和加密等功能。

④ 网关 GPRS 支持节点(GGSN)。GGSN 是 WCDMA 核心网 PS 域功能节点,主要功能是同外部 IP 分组网络的接口功能。

⑤ 归属位置寄存器(HLR)。HLR 是 WCDMA 核心网 CS 域和 PS 域共有的功能节点,主要功能是提供用户的签约信息存放、新业务支持、增强的鉴权等功能。

⑥ 操作维护中心(OMC)。OMC 功能实体包括设备管理系统和网络管理系统。

⑦ 外部网络(External Networks)。电路交换网络提供电路交换的连接,像通话服务、ISDN 和 PSTN 均属于电路交换网络。分组交换网络提供数据包的连接服务。Internet 属于分组数据交换网络。

3) 系统接口

(1) Cu 接口:Cu 接口是 USIM 卡和 ME 之间的电气接口,Cu 接口采用标准接口。

(2) Uu 接口:Uu 接口是 WCDMA 的无线接口。UE 通过 Uu 接口接入到 UMTS 系统的固定网络部分,可以说 Uu 接口是 UMTS(通用移动通信系统)中最重要的开放接口。

(3) Iu 接口:Iu 接口是连接 UTRAN 和 CN 的接口,类似于 GSM 系统的 A 接口和 Gb 接口;Iu 接口是一个开放的标准接口。

(4) Iur 接口:Iur 接口是连接 RNC 之间的接口,是 WCDMA 系统特有的接口,用于对 RAN 中移动台的移动管理。例如,在不同的 RNC 之间进行软切换时,移动台所有数据都是通过 Iur 接口从正在工作的 RNC 传到候选 RNC。Iur 是开放的标准接口。

(5) Iub 接口:Iub 接口是连接 Node B 与 RNC 的接口,也是一个开放的标准接口。这也使通过 Iub 接口相连接的 RNC 与 Node B 可以分别由不同的设备制造商提供;同时也使通过 Iu 接口相连接的 UTRAN 与 CN 可以分别由不同的设备制造商提供。

## 7.2.2　WCDMA 标准的演进

3GPP 一直致力于 UMTS 技术规范的制定和完善,分别于 2000 年 3 月、2001 年 3 月和 2002 年 6 月推出 R99(又称为 R3)、R4 和 R5 三个标准版本,随后又进行了 R6、R7 版本的研究。

## 1. R99 版本

R99 版本主要继承了前期 ETSI(欧洲电信标准协会)标准化组织在 WCDMA 规范上的研究成果,并于 2000 年 3 月功能框架冻结。在 R99 版本中,其核心网继承了 GSM/GPRS 的网络结构,即保留了 GSM 电路交换部分,增加了分组域部分;无线网络部分引入了全新的、基于宽带 CDMA 技术的无线接入网络。R99 重点考虑 GSM 网络向 WCDMA 网络的平滑演进。GSM 网络和 WCDMA R99 网络的异同体现在网络结构、接口/信令、业务能力、网络管理、计费能力和网络设备等方面。

1)网络结构

在网络接口方面,R99 网络与 GSM 网络保持一致,如图 7.3 所示。在电路域 CS 基于 TDM 技术,并采用分级组网模式。在分组域 PS 基于 IP 组网,通过 GGSN 接入外部分组网络。

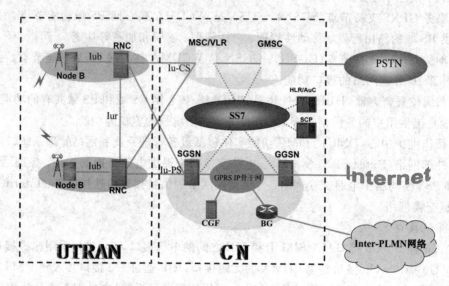

图 7.3　WCDMA R99 的网络结构

2)网络接口和协议

在网络接口和协议方面,R99 进行了更多的优化和改进。R99 Iu-CS 接口则采用 ATM(异步传输模式)技术承载信令和语音,使用 ATM 宽带接口,有利于组建大范围的无线接入网。在 CS 域,R99 MSC 与无线接入网 RAN 通过 ATM 承载信令,为用户分配语音承载资源,导致在 Iu 接口的指配流程与 GSM 不同,从而影响到移动用户主叫、被叫和局间切换等业务。在分组域,R99 SGSN 与 RAN 通过 ATM 承载信令,媒体流使用 ATM 自适应层协议 ALL5 承载 IP 分组包。

3)业务能力

在业务能力方面,R99 定义了移动网络增强逻辑的客户化应用(CAMEL3)规范,增强了对智能业务的支持,如对 GPRS、短消息等相关的智能业务的支持。

4)业务计费

在业务计费方面,R99 网络的计费系统在架构上与 GSM 相同,但在计费功能和话单描述方面存在着区别，包括话单采集单元和话单处理软件等。

5) 网络设备

在网络设备方面，对于主要网络实体 MSC，GSM 是基于 TDM 交换技术实现的，而 R99 则要求 MSC 提供 ATM 接口能力，支持 ATM AAL2、AAL5 适配能力和 Q - ALL2 信令处理能力。

**2. R4 版本**

R99 的 RAN 奠定了 WCDMA 技术的基础，其技术标准在演进到 R4 版本时变化不大，只是在无线技术方面提出了一些改进来提高系统性能。R4 版本在 2001 年 3 月完成功能框架的冻结。例如，增加了 Node B 的同步选项，有利于降低与 TDD 的干扰和网管的实施；规定了直放站的使用，扩大了特定区域的覆盖；增加了无线接入承载的 QoS 协商，使得无线资源管理效率更高。R4 无线接入网还正式引入由我国提交的 TD - SCDMA 技术中。

1) 网络结构

在网络结构方面，R4 分组域与 R99 相比变化不大，主要增加了部分与 QoS 相关的协议标准，WCDMA R4 的网络结构如图 7.4 所示。WCDMA R4 主要的变化在电路域，

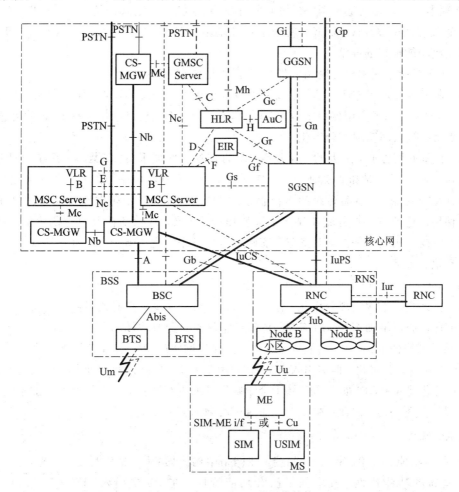

图 7.4　WCDMA R4 的网络结构

R4 引入了软交换的概念。R4 采用了承载与控制分离的软交换思想,在核心网电路域将 R99 的 MSC 分成了 MSC Server 和 MGW(多媒体网关)两部分,语音通过 MGW 由分组域来传送。这种软交换架构有利于降低建网和运营成本。

2)承载网

R4 网络实体间可采用 TDMA/ATM/IP 技术组网,有更多种选择。

3)信令网

R99 采用了窄带 SS7 信令及传统的 TDM 承载方式,而 R4 则可选用 IP 或 TDM 组建信令网。在 R4 中,不仅语音和数据可通过统一的分组网(ATM 或 IP 网络)来传送,基于 NO.7 的移动应用协议 MAP 和 CAMEL 应用部分(CAP)也可以通过分组网来传送,这为核心网向全 IP 的演进迈出了重要一步。

4)组网模式

R99 网络架构决定了其组网模式必须是分级组网,R4 如果采用 IP 组网,可组建结构更为简化的信令网及平面化的承载网。

**3. R5 版本**

R5 版本的目标是构造全 IP 移动网络,在研究过程中分为 R5、R6 两个版本。R5 主要定义了全 IP 网络的架构,R6 重点集中于业务增强及与其他网络的互通方面。R5 于 2002 年 3 月完成功能框架的冻结。

R5 在无线接入网和核心网领域进行了重大改进。其分述如下:

(1)在无线接入网方面,提出了高速下行分组接入 HSDPA 技术,使下行速率可达 8~10 Mb/s,大大提高了空中接口的效率。同时,Iu、Iur、Iub 接口增加了基于 IP 的可选传输方式,使无线接入网实现了分组化。

(2)在核心网方面,最大的变化是在 R4 的基础上增加了 IP 多媒体子系统(IMS),它与分组域一起实现实时和非实时的多媒体业务,并可实现与电路域的互操作;可在分组域提供增强型语音业务,代替传统的语音业务,实现语音业务从窄带向宽带迁移的目标。R5 版本仍保留了电路域,并实现与 IMS 的互操作,用于保护运营商在 R99 上的投资。对于新运营商,在技术成熟的条件下,完全不需建设电路域来实现语音业务,可直接在 IMS 和分组域实现语音业务。

因此,R4 向 R5 演进可归纳为两个重点:

(1)在无线接入网实现分组化,作为可选承载方式,实现高速数据接入功能。

(2)在核心网增加 IMS 域,实施 IP 多媒体业务和全 IP 网络。

在无线网络侧 R4 向 R5 的演进过程中,为保证网络的稳定性和节省投资,一般不必将 Iu、Iur、Iub 接口分组化,但需引入新的基带编码技术实现高速数据业务。在核心网侧 R4 向 R5 的演进过程中,增加了 IMS 域不会影响原核心网络功能,只在业务上增加了实时/非实时多媒体业务功能,因此,在技术方面对核心网的挑战不大。

**4. R6 版本**

R6 版本功能于 2004 年 12 月确定。在网络架构方面,R6 没有太大的变更,主要是增加了一些新的功能特性,及增强了已有功能特性。在 R5 中引入 HSDPA(High Speed Downlink Packet Access),用于增强下行分组域的数据速率。在 R6 中,致力于高速上行分组接入 HSUPA 标准的制定,HSUPA(High Speed Uplink Packet Access)主要用于增强上行分组域数据速率。

R6 的功能与要求如下:

(1)多媒体广播和多播业务。网络需要增加广播和多播中心功能实体,另外对用户终端、接入网及核心网均有新的需求,需对空中信道、接入网和核心网接口信令进行修改。

(2)增强 RAN。从 UTRAN 到 GSM/EDGE 无线接入网(GERAN),网络辅助的小区改变,需要对网络的影响、天线倾角的远端控制、Iub 和 Iur 接口无线资源管理进行优化。

(3)IMS 第二阶段。这是 R5 IMS 第一阶段基础上提供的新特性,包括 UE 与外部 IP 多媒体间的互通、IMS 与 CS 的互通、IM - MG 与 MGCF 间的增强、R6 监听需求和网络框架、基于 IPv4 与基于 IPv6 的 IMS 互通和演进、IMS 会议业务、IMS 消息业务等。基于不同 IP 连接网的 IMS 互通,包括 3GPP2 IMS、固网 IMS 等方案。

(4)Push 业务。R6 可实现网络主动向用户推送内容,根据网络和用户的能力推出多种实现方案。

(5)增强安全。R6 的增强安全功能包括基于 IP 传输的网络域安全、应用 IPSec(IP Security)等安全技术。

(6)网络共享。该特性指多个移动运营商有各自独立的核心网和业务网,但共享接入网。

(7)增强 QoS。该特性指提供端到端 QoS 动态策略控制增强。

(8)计费管理。该特性包括对 WLAN 计费、基于 IP 流的承载计费和在线计费系统等的管理。

### 5. R7 版本

R7 版本主要继续 R6 版本未完成的标准和业务(如多天线技术,包括多种 MIMO 技术等)制定工作,将考虑支持通过 CS 域承载 IMS 语音、通过 PS/IMS 域提供紧急服务、提供基于无线局域网 WLAN 的 IMS 语音与 GSM 网络的电路域的互通、提供 xDSL(数字用户线)和有限调制器等固定接入方式。同时,引入正交频分复用 OFDM,完善 HSDPA 和 HSUPA 技术标准。

WCDMA 系统的整体演进方向为网络结构向全 IP 化发展,业务向多样化、多媒体化和个性化方向发展,无线接口向高速传输分组数据发展,小区结构向多层次、多制式、重复覆盖方向发展,用户终端向支持多制式、多频段方向发展。

## 7.2.3  WCDMA 系统的关键技术

### 1. 扩频与调制技术

物理信道成帧后,需对物理信道的数据流进行扩频、加扰。其分述如下:

(1)扩频又称为信道化操作,是指用一个高速数字序列与数字信号相乘,把数据符号转换为一系列的码片,提高了数字符号的速率,增加了信号的带宽。在接收端用相同的扩频序列与接收信号相乘将扩频符号解扩。用来转换的数据序列符号被称为信道化码,在 WCDMA 中采用正交可变扩频因子(OVSF)作为信道化码,每个符号被转化成的码片数目为扩频因子。

（2）加扰是指用一个伪随机序列与扩频后的序列相乘，对信号起加密、扰乱作用。扰码的码片速率与已扩频符号相同，因此不影响符号速率。扩频与扰码前后符号速率的变化如图 7.5 所示。图中的比特速率即无线帧中的数据速率，码片速率为 3.84 Mc/s。

图 7.5　扩频与扰码前后符号速率的变化

上行链路物理信道加扰的作用是区分用户，下行链路加扰可区分基站和信道，因此选择的扰码间必须有良好的自相关性。WCDMA 采用 Gold 序列作扰码。

WCDMA 系统不同的信道可用不同的幅度，在完成调制后，会产生不同幅度的 $I$、$Q$ 支路。在复加扰中，如果随机 PN 信号（是一具有与白噪声类似的自相关性质的 0 和 1 所构成的编码序列）被分给 $I_s$ 和 $Q_s$ 支路，会导致高 PAPR（峰值平均功率比）。WCDMA 的上行链路采用混合移相键控（HPSK）或偏移四相相移键控（OCQPSK）。HPSK 采用 Walsh 旋转因子和对不同信道正确选择正交扩频码来减小 PAPR。

HPSK 技术是基本复扰码的变形，消除了相邻点间的过零问题。在 HPSK 中使用规定的重复序列作为扰码信号，且选择规定的正交码（或 Walsh 码）对不同信道进行扩频。一般 HPSK 使用的复加扰还加上固定重复序列来生成扰码信号，该固定重复序列即 Walsh 旋转因子。

下行链路中的同步信道调制方法最特殊，使用的同步码与上、下行信道的扰码分配方案密切相关，与用户开机时的小区搜索过程密切相关。下行链路的同步信道（SCH）是一种特殊的物理信道，在物理层上不可见。包括两个信道，即主同步信道（P‐SCH）和辅同步信道（S‐SCH）。SCH 供 UE 用于搜索小区且不经过小区主扰码加扰，因为 UE 需能在获得下行链路扰码信息之前和小区取得同步。

主同步码（PSC）序列只有一个，用于 WCDMA 的所有小区的所有时隙，不经过调制发送。为优化 UE 所需的硬件，PSC 由更短的 16 个码片序列组成。进行该序列的检测时，通常没有预知的定时信息，一般需要使用匹配滤波器。因此，考虑到 UE 复杂性和功耗的因素，设计出一个好的同步序列，使其仅用低复杂度的匹配滤波器就能被检测出来是十分重要的。

从码字的生成过程可见，辅助同步码（SSC）共有 16 个，经排列组合，选 16 个编成一组，总共 64 个不同的码组序列，与下行主扰码的 64 个扰码组一一对应。从此可推断出小区选用 SSC 的步骤，即先找到本小区的主扰码属于哪个扰码组，然后找到对应的 SSC 序列，每个时隙对应一个辅扰码号，根据此扰码号就可以计算出同步信道的同步码字。

SSC 的码组序列需满足以下要求：一个码组序列循环移位的结果是唯一的，64 个序列中的任何一个进行小于 15 次的循环移位，都不会与其他序列的循环移位相同。同样也不会与自己的其他任何循环序列重复。因此，在实际系统中，不同小区选用不同的序列模式，不同时隙选用不同的 S‐SCH，SSC 发送时不经过加扰。同步码字包含了广播信道是否采用开环发送分集的信息，并且同步信道是 WCDMA FDD 唯一采用时间倒换发送分集（TSTD）的信道。

**2. 信道编码与复用**

WCDMA 系统信道复用过程与物理信道编码过程不可分。来自高层的业务数据经过封装,以传输信道数据的形式进入物理层,物理层对来自高层的数据进行编码后再发射。在接收端,数据在物理层被译码后再送往上层。物理层的信道编码包括检错编码、纠错编码、速率匹配和交织。WCDMA 系统的系统复用过程是为并发业务分配无线资源、保证其业务质量、并将传输格式通知接收机的过程。具体到物理层,就是把承载了用户信息的传输信道与其控制信息进行组合,再映射到物理信道进行发送的过程。

1) 传输格式参数

(1) 传输格式(TF)。TF 是物理层提供给 MAC(介质访问控制)子层(或反方向)的一种格式,用于指示传输信道上一个 TTI(传输时间间隔)期间内的传输块集合(TBS)的传输。TF 由两部分组成:动态部分和半静态部分。动态部分包括传输块的大小和传输块集合的大小(TBSS)。半静态部分包括传输时间间隔 TTI、纠错方式(如 Turbo 码、卷积码、静态速率匹配后的码率、CRC 的比特数等)。

(2) 传输格式集合(TFS)。TFS 是描述一个特定传输信道的所有 TF 的集合。在一个 TS 中,所有 TF 的半静态部分是相同的,一个传输信道的可变比特速率是通过在每个传输时间间隔间改变 TFS 的内容和传输块集合的大小来达到的,即在一个传输块集合中的各个 TF 的动态部分不同。

(3) 传输格式组合(TFC)。物理层可复用一个或几个传输信道,每个传输信道都有一个可用的 TF 列表(即 TFS)。TFC 是现有的几种 TF 的组合,这些 TF 可同时被用于一个编码组合传输信道,其中的每个传输信道只有一种对应的 TF。

(4) 传输格式组合集合(TFCS)。TFCS 是由高层指定的、描述一个编码组合传输信道的参数。当数据信息映射到物理层时,MAC 在由高层给定的 TFCS 中选择一种合适的 TFC。在不同的 TFC 间只是动态部分不同,实际上 MAC 就能控制 TF 的动态部分。TFC 的选择可看作是无线资源的快速方法。MAC 通过它能将物理层所具有的可变速率的业务处理能力充分利用。因此,比特速率就能实现快速改变而不需任何更高层的信令。

(5) 传输格式指示(TFI)。TFI 是一个标号,对应于 TFC 中某个特定的 TF。一个传输块集合在 MAC 与物理层间交换时,传输格式指示用来进行层间的消息交换。

(6) 传输格式组合指示(TFCI)。物理层根据上层发来的 TFI 信息,根据系统指定的对应关系,计算得一个个指示信息,对应于一个编码组合传输信道上目前所用的传输格式组合。即 TFCI 与一个特定的 TFC 一一对应,用来通知接收方目前所用的 TFC。由此,当接收机检测出 TFCI 后,就可知道复用到对应的数据帧 10 ms 上的传输信道的 TFC 和各个传输信道所对应的 TF,包括此时各传输信道的比特速率、传输时间间隔、所使用的 CRC 长度、编码类型和编码率。依据复用和编码流程,可推断出此时精确的复用方案和速率匹配方案,即此时所映射到的物理信道的码速率及所使用的扩频因子。

2) 传输信道的一般编码和复用

在每个传输时间间隔中,来自高层的数据封装在传输块集合中到达物理层的编码/复用单元。传输信道的传输时间间隔的格式有 10 ms、20 ms、40 ms 和 80 ms,其中专用信道(DCH)仅在系统帧号为 512 时才能使用 80 ms 格式。

信道编码/复用的一般步骤:在每个传输块后面添加 CRC(循环冗余校验)校验比特;

传输块级联和码块分割；信道编码；无线帧均衡；速率匹配；插入 DTX（不连续发射）指示位；交织（两次）；无线帧分割；传输信道的复用；物理信道的分割；映射到物理信道。从传输信道复用模块出来的单一数据流（包括下行链路的 DTX 指示位）就是 CCTrCH。一个 CCTrCH 可映射到一个或多个物理信道。

3）传输格式检测

当传输信道的 TFS 中包含多个 TF 时，接收端需进行传输格式检测。有以下几种检测方法：

（1）TFCI 检测：当 TFC 在 TFCI 域中传输时，可通过 TFCI 检测。

（2）显式盲检测：通过传输信道的编码和 CRC 格式检测 TF。

（3）引导检测：将 CCTrCH 中的另外一个传输信道作为参考，此参考信道与需要检测的传输信道具有相同的 TTI 和 TF，且参考传输信道使用显式盲检测。

对于上行链路，是否支持盲传输格式检测由 UTRAN 控制对下行链路，UE 须支持盲传输格式检测。

4）信道编码格式

对于上、下行专用信道，主要业务有信令、语音、电路型数据（用于传真、可视电话业务）和分组型数据（用于浏览器、文件下载等业务）。物理层传输的业务选择有单独信令、语音＋信令、电路交换型数据＋信令、分组交换型数据＋信令、语音＋分组交换型数据＋信令、语音＋电路交换型数据＋信令，不同的信道有不同的业务格式。

5）压缩模式

压缩模式又称为时隙化模式，一帧中的一个或连续几个无线帧中某些时隙不被用作数据的传输，为了保持压缩后的质量不受影响，压缩帧中其他时隙的瞬时传输功率增加，功率增加的数量与传输时间的减少相对应。

压缩帧一般用于下行链路，有时也在上行链路中使用。如果上行链路使用了压缩帧，则下行链路同时也需要使用压缩帧。

**3. Rake 接收和多用户检测技术**

1）初始同步与 Rake 多径分集接收技术

CDMA 系统接收机的初始同步包括 PN 码同步、符号同步、帧同步和扰码同步等。CDMA 2000 系统采用与 IS-95 CDMA 系统类似的初始同步技术，即通过对导频信道的捕获建立 PN 同步和符号同步，通过同步信道的接收建立帧同步和扰码同步。WCDMA 系统的初始同步则需要通过"三步捕获法"进行，即通过对基本信道的捕获建立 PN 码同步和符号同步，通过对辅助同步信道的扩频码非相干接收，确定扰码组号等，最后通过对可能的扰码进行穷举搜索，建立扰码同步。

为了解决移动通信中存在的多径衰落问题，CDMA 系统采用 Rake（多径分集接收技术）分集接收技术，为了实现相干 Rake 接收，需发送未调导频信号，使接收端能在确知的已发送数据的条件下估计出多径信号的相位，并在此基础上实现相干方式的最大信噪比合并。WCDMA 系统采用用户专用的导频信号，而在 CDMA 2000 系统中，下行链路采用公用导频信号，用户专用的导频信号仅作为备选方案用于使用智能天线的系统，上行信道则采用用户专用的导频信号。

2) 多用户检测技术

Rake 接收机在单用户下的性能较好,但随着用户数目的增加,接收机的性能急剧下降。主要是因为每个用户在 Rake 接收处理时,都把其他用户的信号视为干扰。而各用户的扩频码通常难以保证正交,因而造成多个用户之间的干扰,并限制系统容量的提高。用户数量越多,干扰越大,性能也就越恶劣。解决此问题的一个有效方法是适用多用户检测技术,多用户检测(MUD)称为联合检测和干扰对消,降低了多址干扰,可有效缓解直扩 CDMA 系统中的远近效应问题,从而提高系统容量。

一般而言,对上行的多用户检测只能去除下去内各用户间的干扰,而小区间的干扰由于缺乏必要信息(如相邻小区的用户情况),是难以消除的。对于下行的多用户检测,还能去除公共信道,如导频、广播信道等的干扰。

多用户检测通过测量各用户扩频码的非正交性,用矩阵求逆或迭代方式消除用户间干扰。多用户检测系统的框图如图 7.6 所示。多用户检测的性能取决于相关器的同步扩频码子跟踪、各个用户信号的检测性能、相对能量的大小、信道估计的准确性等传统接收机的性能。

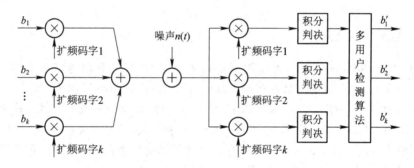

图 7.6　多用户检测系统的框图

### 4. 空时码技术

空时编码 STC 即在时间和空间域都引入编码,主要类型有空时分组码 STBC、空时格码 STTC、分层空时码 LST。空时码集发射分集和编码于一体,具有较好的频率有效性和功率有效性。用格状编码调制 TCM 构造分集度不同的空时码 STTC,性能较好,抗衰落能力较强,但搜索性能好的码较难,解码过程也较复杂。在正交发射分集中采用简单的正交分组编码形成 STBC,构造简单,但性能不能通过提高状态数改善,抗衰落性能不理想,在接收端解码时需准确的信道衰落系数。当 STBC 与交织技术结合使用时,性能会有较大改善。

### 5. 功率控制

快速准确的功率控制是保证 WCDMA 系统性能的基本要求,尤其是在上行链路中。WCDMA 系统采用的快速功率控制除了能克服“远近效应”外,还能克服低速运动移动台产生的瑞利快衰落。因此功率控制技术是 WCDMA 系统中最为重要的核心技术之一。

### 6. 切换

切换是移动台在移动过程中为保持与网络的持续连接而发生的。一般情况下,切换可以分为三个步骤:无线测量、网络判决和切换执行。

在无线测量阶段,移动台不断地搜索本小区和周围所有小区基站信号的强度和信噪比，此时基站也不断地测量移动台的信号，测量结果在某些预设的条件下汇报给相应的网络单元；网络单元进入相应的网络判决阶段，在执行相应的切换算法（如与预设门限相比较）并确认目标小区可以提供目前正在服务的用户业务后，网络最终决定是否开始这次切换；在移动台收到网络单元发来的切换确认命令后，开始进入到切换执行阶段，移动台进入特定的切换状态，开始接收或发送与新基站所对应的信号。

在 WCDMA 中具有与 IS-95 CDMA 中所具有的软切换、更软切换、硬切换，还有 CDMA 到其他系统的切换和空闲切换。在 CDMA 到其他系统的切换中，移动台从 CDMA 业务信道转到其他系统业务信道；空闲切换是移动台处于空闲状态时所进行的切换。硬切换通常发生在不同频率的 CDMA 信道间，WCDMA 由于采用了压缩模式，可以通过压缩间隔探测其他频点的信号强度，所以与 IS-95 相比有了很大进步，可以不通过其他辅助手段自主地实现硬切换，WCDMA 系统主要通过对其他频点的公共导频信号进行探测而得到其他频点的信号强度。

# 7.3　CDMA 2000 移动通信系统

## 7.3.1　CDMA 2000 概述

CDMA 2000 是美国 TIA 标准组织用于指第三代 CDMA 移动通信系统的名称，同时也是 IS-95 标准向 3G 演进的技术体制方案。实现 CDMA 2000 技术体制的正式标准名称为 IS-2000，由 TIA 制定，并经 3GPP2 批准称为一种 3G 的空中接口标准。作为一种宽带 CDMA 技术，CDMA 2000 数据速率为：室外车辆环境下 144 kb/s，室外步行环境下 384 kb/s，室内环境下 2 Mb/s。CDMA 2000 增加了辅助信道，可以对一个用户同时承载多个数据流，为支持各种多媒体分组业务打下了基础。

### 1. CDMA 2000 的主要特点

与 IS-95 CDMA 相比，CDMA 2000 具有以下主要特点：

（1）多种信道带宽、高扩频增益，前向链路上支持多载波和直扩两种方式，反向链路仅支持直扩方式；也支持可变扩频因子，扩频长度为 4～512，扩频码长度较大时，可获得高扩频增益。

（2）前后向兼容，可实现平滑过渡。

（3）核心网协议可使用 IS-41、GSM-MAP 以及 IP 骨干网标准。

（4）宽松的性能范围，从语音到低速数据，到高速的分组和电路数据业务。

（5）提供多种复合的业务，包括只传送语音、同时传送语音和数据、只传送数据和定位业务等。

（6）具有先进的多媒体 QoS 控制能力，支持多路语音、高速分组数据同时传送。

（7）在同步方式上，沿用 IS-95 CDMA 方式采用 GPS 使基站间严格同步，以取得较高的组网与频谱利用效率，有效地使用无线资源。

（8）由于采用新技术，在提高系统性能和容量上有明显的优势。

### 2. CDMA 2000 系统的网络结构

CDMA 2000 系统不仅提供了电路域网络交换系统的语音和数据服务，还增加了分组域交换的数据业务。典型的 CDMA 2000 系统的网络结构如图 7.7 所示。

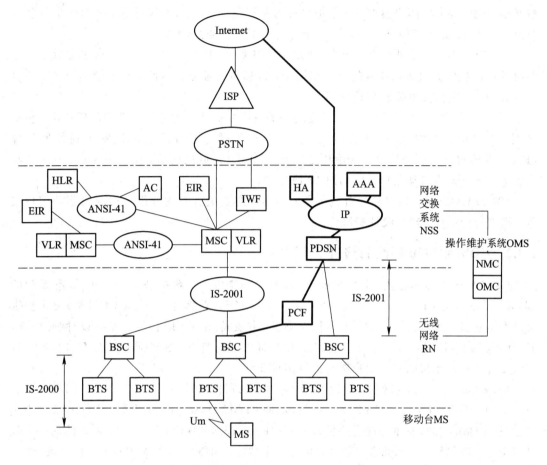

图 7.7　典型的 CDMA 2000 系统的网络结构

在图 7.7 中，电路域是由第二代 IS‑95 CDMA 发展而来的，其网络结构和第二代移动通信系统相同，不同的是 CDMA 2000 系统引入了分组域交换的数据业务，增加部分在图中用黑粗线表示。整个网络结构由三部分组成：移动台(MS)、无线网络(RN)、网络交换系统(NSS)。3G 系统是由 2G 平滑演进的，移动台、BSC、BTS、C‑NSS(电路域网络交换系统)等组成部分的功能与 2G 中一样，下面主要介绍新增部分的主要功能。

1) PCF(分组控制功能)

PCF 是新增功能实体，用于转发无线系统和分组数据服务节点间的消息，完成与分组数据业务的控制，主要功能包括：对移动用户所进行的分组数据业务进行格式转换；将分组数据用户接入到分组交换核心网的 PDSN(分组数据服务节点)上；对分组数据业务建立无线资源的管理与无线信道的控制；当移动台不能获得无线资源时，能够缓存分组数据；获得无线链路的相关计费信息并通知 PDSN。PCF 与 BSC 和 PDSN 间通信的接口为 A 接口，其中，PCF 与 BSC 间的接口定义为 A8、A9 接口，PCF 与 PDSN 间的接口定义为 A10、A11 接口。

2) P‑NSS(分组域网络交换系统)

P‑NSS 建立在 IP 技术的基础之上，为移动用户提供基于 IP 技术的分组数据服务，具体为：登录到企业内部网和外部互联网，获得互联网服务提供商提供的各种服务，并完成必要的路由选择、用户数据管理、用户移动性管理等功能。P-NSS 包括：分组数据服务节点(PDSN)、归属代理(HA)和认证、授权、计费服务器(AAA)。

(1) PDSN(分组数据服务节点)。PDSN 是将 CDMA 2000 接入 Internet 的模块，负责为移动用户提供分组数据业务的管理和控制，包括负责建立、维护和释放链路，对用户身份认证，对分组数据的管理和转发等。

(2) HA(归属代理)。HA 主要负责用户的分组数据业务的移动管理和注册认证，包括鉴别来自移动台的移动 IP 注册信息，将来自外部网络的分组数据包发送到外地代理(FA)，并通过加密服务建立、保持和终止 FA 与 PDSN 间的通信，接收 AAA 得到用户身份信息，动态地为移动用户分配归属 IP 地址等。

(3) AAA(认证、授权和计费服务器)。AAA 主要负责管理分组交换网的移动用户权限，提供身份认证、授权及计费服务。

### 7.3.2　CDMA 2000 标准的演进

CDMA 2000 技术是由 CDMA one(2G)演进而来的，一般把基于 IS-95 标准系列的 CDMA 系统称为 CDMA one 系统，IS-95A 和 IS-95B 总称为 IS-95。CDMA one 可提供无线数据业务、可直接接入 Internet 标准协议，并支持 TCP/IP(传输控制协议/网际协议)及 PPP(点到点协议)，其不足在于无法为用户提供更高速率、更灵活且具有不同服务质量等级的业务，也无法向一个用户同时提供多种业务。

CDMA 2000 系统无线侧(无线接入网)标准的演进过程包括 CDMA 2000 1x，CDMA 2000 1x EV-DO/EV-DV，CDMA 2000 3x 以及面向 CDMA 2000 标准长期演进的 3GPP2 空中接口演进。CDMA 2000 标准的演进路径如图 7.8 所示。按标准规定，CDMA 2000 系统的一个载波带宽为1.25 MHz，如果系统分别独立使用每个载波，则称为 CDMA 2000 1x；如果系统将 3 个载波捆绑使用，则称为 CDMA 2000 3x。CDMA 2000 1x 系统的空中接口技术称为 1x RTT (无线传输技术)。同样CDMA 2000 3x系统的空中接口技术称为 3x RTT，属于多载波技术，其技术特点是前向信道有 3 个载波的多载波调制方式，每个载波均采用码片速率为 1.2288 Mc/s 的直接序列扩频，反向信道则采用码片速率为 3.6864 Mc/s 的直接序列扩频，其信道带宽为 3.75 MHz，最大用户比特率为 1.0168 Mb/s。

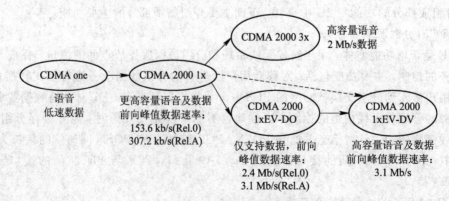

图 7.8　CDMA 2000 标准的演进路径

CDMA 2000 1x 系统的下一个发展阶段称为 CDMA 2000 1x EV，其中 EV 是 Evolution 的缩写，即在 CDMA 2000 1x 基础上的演进系统，不仅要和原系统保持后向兼容，而且要能提供更大的容量，更优的性能。CDMA 2000 1x EV 又分为两个阶段：第一个阶段为CDMA 2000 1x EV - DO(也称为 HRPD)，即高速分组数据，其中 DO 指 Data Only 或 Data Optimized；第二阶段为CDMA 2000 1x EV - DV(其中 DV 指 Data and Voice)。

CDMA 2000 1x EV - DO 在 CDMA 技术的基础上引入了 TDMA 技术的一些特点，从而大幅度提高了数据业务的性能。但 CDMA 2000 1x EV - DO 不能兼容 CDMA 2000 1x。在实际使用中，CDMA 2000 1x EV - DO 系统需使用独立的载波，移动台也要使用双模方式支持语音和数据。为克服 CDMA 2000 1x EV - DO 技术在兼容方面的缺点，CDMA 2000 1x EV - DV 采用了后向兼容思路，既可以与 1x 系统共存在同一个载波中，同时也提高了数据业务的速率和语音业务的容量，但在实际应用中并没有被采用。

在向第三代演进的过程中，需要注意的是 BTS 和 BSC 等无线设备的演进问题。在制定 CDMA 2000 标准的时候，已经考虑了保护运营者的投资，很多无线指标在 2G 和 3G 中是相同的。对 BTS 来说，天线、射频滤波器和功率放大器等射频部分可以是相同的，而基带信号处理部分则必须更换。BSC 的情况则较为复杂。第三代移动通信相对于第二代移动通信的一个最重要的特点是提供中高速的分组数据业务，BSC 设备的基本系统结构必须与之相适应。当数据业务速率低于 64 kb/s 时，通常可以用一些没有完全标准化的方式，通过一些适配器或转换器将分组数据流填充到 PCM 码流中，通过电路交换实现简单的分组功能。但当分组速率进一步提高时，BSC 就必须具有分组交换功能。

### 7.3.3　CDMA 2000 系统的关键技术

#### 1. 接入与寻呼技术

1) 接入过程

在 CDMA 2000 系统中，既兼容了 IS - 95 的接入模式，又针对 IS - 95 的不足进行改进。反向接入信道(R - ACH)保留了原有的接入模式，其接入过程与 IS - 95 基本相同，增加了一个反向增强接入信道(R - EACH)，采用改进了的接入方式，以达到更高的接入效率，支持高速数据业务。与 IS - 95 的非重叠时隙 ALOHA(ALOHA 协议最早最基本的无线数据通信协议，其基本思想是只要用户有数据要发送，就尽管让他们发送)方案不同的是采用了重叠时 ALOHA 方法，使长码作为时隙的函数以防碰撞。用户发送的接入信息在时间轴上可重叠，减小了时延。在接入信道上采用了闭环功率控制，提高了信道性能，减小了接入消息的差错概率。在对协议的优化方面，大大缩短了时隙的长度(由 200 ms 减为 1.25 ms)及超时参数等；可另外用一个专用信道传送较长的消息，使接入信道的负荷不致过高；而且还应用了软切换以提高接入性能。

在反向增强接入信道(R - EACH)上有两种接入模式：基本接入模式和预留模式。基本接入模式适合于较短消息，接入前缀和接入消息都在 R - EACH 上传送。预留模式适合较长消息，在 R - EACH 上只传输增强接入前缀和报头，在收到基站的回应后，再在基站分配的反向公用控制信道(R - CCCH)上传送消息。在工作过程中 MS 要利用基站发送的指定前向公用控制信道(F - CPCCH)上的公共功率控制子信道，通过闭环功率调节 R - CCCH 的发射功率。这种接入模式可用于传送短数据业务，而不需建立专用通道。而且由于使用了两个反向信道，避免了由于消息较长而在一个信道上引起较大干扰从而导致接入性能恶化。

2）寻呼技术

为了保持后向兼容，CDMA 2000 系统的寻呼技术也兼容了 IS-95 的寻呼方式，保留了相应的信道，另外 CDMA 2000 系统增加了几个新的信道，将 IS-95 的寻呼信道功能分开完成。新的信道不但可替代原有寻呼信道的功能，而且有了很大改进，可为移动台省电，提高寻呼成功率等。

前向快速寻呼信道可实现寻呼或休眠状态的选择，因基站使用快速寻呼信道向移动台发出指令，决定移动台处于监听寻呼信道还是处于低功耗休眠状态，这样移动台不必长时间连续监听前向寻呼信道，可减少移动台激活时间并节省功耗；还可实现配置改变功能，通过前向快速寻呼信道，基站向移动台发出最近几分钟内的系统参数消息，使移动台根据此消息做相应设置处理。

**2. 信道编码技术**

CDMA 2000 系统为了信息的可靠传输，针对不同数据速率的业务需求，设计的信道编码主要有：前向纠错编码（包括卷积码、Turbo 码）、循环冗余编码 CRC 及信道交织编码。

1）前向纠错编码

CDMA 2000 系统采用了卷积码和 Turbo 码两种纠错编码。Turbo 编码器由两个分量编码器通过交织器并行级联而成，交织器的作用是减弱分量编码器间的信息相关性。相应的解码器由两个软输入软输出的维特比译码器、两个相关交织器、解交织器及硬判决解码器组成。CDMA 2000 系统中的 Turbo 编码器结构与传统编码器基本相同，只是每个分量编码器有两路校验位输出。

在 CDMA 2000 系统中，在高速率、对解码时延要求不高的辅助数据链路中使用 Turbo 码。在语音和低速率、对解码时延要求比较苛刻的数据链路中使用卷积码。在其他逻辑信道如接入、控制、基本数据、辅助码信道中也都使用卷积码。

2）检错 CRC

CRC 利用循环和反馈机制，校验码由输入数据与历史数据经较复杂的运算得到，其冗余码包含了丰富的数据间信息，可靠性高，在移动通信中用来前向检错。

在 CDMA 2000 系统中，CRC 用于帧质量指示符。在发端每个数据帧后加若干位的帧质量指示符。帧质量指示符根据一帧中的所有比特和生成多项式运算得到，对不同速率的帧加的帧质量指示符的位数也不同。CDMA 2000 系统中帧质量指示符的长度为 16 bit、12 bit、10 bit、8 bit 或 6 bit。因此，CRC 不仅可用来判断当前帧是否正确，还能辅助确定当前的数据速率。

3）交织

交织的目的是把一个较长的突发性差错离散成随机差错。在 CDMA 2000 系统的前向链路中，对于 SR1(Spreading Rate 1)，同步信道、寻呼信道、广播控制信道、公共分配信道、公共控制信道和业务信道的数据流都要在卷积编码、符号重复及删除后进行交织编码；在反向链路中，接入信道、增强接入信道、公共控制信道和业务信道的数据流都要经过交织编码。

在 CDMA 2000 系统中，Turbo 码内部也使用了交织器。Turbo 码内部交织器是一种块交织器，对输入的信息、帧质量指示比特 CRC 和保留比特进行交织，其功能是把一帧的输入比特顺序写入，再按预先定义的地址顺序把整帧数据读出。

**3. 调制与解调技术**

CDMA 2000 系统中采用的数字调制技术包括二相相移键控(BPSK)、四相相移键控(QPSK)、交错四相相移键控(OQPSK)、混合相移键控(HPSK)等。

CDMA 2000 系统的前向信道使用 QPSK 调制方式。CDMA 2000 系统的反向链路由于系统性能的提高及适应多种业务的需要，而增加了导频信道、反向补充信道等不同类型的信道，从而对移动台提出了更高的要求，在反向链路中采用了 HPSK 调制方式，移动台能以不同的功率电平发射多个码分信道，且使信号功率的峰值与平均值的比(PAR)达到最小。

CDMA 2000 系统中前向信道使用相干解调，反向信道也使用相干解调。在 CDMA 2000 系统的反向信道中，基站可利用反向导频帮助捕获移动台的发射，实现反向链路上的相干解调，降低了移动台发射功率，提高了系统容量。

**4. 功率控制**

IS2000 标准中对 CDMA 2000 系统的功率控制加入了很多新的特点，目标在于提高功率控制的速度和精度，也就是直接关系到系统容量和通信质量。考虑到系统容量，快速、准确的功率控制能够降低多个发射机间的干扰，并且降低在同样的带宽上接收信号间的干扰从而使系统容纳更多的用户。考虑到通信质量，快速、准确的功率控制保证每个用户都能得到自己的功率资源以达到满意的链路通信质量。

CDMA 2000 系统的反向链路功率控制和 IS-95 基本相同，其区别主要在前向链路，CDMA 2000 采用快速功率控制方法。即在移动台测量接收到的业务信道的信号强度并与门限值比较，根据比较结果，向基站发出调整发射功率的指令，功率控制速度可以达到 800 b/s。由于使用快速功率控制，可以达到减小基站发射功率、减小总干扰电平，从而减低移动台信噪比的要求，最终结果是增大了系统的容量。

由于 CDMA 2000 系统引入了数据业务，高速数据业务引起前向发射功率幅度波动加剧，增加了前向功率控制的复杂度，这就对前向链路的功率控制提出了更高的要求。前向链路功率控制的目的就是合理分配前向业务信道功率，在保证通信质量的前提下，使其对相邻基站扇区产生的干扰最小，也就是使前向信道的发射功率在满足移动台解调最小需求信噪比的情况下尽可能小。通过合理分配前向业务信道功率，既能维持基站同位于小区边缘的移动台之间的通信，又能在有较好的通信传输环境时最大限度地降低前向发射功率，减小对相邻小区的干扰，增加前向链路的相对容量。

CDMA 2000 系统的前向功率控制一方面兼容 IS-95 系统的前向功率控制方法；另一方面通过 IS-2000 标准引入了针对无线配置为 RC3(CDMA 标准中规定了 9 种无线配置，RC 即为 Radio Configuration)以上业务信道的 800 Hz、400 Hz 或 200 Hz 调整速率的快速闭环前向链路功率控制模式，包括在移动台侧实现的外环功率控制和移动台与基站共同完成的内环功率控制：

(1) 外环功率控制：移动台通过估计并不断调整各支配前向业务信道上基于信噪比的

标定值，来获得目标误帧率。该标定值有三种表现形式：初始标定值、最大标定值和最小标定值，需要通过消息的形式从基站发送到移动台。

（2）内环功率控制：移动台比较在前向业务信道上接收的信噪比和相应外环功率控制的标定值，来决定在反向功率控制子信道上发给基站的功率控制比特的值。移动台还可以依据基站的指令在反向功率控制子信道上发送删除指示比特(EIB)或者质量指示比特(QIB)。

**5. 切换**

切换是 CDMA 2000 系统的关键技术之一，根据移动台与网络间的连接建立释放情况可分为硬切换和软切换；根据移动台所处的系统状态不同，可分为空闲切换和接入切换。图 7.9 为各类切换发生时的移动台状态。关于硬切换和软切换的内容在前面章节已经介绍，在 CDMA 2000 系统中只是采用了新的导频检测门限，在此不再赘述。

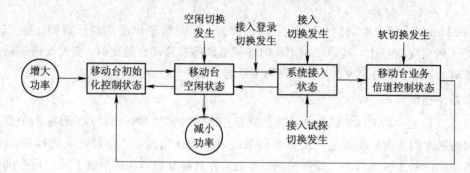

图 7.9　各类切换发生时的移动台状态

# 7.4　TD-SCDMA 移动通信系统

## 7.4.1　TD-SCDMA 概述

**1. TD-SCDMA 发展背景**

TD-SCDMA 的含义是时分同步 CDMA。TD-SCDMA 系统中采用 CDMA、SDMA、TDMA、FDMA 等多种多址方式的结合，是 ITU 发布的 3G 标准之一，是中国通信史上第一个具有完全自主知识产权的国际通信标准，在我国通信发展史上具有里程碑的意义。

由于 TD-SCDMA 的成熟度较其他两个 3G 标准要差，因此，其产业化进程相对缓慢。TD-SCDMA 采用 TDD 双工方式，具有频谱效率高这一独特优势。与此同时，它采用了大量的新技术，在技术与性能上与 WCDMA 和 CDMA 2000 相比并未显示出明显的劣势，再加上中国政府的全力支持和中国巨大的市场需求，TD-SCDMA 在 3G 市场上占有一席之地。

**2. TD-SCDMA 技术指标**

TD-SCDMA 的主要技术与指标参数如下：

（1）多址方式：CDMA/SDMA/TDMA/FDMA。

（2）双工方式：TDD。

（3）码片速率：1.28 Mc/s。

（4）子帧长：5 ms，每帧 7 个主时隙，每时隙长为 675 $\mu$s。

（5）占用带宽：小于 1.6 MHz。

（6）随机接入机制：在专用上行时隙的随机接入信道(RACH)突发。

（7）信道估计：训练序列。

（8）基站间运行模式：同步。

**3. TD - SCDMA 的主要特点**

1）采用 TDD 模式并拥有 TDD 模式系统的优点

TD - SCDMA 系统采用 TDD 模式，其上、下行共享一个频带，仅需要1.6 MHz 的最小带宽。若系统带宽为 5 MHz，则支持 3 个载波，就可以在一个地区组成蜂窝网运营，频谱使用非常灵活，频谱利用率也很高。

由于 TDD 系统上、下行使用相同载波频率，可以通过对上、行链路的估值获得上、下行电波传播特性，便于使用诸如智能天线、Rake 接收等技术以提条高系统性能。

TD - SCDMA 由于其特有的帧结构和 TDD 模式，可以根据业务的不同而任意调整上、下行时隙转换点，适用于不对称的上、下行数据传输速率，尤其适合 IP 分组型数据业务。

TDD 有其固有的缺点，由于采用不连续发送和接收，在对抗多径衰落和多普勒频移方面不如 FDD。但在 TD - SCDMA 系统中，由于采用智能天线技术加上联合检测技术克服了 TDD 模式的缺点，在小区覆盖方面和 WCDMA 相当，支持的移动速度也达到 250 km/h。

2）上行同步

在 CDMA 系统中，下行链路的主径都是同步的。同步 CDMA 指上行同步，要求来自不同用户终端的上行信号(每帧)能同步到达基站，上行链路各个用户发出的信号在基站解调器处完全同步。在 TD - SCDMA 系统中，上行同步是基于帧结构来实现的，并使用一套开环和闭环控制的技术来保持。同步 CDMA 可以使正交扩频码的各个码道在解扩时是完全正交的，相互间不会产生多址干扰，克服了异步 CDMA 由于每个移动台发射的不同码道的信号到达基站的时间不同而造成的码道非正交所带来的干扰问题，提高了 TD - SCDMA 系统的容量和频谱利用率，还可以简化硬件电路，降低成本。

3）接力切换

GSM 等传统移动通信系统在用户终端切换中都采用硬切换，对数据传输是不利的。IS -95CDMA 系统采用了软切换，是一个大的进步。但采用软切换要付出占用更多网络资源及无线信道作为代价，特别当所有无线信道资源都可以作为业务使用时，使用软切换的代价就太高了。

接力切换的概念是充分利用 TDD 模式的特点，即不连续接收和发射。另外，由于在 TDD 系统中，上、下行链路的电波传播特性相同，可以通过开环控制实现同步。这样，当终端在切换前，首先和目标基站实现同步，并获得开环测量的功率和同步所需要的参数。切换时，原基站和目标基站同时和此终端通信(通断几乎同时)，在不产生任何中断情况下就实现了切换。这样，接力切换具有软切换的主要优点，但又克服了软切换的缺点，而且接力切换可以在工作载频不同的基站间进行，比软切换的适用范围大大扩充了。

4）动态信道分配(DCA)

TDD 系统中的 DCA 技术不是将无线资源固定分配给小区，而是根据需要进行集中分配使用。在 TD‐SCDMA 系统中将 DCA 和智能天线波束赋形结合进行考虑，部分引入空分多址(SDMA)的概念，将使 DCA 的手段大大加强，这对相邻小区使用不同上、下行比例业务有非常明显的效果。

　　5) 使用新技术提高系统性能

　　TD‐SCDMA 系统使用了智能天线技术、联合检测技术、软件无线电等许多先进的技术来提高系统性能，这既是为了维持系统的先进性，也是为了克服系统固有缺点必须采取的措施。

### 7.4.2　TD‐SCDMA 标准的演进

　　在 3G 标准中，3GPP 和 3GPP2 推出了 CDMA 2000 和 WCDMA 各自的加强版本。WCDMA 提出了可传输高达 10 Mb/s 数据业务的 HSDPA 方案，CDMA 2000 提出了在下行能够传输高达 2.4 Mb/s 的 CDMA 2000 1x EV‐DO。因此，TD‐SCDMA 的技术增强和演进也势在必行。

　　移动通信系统演进的基本原则是平滑演进，即充分利用现有的电信基础设施，保护投资，对现有系统做最小的改变，达到最大程度的性能增强，取得最佳的投资效益。TD‐SCDMA 的增强与演进示意图如图 7.10 所示。其基本原则是：在 B3G TDD 系统完成商用前，不断增强 TD‐SCDMA 系统的性能，提高覆盖和传输能力等，以满足不断增长的移动数据业务的需求；同时 B3G TDD 系统的设计充分考虑 TD‐SCDMA 系统的特点，做到对 TD‐SCDMA 系统的后向兼容。

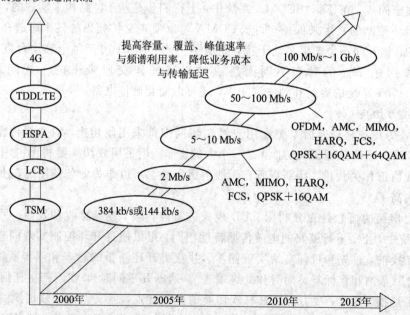

图 7.10　TD‐SCDMA 的增强与演进示意图

TD - SCDMA 空中接口技术增强和演进的主要目标是提高系统容量和传输效率,增强
TD - SCDMA 对高速移动数据业务的支持能力。对于语音业务,做到提高系统可容纳的用
户数量,增强覆盖,减小掉话和阻塞率。对于数据业务,做到提高数据业务的峰值速率,提
高系统的吞吐量,减小业务时延,同时提高业务的覆盖范围。

1) TSM(TD - SCDMA System for Mobile)

TSM 是 TD - SCDMA 发展的第一阶段,是 TD - SCDMA 无线传输技术兼容 GSM/
GPRS 核心网的一种解决方案,属于中国无线通信标准组的一套技术规范。TSM 规范在现
有的 GSM 规范的基础上修改空中接口而成,保持大部分 GSM 网络的设计(包括 BSC,
MSC 等),以提供较 GSM 更高的频谱效率和支持更高速率的数据业务。由于 TSM 采用的
是 TD - SCDMA 空中接口并基于 GSM 的协议栈,不是一个完整的 3G 系统,可视为一个
2.5G 系统,做到 GSM 系统向 TD - SCDMA 的平滑演进。

TSM 只是 3G 和 B3G 的演进中的一个可选阶段。对运营商而言,如果没有 GSM 网
络,该阶段可略过。这一阶段的数据传输速率静止可达 2 Mb/s,中低速率可达 384 kb/s,
高速可达 144 kb/s,语音数据传输速率为 12.2 kb/s。

2) LCR(低码片速率)

LCR 系统是一个真正意义上的 3G 系统,采用 3G 核心网络和构架,能够提供所有 3G
要求的业务。作为 IMT - 2000 标准之一,LCR 是被 ITU 和 3GPP 正式采纳的一个国际标
准,采用了 3GPP 的高层协议和 TD - SCDMA 空中接口,满足 ITU 对 IMT - 2000 的各方
面要求。该阶段的语音和数据服务是由电路级交换机或数据包交换机提供。语音服务速度
是 12.2 kb/s,而数据传输最大速率是 2 Mb/s。

3) HSDPA/HSUPA(高速下行分组接入/高速上行分组接入)

3GPP 认为 HSDPA 和 HSUPA 共用信息渠道可提供最好的数据包服务。通过采用自
适应调制编码(AMC)技术、混合自动重传请求(HARQ)技术、快速小区选择(FCS)和快速
分组调度技术及多天线系统 MIMO,与 CDMA 2000 和 WCDMA 相同带宽下的情况相比,
TD - SCDMA 的数据传输速率和小区吞吐量都大大提升。在 Node B 和 UE 配置单一天线,
以 16QAM,3/4Turbo 编码、占用 36 个无线资源单位(4 个数据时隙,每个时隙 9 个码道)
可提供 950 kb/s 的数据速率。若有更多的无线资源和先进的无线电技术,TD - SCDMA 可
达到更高的数据速率峰值。

4) TD - LTE

在 TD - LTE 这一阶段,B3G TDD 系统被启动,TD - SCDMA 依然具有较好的兼容
性。因此 TD - SCDMA 的 HSPA、LCR 和 B3G TDD 系统能够在同一个 RAN 中共存。
B3G 的发展将会持续相当长的时间,其发展过程中非常重要的一点是要能实现平滑的演
进。TD - SCDMA 系统和 B3G TDD 系统之间主要有以下几个共同点:

(1) 相同的帧长度和相似的帧结构。

(2) 都是基于软件无线电。

(3) 都采用了上行同步。

(4) 都是基于全 IP 核心网。

(5) 相似的多址方案有:TDMA、FDMA、CDMA、SDMA。

关于平滑演进的考虑有以下两点:

（1）物理层：保持相同的帧周期和公共时隙，如同步时隙。

（2）高层协议：TD-SCDMA 的高层协议与 WCDMA 非常类似，因此，B3G TDD 系统的设计也应该使得其高层协议与 WCDMA 和 TD-SCDMA 相兼容，这样就保证了高层协议的平滑发展。

5）4G

4G 以 IP 为基础的、多功能集成的、各种网络融合的宽带移动通信系统，可提供数据传输速率达 100 Mb/s～1 Gb/s。发展的方向和目标是：网络业务数据化、分组化，移动 Internet 逐步形成；网络技术数字化、宽带化；网络设备智能化、小型化；应用于更高的频段，有效利用频率；移动网络的综合化、全球化、个人化；各种网络的融合；高速率、高质量、低费用。

### 7.4.3　TD-SCDMA 的关键技术

TD-SCDMA 采用了很多关键性技术以提高系统性能，包括智能天线、联合检测、接力切换、软件无线电、动态信道分配等技术。TD-SCDMA 系统中的关键技术在 7.4.1 节做了一般性介绍，这一节主要介绍其不同于其他系统的关键技术。

1）智能天线技术

TD-SCDMA 系统的 TDD 模式可以利用上、下行信道的互易性，即基站对上行信道估计的信道参数可以用于智能天线的下行波束成型，这样，相对于 FDD 模式，其智能天线技术比较容易实现。TD-SCDMA 系统是一个以智能天线为核心技术的第三代移动通信系统。

智能天线技术的核心是自适应天线波束赋形技术，智能天线技术的原理是使一组天线和对应的收发信机按照一定的方式排列和激励，利用波的干涉原理可以产生强方向性的辐射方向图。如果使用数字信号处理方法在基带进行处理，使得辐射方向图的主瓣自适应地指向用户来波方向，就能达到提高信号的载干比，降低发射功率，提高系统覆盖范围的目的。

智能天线的主要功能有：

（1）提高了基站接收机的灵敏度。

（2）提高了基站发射机的等效发射功率。

（3）降低了系统的干扰。

（4）增加了系统的容量。

（5）改进了小区的覆盖。

（6）降低了无线基站的成本。

2）联合检测技术

CDMA 系统中多个用户的信号在时域和频域上是混叠的，接收时需要在数字域上用一定的信号分离方法把各个用户的信号分离开来。信号分离的方法大致可以分为单用户检测和多用户检测两种。

传统的 CDMA 系统信号分离方法是把多址干扰（MAI）看成是与热噪声一样的干扰，它会导致信噪比严重下降，系统容量也随之下降。这种将单个用户的信号分离看成是各自独立的过程的信号分离技术称为单用户检测。

　　实际上，由于 MAI 中包含许多先验的信息，如确知的用户信道码、各用户的信道估计等，因此 MAI 不应该被作为噪声处理。可以将其利用起来以提高信号分离方法的准确性。这样充分利用 MAI 中的先验信息而将所有用户信号的分离看成是一个统一的过程的信号分离方法称为多用户检测(MD)技术。根据对 MAI 处理方法的不同，多用户检测技术可以分为干扰抵消和联合检测两种。

　　联合检测技术是目前第三代移动通信技术中的热点，它指的是充分利用 MAI，同时将所有用户的信号都分离开来的一种信号分离技术。联合检测技术能够大大降低干扰，扩大容量，降低功率控制要求，削弱远近效应。

　　在 TD-SCDMA 系统中通常将联合检测技术与智能天线技术结合使用，以便发挥二者的优势，弥补各自不足。

　　3) 软件无线电技术

　　由于 TD-SCDMA 系统的 TDD 模式和低码片速率的特点，使得数字信号处理量大大降低，适合采用软件无线电技术。所谓软件无线电技术，就是在通用芯片上用软件实现专用芯片的功能。软件无线电技术的主要优势如下：

　　(1) 可以克服微电子技术的不足，通过软件方式，灵活完成硬件/专用 ASIC 的功能。在统一硬件平台上利用软件处理基带信号，通过加载不同的软件，实现不同的业务性能。

　　(2) 系统增加功能可通过软件升级来实现，具有良好的灵活性及可编程性，对环境的适应性好，不会老化。

　　(3) 可替代昂贵的硬件电路，实现复杂的功能，减少用户设备费用支出。

　　4) 接力切换技术

　　接力切换技术适用于同步 CDMA 移动通信系统。在 TD-SCDMA 系统中，由于采用了智能天线，可以实现单基站对移动台准确定位，从而可以实现接力切换。接力切换的设计思想是：当用户终端从一个小区或扇区移动到另一个小区或扇区时，利用智能天线和上行同步等技术对 UE 的距离和方位进行定位，将 UE 的方位和距离信息作为切换的辅助信息；如果 UE 进入切换区，则 RNC 通知另一基站做好切换准备，从而达到快速、可靠和高效切换的目的。这个过程就像是田径比赛中的接力赛跑传递接力棒一样，因而我们形象地称之为接力切换。

　　接力切换使用上行预同步技术，在切换过程中，UE 从源小区接收下行数据，向目标小区发送上行数据，即上、下行链路先后转移到目标小区，提高切换的成功率。

　　接力切换是介于硬切换与软切换之间的一种切换方式，综合了软切换的高成功率和硬切换的高信道利用率的优点，如表 7.1 所示。

表 7.1　切换技术比较

| 系统性能 | 硬切换 | 软切换 | 接力切换 |
|---|---|---|---|
| 资源占用 | 少 | 多 | 少 |
| 掉话率 | 高 | 低 | 低 |
| 对容量的影响 | 低 | 高 | 低 |

　　5) TD-SCDMA 的 DCA(动态信道分配)技术及其特点

　　信道分配是指在采用信道复用技术的小区制蜂窝移动系统中，在多信道共用的情况下,以最有效的频谱利用方式为每个小区的通信设备提供尽可能多的可使用信道。在 DCA 技术中,所有的信道资源放置在中心存储区中,表示信道的完全共享。采用 DCA 技术的优势是:

(1) 能够较好地避免干扰,使信道重用距离最小化,从而高效率地利用有限的无线资源,提高系统容量。

(2) 满足第三代移动通信业务的需要,尤其是高速率的上、下行不对称的数据业务和多媒体业务的需要。

TD-SCDMA 系统的资源包括频率、时隙、码道和空间方向四个方面,一条物理信道由频率、时隙、码道的组合来标志。在 TD-SCDMA 系统中,TDD 模式的采用,使得 TD-SCDMA 系统同时具有 CDMA 系统大容量和 TDMA 系统灵活分配时隙的特点。智能天线技术的采用,使得 TD-SCDMA 系统可以为不同方向上的用户分配相同的频率、时隙和扩频码,给信道分配带来更多的选择。

# 7.5　3G 的业务应用

3G 业务是指所有能够在 3G 网络上承载的各种移动业务,包括点对点基本移动语音业务和各类移动增值业务。在 2G 技术中,应用最广泛的是语音与简单的数据业务,3G 业务则具有丰富的多媒体业务应用、高速率的数据承载、业务提供方式灵活和提供业务的 QoS 质量保证的特点。移动增值业务是移动运营商的主要利润增长点,也是发展 3G 业务的方向,3G 运营商在保留和增强 2G/2.5G 移动增值业务的同时,大量开发并提供了新的 3G 移动增值业务,它们具备互联网化、媒体化和生活化的特点。例如,移动音乐、MMS(彩信)、移动电子商务、移动位置服务(LBS)、移动企业应用、手机游戏、移动博客、手机电视、一键通(PTT)、移动数字家庭网络、移动搜索、移动 VoIP 等业务。

由于 3G 业务的多样性、用户使用特征的差异以及运营商情况的不同,对 3G 业务的分类也可以从多角度进行。总体来说,可以按以下角度划分 3G 业务:

(1) 从承载网络来划分,3G 业务可以分为电路域和分组域业务。其中电路域业务包括主语音、智能网业务、短信、彩铃、补充业务等;分组域业务包括数据业务、数据卡上网和 IMS 业务等。

(2) 从业务特征来划分,3G 业务可为话音和非话音两大类。话音类包括基本语音和增强语音;非话音业务包括数据业务、数据卡上网、智能网业务和补充业务等。

(3) 从服务质量 QoS 来划分,3GPP 提出了会话类、流媒体、交互类和背景类 4 种业务区分方式。会话类业务主要为语音通信和视频电话业务;流媒体业务可分为长流媒体和短流媒体业务,也可分为群组流媒体与个人流媒体业务,还可分为广播式流媒体和交互式流媒体业务;交互类业务包括基于定位的业务、网络游戏等;后台类业务有 E-mail、SMS、MMS 和下载业务等。会话类和流媒体业务对时延敏感,但允许较高的误码率;而交互类和后台类对时延要求低,但对误码率要求高。

(4) 从业务发展和继承方面考虑,可以分为 2G/2.5G 继承业务及 3G 特色业务。

(5) 基于 3G 用户需求,可分为通信类、消息类、交易类、娱乐类和移动互联网类。

# 习　题　7

1. IMT－2000 系统有哪些主要特点?

2. 画出 IMT－2000 系统的功能模型,并简述其系统组成。

3. WCDMA 和 CDMA 2000 最主要的区别是什么?

4. 画出 GSM 网络演进为 WCDMA 网络的基本框图,并做简单说明。

5. 画出 IS－95 CDMA 网络演进为 CDMA 2000 网络的基本框图,并做简单说明。

6. 3GPP R5 版本为什么要引入 IMS 域?

7. 简述 WCDMA 系统的特点及网络结构组成。

8. 简述 CDMA 2000 系统的特点及网络结构组成。

9. 什么是 SDMA? TD－SCDMA 中的"S"有哪些含义?为什么要将 SDMA 与 CDMA 结合使用?

10. TD－SCDMA 系统的特点是什么?其演进路线如何展开?

11. 3G 业务可依据哪些准则来分类?

# 第 8 章　第四代(4G)移动通信系统

2013 年 12 月 4 日,中华人民共和国工业和信息化部发布公告,向中国移动、中国电信和中国联通颁发"LTE/第四代数字蜂窝移动通信业务(TD-LTE)"经营许可,4G 牌照的发放,意味着 4G 网络、终端、业务都进入正式商用阶段,标准着我国正式进入 4G 时代。

4G 又称为宽带接入和分布网络,具有超过 2 Mb/s 的数据传输能力。它包括宽带无线固定接入、宽带无线局域网、移动光带系统和互操作的广播网络(基于地面和卫星系统)。与已有的数字移动通信系统相比,4G 通信系统具有更高的数据速率和传输质量;更好的业务质量(QoS),更高的频谱利用率,更高的安全性、智能性和灵活性;可以容纳更多的用户,支持包括非对称性业务在内的多种业务;能实现全球范围内多个移动网络和无线网络间的无缝漫游,包括网络无缝、中断无缝和内容无缝。

## 8.1　4G 概　述

4G 是相对于 3G 的下一代通信网络。实际上,4G 在开始阶段也是由众多自主技术提供商和电信运营商合力推出的,技术和效果也参差不齐。国际电信联盟(ITU)定义了 4G 的标准——符合 100 Mb/s 传输数据的速度。达到这个标准的通信技术,理论上都可以称之为 4G。不过由于这个极限峰值的传输速度要建立在大于 20 MHz 带宽系统上,所以 ITU 将 LTE-TDD、LTE-FDD、WiMAX 和 HSPA＋四种技术都定义为 4G 的范畴。值得注意的是,它其实不符合国际电信联盟对下一代无线通信的标准(IMT-Advanced)定义,只有升级版的 LTE Advanced 才满足国际电信联盟对 4G 的要求。3GPP(3${}^{rd}$ Generation Partnership Project,第三代合作伙伴计划)在多址方式方面选择了下行采用 OFDMA,上行采用 SC-FDMA(单载波频分多址),舍弃了 3G 核心技术 CDMA。LTE 系统在性能和数据速率上有所提高,在系统容量和覆盖率上进行提升,不管在用户面或是控制面上都减小了时延,支持更多的业务类型,在建设和运营方面都降低了成本。

LTE(Long Term Evolution,长期演进)项目是 3G 的演进,它改进并增强了 3G 的空中接入技术,采用 OFDM 和 MIMO 作为其无线网络演进的标准。其主要特点是在 20 MHz频谱宽带下能够提供下行 100 Mb/s 与上行 50 Mb/s 的峰值速率,相对于 3G 网络大大地提高了小区的容量,同时将网络延迟大大降低:内部单向传输时延低于 5 ms,控制平面从睡眠状态到激活状态迁移时间低于 50 ms,从驻留状态到激活状态的迁移时间小于 100 ms。

LTE 主要是以实现为用户提供更高的数据速率、更高的小区容量、更低的时延、降低成本为目的。于是,3GPP 对 LTE 网络的总体设计目标是具有高数据率、低时延和基于全分组的移动通信系统,具体目标可以概述如下:

(1) 灵活的频谱带宽配置,支持 1.25 MHz、1.6 MHz、2.5 MHz、5 MHz、10 MHz、

15 MHz 和 20 MHz 的带宽设置。

（2）更快的小区边缘传输速率，通过 FDMA 和小区间干扰抑制等技术，提高小区边缘的传输速率，增强其覆盖性能，从而改善边缘小区用户的用户体验。

（3）在 20 MHz 频谱宽带下实现上行 50 Mb/s 和下行 100 Mb/s 的峰值速率。

（4）更低的时延，用户面时延低于 5 ms，控制面时延低于 100 ms(控制平面从睡眠状态到激活状态迁移时间低于 50 ms，从驻留状态到激活状态的迁移时间小于 100 ms)。

（5）增强对多媒体广播和多播业务的支持。

（6）采用基于全分组的包交换，提高频谱利用率。

（7）实现与其他通信系统的共存。

LTE - Advanced 正式名称为 Further Advancements for E - UTRA，是 LTE 系统的继续演进。LTE - Advanced 是一个向后兼容的技术，完全兼容 LTE，从 LTE 到 LTE - Advanced 是演进而不是革命，相当于 HSPA 和 WCDMA 之间的关系。LTE - Advanced 的相关特性有：带宽为 100 MHz；对于峰值速率，下行为 1 Gb/s，上行为 500 Mb/s；对于峰值频谱效率，下行为 30 (b/s)/Hz，上行为 15 (b/s)/Hz；针对室内环境进行优化；有效支持新频段和大宽带应用；峰值速率大幅提高，频谱效率有效改进。

## 8.1.1　4G 的两种制式

如果严格地讲，将 LTE 作为 3.9G 移动互联网技术，那么 LTE - Advanced 作为 4G 标准更加确切一些。LTE - Advanced 的入围，包含 TDD(即为简写的 TD)和 FDD 两种制式。

LTE - TDD，国内又称为 TD - LTE。TD - LTE (Time Division Long Term Evolution)是 LTE 技术中的 TDD(Time Division Duplexing，时分双工)模式。该技术由上海贝尔、诺基亚西门子通信、大唐电信、华为技术、中兴通讯、中国移动、高通、ST - Eric-sson 等业者共同开发。TD - LTE 上行理论速率为 50 Mb/s，下行理论速率为 100 Mb/s。

LTE - FDD，国内又称为 FDD - LTE。FDD - LTE (Frequency Division Duplexing Long Term Evolution)是 LTE 技术中的 FDD(Frequency Division Duplexing，频分双工)模式。FDD - LTE 上行理论速率为 40 Mb/s，下行理论速率为 150 Mb/s。由于无线技术的差异、使用频段的不同以及各个厂家的利益等因素，FDD - LTE 的标准化与产业发展都领先于 TD - LTE。FDD - LTE 已成为当前世界上采用国家及地区最广泛的、终端种类最丰富的一种 4G 标准。2019 全球共有 285 个运营商在超过 93 个国家部署 FDD 制式的 4G 网络。到 2019 年 12 月份为止，采用 TDD 制式的 4G 网络大概为 20 个国家，其中完全采用 TDD 制式的 4G 网络有 13 张，还有 12 个混合网；采用 FDD 制式的 4G 网络大概有 92 个国家，有 244 张网。目前整体情况是 FDD - LTE 网络约占 95%，TD - LTE 网络约占 5%。

将 TD - LTE 与 FDD - LTE 对比可知：TD - LTE 省资源而 FDD - LTE 的速度快。正因如此，TD - LTE 适合热点区域覆盖，FDD - LTE 适合广域覆盖。两种制式为何会不同呢？下面将做具体介绍。

**1. TDD 与 FDD 设计中的不同**

由于 TDD 以时间区分上、下行，FDD 以频率区分上、下行。因此二者的差异首先体现在帧结构上。FDD 的无线帧由 10 个长度为 1 ms 的子帧组成，每个子帧包含两个长度为

0.5 ms 的时隙。TDD 无线帧分为普通子帧和特殊子帧，其中普通子帧包含两个 0.5 ms 的时隙。特殊子帧包含 3 个时隙，即下行导频时隙（Downlink Pilot Time Slot，DwPTS）、保护间隔（Guard Period，GP）和上行导频时隙（Uplink Pilot Time Slot，UpPTS）。另外，TDD 的子帧上、下行比例可依据网络上、下行业务的实际需求进行灵活配置。TDD 与FDD 在帧结构上的不同是导致两者其他差异存在的根源，使得 TDD 和 FDD 在同步信号、参考信号和信道设计方面需分别考虑，主要包括如下几点。

1）同步信号设计

同步信号用于 UE 对小区进行搜索时获取时间、频率同步和小区标识，分为主同步信号（Primary Synchronization Signal，PSS）和辅同步信号（Secondary Synchronization Signal，SSS）。FDD 的主同步信号在子帧 0 和子帧 5 的第一个时隙的最后一个 OFDM 符号发送，辅同步信号在子帧 0 和子帧 5 的第一个时隙的倒数第二个 OFDM 符号发送。而对于TDD，主同步信号在子帧 1 和子帧 6 的第 3 个 OFDM 符号。即特殊子帧的 DwPTS 中发送，辅同步信号在子帧 0 和子帧 5 的最后一个 OFDM 符号发送。因此，TDD 和 FDD 的主、辅同步信号在无线帧中的绝对位置和相对位置都不同。这种差异使得终端在接入网络的初始阶段就能识别出系统是 TDD 还是 FDD 制式。

2）参考信号设计

在上行链路中，探测参考信号（Sounding Reference Signal，SRS）用于 eNodeB（Evolved Node B，简称 eNB）对上行信道质量进行估计；在下行链路中，UE 特定参考信号（UE-Specific Reference Signal，URS）可用于下行波束赋形。FDD 系统使用普通数据子帧传输 SRS。而在 TDD 系统中。SRS 还可在 UpPTS 时隙发送，而且 TDD 终端在 UpPTS 时隙发送 SRS 应为首选。另外，相比 FDD 系统而言，由于 TDD 系统的上、下行链路的对称特性，参考信号对 TDD 系统具有更加重要的作用。例如，URS 可较好地与 TDD 的智能天线技术相结合，而 TDD 系统的 eNodeB 可利用 SRS 所得到的信道估计信息进行下行信道的选择性调度或闭环 MIMO 的预编码矩阵的选择。

3）信道设计

在进行控制信道和数据信道的设计时，也需要考虑 TDD 和 FDD 的不同特性。以物理下行控制信道（Physical Downlink Control Channel，PDCCH）为例，PDCCH 主要用于上、下行资源的分配调度信息和上行功率控制消息的传输，在每个子帧的开始部分发送，当下行资源块数量大于 10 时，其长度可为 1、2 或者 3 个 OFDM 符号，当下行资源块数量小于10 时，用于 PDCCH 的 OFDM 符号数为 2、3 或 4 个。但对于 TDD 而言，如果 PDCCH 信道位于 DwPTS 时隙，则这两种情况下的 PDCCH 的长度分别只能为 1、2 个 OFDM 符号和固定为 2 个 OFDM 符号。

**2. TDD 和 FDD 的关键过程差异**

由于 LTE 的 TDD 与 FDD 两种制式在设计上的差别，导致了其在某些关键过程的设计上也必须采用不同的策略，下面对此进行详细分析。

1）HARQ 过程

混合式自动重传请求（Hybrid Automatic Repeat-request，HARQ）是一种降低传输错

误概率的机制。TDD 与 FDD 在 HARQ 的 ACK/NACK 传输及其与原始发送数据的定时关系、最大并发进程数、往返时间(Round Trip Time, RTT)等方面存在差异。

(1) HARQ 过程的定时关系。在 FDD - LTE 系统中,上、下行子帧数目相等,数据与反馈的 ACK/NACK 之间可以建立一一对应关系,其 HARQ 过程简单明了。图 8.1 为 FDD - LTE 中上、下行 HARQ 过程的定时关系示意。

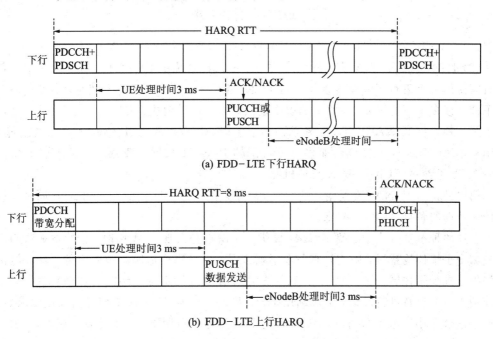

(a) FDD - LTE 下行 HARQ

(b) FDD - LTE 上行 HARQ

图 8.1　FDD - LTE 中上、下行 HARQ 过程的定时关系

从图 8.1 中可看出,子帧 $i$ 收到的 ACK/NACK 信息总是对应于在子帧 $i-4$ 发送的数据。另外,对于下行异步 HARQ,收到 ACK/NACK 后数据的重传或新数据的发送与之前的数据发送没有确定的对应关系;而对于上行同步 HARQ,重传数据或新数据总是在 $i+4$ 时刻发送。

在 TD - LTE 系统中,由于上、下行子帧资源不连续,并且配置方式有多种,造成上、下行的子帧数目不相等,无法建立一一对应的反馈关系。TDD 在进行 ACK/NACK 位置设计时需考虑子帧的上、下行方向。以上行 HARQ 为例,eNodeB 只能等待下行子帧出现时才能进行 ACK/NACK 反馈,而 UE 收到反馈后也必须等待上行子帧出现时才能发送重传的数据或新数据。

为此,协议中针对 TD - LTE 中上、下行时隙的不同上、下行配置,专门为 TDD 系统定义了 ACK/NACK 反馈和重传数据、新数据发送的位置对应关系。子帧 $i$ 收到的 ACK/NACK 反馈应与子帧 $i-k$ 发送的数据相对应;子帧 $i$ 在收到 ACK/NACK 后,将在子帧 $i+k'$ 发送重传数据或新数据。图 8.2 以 TD - LTE 的上、下行配置 2 为例,给出了 TD - LTE 上行 HARQ 过程的定时关系。从图 8.2 中可以看出,其 RTT 为 10 ms。

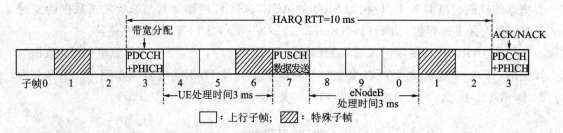

图 8.2　TD-LTE 上行 HARQ 过程的定时关系(上、下行配置 2)

(2) HARQ ACK/NACK 的传输。在 TD-LTE 系统中,当存在上行子帧多于下行子帧时需使用一个下行子帧调度多个上行子帧;当下行子帧多于上行子帧时,需使用一个上行子帧反馈多个下行子帧。对此,协议中提供了以下两种解决方法:

第一种,ACK/NACK 绑定:对前面多个下行子帧数据的 ACK/NACK 进行"与"运算,使用一个 ACK/NACK 完成前面多个下行子帧 PDSCH 数据的反馈。这是协议中默认的 TD-LTE 系统的 ACK/NACK 反馈机制。

第二种,ACK/NACK 复用:在一个上行子帧的 PUCCH 资源上使用 2 bit 同时反馈多个传输数据的各自 ACK/NACK。

上述两种解决方法中,ACK/NACK 绑定的缺点是出现 NACK 时,接收端无法确定具体是哪个子帧传输错误,即使只有一个子帧错误,也需要重传所有被绑定的子帧,但带来的好处是减少了控制开销。ACK/NACK 复用在接收端可定位出错的具体数据块,但是需要使用更多的比特进行反馈,资源利用率低。另外,ACK/NACK 复用对信噪比要求更高,因此较适合非小区边缘的用户。ACK/NACK 复用还不可用于上、下行时隙配置 5,因为在上、下行时隙配置 5 的情况下,10 ms 无线帧配置为 1 个上行子帧、8 个下行子帧和 1 个特殊子帧,而 1 个 ACK/NACK 复用最多也只能同时对 4 个下行子帧进行反馈。

(3) HARQ 的最大并发进程数。由于 LTE 中 HARQ 采用"停—等"机制,即在一个 HARQ 处理进程中,需等待一定时间收到 ACK/NACK 反馈后才能决定下一次进行新数据发送或是重传,因此 LIE 采用并发多个进程的方式来提高资源的利用率。在 FDD-LTE 中,HARQ 的并发进程数最大为 8 个。但 TDD 受限于上、下行子帧配置,其 HARQ 进程数与上、下行子帧配置以及数据的发送位置有关。由于 TDD 的 HARQ 进程数最大可达 15 个,因此 TDD 的 HARQ 进程需使用 4 bit 进行编号,而 FDD 的 HARQ 进程只需要 3 bit 即能满足编号要求。

(4) DRX 状态下的 HARQ。DRX(Discontinuous Reception,非连续接收)的目的是减少 UE 的功率消耗。在 DRX 状态下,UE 会为每一个下行 HARQ 进程开启一个 HARQ RTT 定时器,这个定时器长度为 UE 期待收到重传数据需等待的最小子帧数。当 HARQ RTT 定时器未过期时,UE 不可进入睡眠状态,以避免遗漏接收重传数据。对于 FDD-LTE,HARQ RTT 定时器始终为 8 ms,而对于 TD-LTE,HARQ RTT 定时器为 $(k+4)$ ms,其中 $k$ 为下行数据传输与该传输的 HARQ 反馈之间的时间间隔。

2) 半持续调度过程

LTE 中存在动态调度和半持续调度(Semi-Persistent Scheduling,SPS)两种分组调度方式。SPS 方式下,无线资源的分配在一段较长的时间内半静态地分配给 UE,适合于如

VoIP 等数据分组小、时延要求高且数据传送具有一定周期性的业务。

TDD 的 SPS 比 FDD 复杂。首先，SPS 周期必须是上、下行时隙配置周期的整数倍，以避免上、下行冲突。另外，HARQ 重传与 SPS 之间可能产生冲突，例如上行 SPS 调度周期为 20 ms，HARQ RTT 为 10 ms，当发生数据重传时，则第一个数据的重传可能与第二个数据的首次传输发生冲突。针对此问题，协议中专门为 TDD 设计了双间隔 SPS 机制。双间隔 SPS 指在半持续调度中使用两个不同的调度周期 $T_1$ 和 $T_2$。其中：

$$T_1 = \text{SPS 调度周期} + \text{子帧偏置(Offset)} \tag{8.1}$$

$$T_2 = \text{SPS 调度周期} - \text{子帧偏置(Offset)} \tag{8.2}$$

如图 8.3 所示，在数据1的重传与数据2的初始传输可能发生冲突时，先进行数据1的重传，然后在一个偏置时间后，再开始数据2的初始传输。

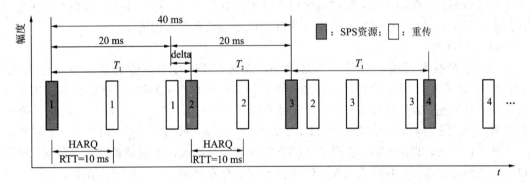

图 8.3　双间隔 SPS 调度示意图

双间隔 SPS 虽然可以减少冲突的可能性，但并不能杜绝冲突的发生。当依然可能出现冲突时，则需要使用动态调度来真正避免冲突。在 SPS 配置下，UE 仍会监听在 PDCCH 信道上的动态调度信息。如果数据重传和初始传输发生冲突，则可通过动态调度，首先传输重传数据，然后在接下来的空闲子帧中传输初始数据。

3) 随机接入过程

在与网络建立连接之前。UE 需要通过物理随机接入信道(Physical Random Access Channel，PRACH)发起随机接入过程以获得网络的接入许可。PRACH 在频域上占用 72 个子载波，在时域上由循环前缀和接入前导序列两部分组成，长度分别为 $T_{CP}$ 和 $T_{SEQ}$。根据这两个长度的不同取值，可将 PRACH 分为 5 种不同的格式，如表 8.1 所示。

表 8.1　随机接入前导参数

| 前导格式 | $T_{CP}/\mu s$ | $T_{SEQ}/\mu s$ | 随机接入时隙长度 | 适用模式 |
|---|---|---|---|---|
| 0 | 103.13 | 800 | 1 ms | TD 和 FDD |
| 1 | 684.38 | 800 | 2 ms | TD 和 FDD |
| 2 | 203.13 | 1600 | 2 ms | TD 和 FDD |
| 3 | 684.38 | 1600 | 3 ms | TD 和 FDD |
| 4 | 14.60 | 133 | 157 $\mu s$ | TD |

在表 8.1 中，前 4 种格式 TD-LTE 和 FDD-LTE 相同，分别适用于不同的应用场景。如格式 0 随机接入时隙在 1 个子帧中传送，支持中小覆盖范围的小区；格式 1 和 3 由于 CP 较长，适于大的小区半径；格式 2 和 3 采用重复的前导序列，可以增加 PRACH 的链路预算。格式 4 则为 TD-LTE 特有，其前导序列和 CP 的持续时间较短，专门用于在 UpPTS 中发起随机接入，称为短 RACH，并且只适用于 UpPTS 长度为 2 个 OFDM 符号的情况。在 TD-LTE 中，使用短 RACH 可充分利用 UpPTS 时隙，从而避免占用正常子帧的资源，提高资源利用率。但是，短 RACH 由于其序列长度较短，只适用于在半径小于 1.5 km 的小区使用。

另外，协议中规定，FDD-LTE 系统中的每个子帧中最多传送一个 PRACH 信道。但在 TD-LTE 系统中，由于在某些上、下行配置中上行子帧较少（如 DL∶UL＝9∶1），为避免出现随机接入资源不足，同时减少用户接入的等待时间，降低接入失败概率，则允许在接入资源不足时在一个子帧上最多使用 6 个频分的随机接入信道。

4）寻呼过程

LTE 中没有专门用于寻呼的物理信道，而是在 PDSCH 中传送需要的寻呼消息。TD-LTE 和 FDD-LTE 的寻呼过程是相同的。但由于 TD-LTE 中寻呼消息必须选择下行子帧才能发送。因此其可用于寻呼的子帧不同于 FDD-LTE。对于 FDD-LTE，子帧 0、4、5 和 9 可用于寻呼；对于 TD-LTE，子帧 0、1、5 和 6 可用于寻呼，设计更易于实现。

经上述分析，TD-LTE 与 FDD-LTE 之间因帧结构设计不同而使得其在信号、信道设计等方面存在差异，并导致其在关键过程实现上存在区别。从协议层面而言，这些差异主要集中在物理层，部分涉及媒体接入控制层（Medium Access Control，MAC）和无线资源控制层（Radio Resource Control，RRC），两者的无线链路控制层（Radio Link Control，RLC）、分组数据汇聚协议层（Packet Data Convergence Protocol，PDCP）、非接入层（Non-Access Stratum，NAS）并无差异。

从以上分析还可得出，TD-LTE 的上、下行子帧配置多样，更适合非对称业务，并且TD-LTE 具有上、下行信道互惠性等 FDD-LTE 不具备的优势，适用于更真实的场景，资源利用率更高。但是，多种不同的上、下行时隙配置也造成了 HARQ、SPS 等过程复杂，实现更困难，同时造成了业务时延增加，使得 TD-LTE 在传输时延敏感业务时不具备优势。另外，从上述比较还可看出，相比于 UMTS 时代的 TD-LTE 和 FDD-LTE 两种制式，LTE 时代的 TD-LTE 与 FDD-LTE 在协议实现上已逐渐融合，两者差异已大大减少，这使得 FDD-LTE 和 TD-LTE 网络设备间的共享共存和 FDD-LTE/TD-LTE 双模终端的设计更易于实现。

## 8.1.2　4G 的优势

4G 具有如下优势：

（1）通信速度快、质量高。从移动通信系统数据传输速率作比较，第一代模拟式通信系统仅提供语音服务；第二代数字式移动通信系统传输速率也只有 9.6 kb/s，最高达到 32 kb/s；第三代移动通信系统理论数据传输速率可达到 2 Mb/s，实际最高数据传输速率最高只有 386 kb/s；第四代移动通信系统则可达到最高 100 Mb/s 的数据传输速率。

（2）网络频谱宽、频率使用效率高。4G 通信系统在 3G 通信系统的基础上进行大幅度的改造和研究，使 4G 网络在通信宽带上比 3G 网络的蜂窝系统的宽带高出许多。4G 信道占有 100 MHz 的频谱，相当于 3G 网络 WCDMA 系统的 20 倍。

（3）提供各种增值服务。4G 通信并不是从 3G 通信的基础上经过简单的升级而演变过来的，它们的核心技术根本就是不同的，3G 移动通信系统主要是以 CDMA 为核心技术，而 4G 移动通信系统技术则以正交频分复用(OFDM)最受瞩目，利用这种技术人们可以实现如无线区域环路(WLL)、数字信号广播(DAB)等方面的无线通信增值服务。不过考虑到与 3G 通信的过渡性，第四代移动通信不仅仅只采用 OFDM 一种技术，CDMA 技术在第四代移动通信系统中与 OFDM 技术相互配合可以发挥更大的作用。

（4）通信费用更加便宜。由于 4G 通信不仅解决了与 3G 通信的兼容性问题，让更多的现有通信用户能轻易地升级到 4G 通信，而且 4G 通信引入了许多尖端的通信技术，这些技术保证了 4G 通信能提供一种灵活性非常高的系统操作方式，因此相对其他技术来说，4G 通信部署起来就容易很多；同时在建设 4G 通信网络系统时，通信运营商们直接在 3G 通信网络的基础设施之上，采用逐步引入的方法，这样就能够有效地降低费用。

## 8.2　4G 的网络架构

与之前的移动通信系统架构组成类似，4G 的网络架构可分成三部分：用户部分、无线接入网部分和核心网部分。3GPP 将 4G 采用的网络系统定义为演进分组系统(Evolved Packet System，EPS)，其目标是在简单的公共平台上综合所有业务。4G 系统主要分为两个部分：一是演进后的分组核心网(Evolved Packet Core，EPC)，采用全 IP 结构，旨在帮助运营商通过采用无线接入技术来提供先进的移动宽带服务；二是演进的 UMTS 陆地无线接入网络(Evolved UMTS Terrestrial Radio Access Network，E‐UTRAN)。4G 的网络架构如图 8.4 所示。4G 系统采用扁平化的网络架构，将 3G 的 Node B 到 RNC 到核心网的三级架构升级为 eNodeB 到核心网的二级架构。

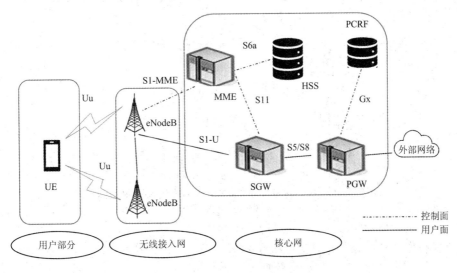

图 8.4　4G 的网络架构

4G 网络架构的特点可以归纳为以下几点：

（1）核心网全 IP 化，并且取消了电路域（CS），灵活支持更多基于 IMS 的多媒体业务。

（2）网络结构扁平化，无线接入网取消 RNC，降低时延，提升用户使用体验。

（3）实现控制与承载的分离，在核心网侧，控制面完全由 MME 负责，用户面的相关内容则由 SGW/PGW 完成。

用户设备（User Equipment，UE）是 4G 网络的接入终端设备，它跟 3G 网络的组成类似，由移动设备（ME）和通用集成电路卡（Universal Integrated Circuit Card，UICC）构成。移动设备（ME）不仅仅指用户使用的移动手机，更泛指利用 LTE 上网的所有机械设备。UICC 卡是一种可移动的智能卡，在 4G 网络中通用集成电路卡（UICC）是一个应用的概念，它包括多种逻辑应用模块，如 SIM、USIM 和其他应用模块。SIM 卡，众所周知，它是 2G 时代用来存储信息的，包括身份识别信息以及用户信息等。USIM 卡则会提供不同于 SIM 卡的一组参数，用于 WCDMA 和 4G 网络中，这也是为什么 2G 手机卡无法在 3G/4G 网络中工作的原因。由于用户部分没有过多改变，这里就不做详细讲解了。

## 8.2.1　无线接入网（E‐UTRAN）

从图 8.5 可以看出，无线接入网 E‐UTRAN（Evolved UMTS Terrestrial Radio Access Network，演进的 UMTS 陆地无线接入网）只包含一个网元即演进型 Node B（EvolvedNode B，eNodeB），相比 3G 网络，取消了 UTRAN 中的 RNC，减少了通信协议的层次，整个网络结构更加扁平化。RNC 的功能绝大部分交给了 eNodeB，小部分由核心网中的网元承担。4G 的基站 eNodeB 一般采用分布式基站的架构，基本功能由 BBU、RRU 和天馈系统组成，其中 BBU（Baseband Control Unit）为基带控制单元，RRU（Remote Radio Unit）为远程射频单元，两者之间通过光纤完成连接。BBU 对整个基站系统进行集中管理，完成数据、信令的处理和资源的管理与操作维护。RRU 提供射频通道，对信号进行一定的处理。天馈系统包括天线、馈线、跳线等设备，主要对射频信号进行接收和发射。

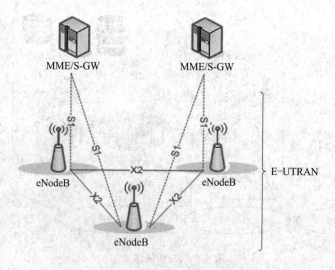

图 8.5　E‐UTRAN 的网络架构

eNodeB 不仅要完成 3G 网络中 Node B 对数据信息进行处理的基本功能，还需完成与无线资源有关的管理功能。例如，接入移动性的控制和管理、无线资源的合理分配与调度等；还包括用户数据包的压缩与加密，执行广播消息、寻呼消息的调度和传递，完成与移动配置有关的测量以及测量的报告等。

## 8.2.2　核心网(EPC)

2004 年 12 月在希腊雅典会议上，3GPP 正式启动了面向全 IP 的分组核心网的演进项目(System Architecture Evolution，SAE)，在 WI 阶段更新为分组核心网(Evolved Packet Core，EPC)，该系统是全 IP 的结构，也就是说仅有分组域(PS)，没有电路域(CS)，控制与承载实现了分离。它不仅具有移动网络的传统能力，即用户数据的存储、移动性管理和数据转发等，而且由于全 IP 的网络结构，在用户数据速率上面实现了大幅度提升。总体而言，EPC 的特点可以归纳为：全 IP 化、业务平面和控制平面全分离。EPC 主要由 MME、SGW、PGW 等网元组成。

### 1. MME

移动性管理实体(Mobility Management Entity，MME)是 EPC 的核心网元，是控制面的重要网元，主要负责移动性与信令处理等，基本功能包括：寻呼消息的分配与转发，负责用户设备的接入控制，用户设备处于空闲状态下的移动性管理，用户设备发起业务后的建立、维护和删除承载的连接，以及切换和非接入层信令的加密与完整性保护等。

### 2. SGW

服务网关(Serving Gateway，SGW)是用户面的网元，主要负责数据转发以及路由切换等，它可以实现用户在不同 eNodeB 之间移动时的移动性管理以及数据包路由，也就是完成由于用户移动而产生的用户面切换的工作。需要指出的是，每个用户同一时刻只能存在一个 SGW。

### 3. PGW

分组数据网关(Packet Data Network Gateway，PGW)是用户面的网元，相当于移动网络与外部数据网络的边界路由器，它主要负责与外部分组数据网络建立连接，可以用于进行分组过滤、IP 地址的分配等。

除此以外，EPC 还包括归属用户服务器(Home Subscriber Server，HSS)和策略及计费功能(Policy and Charging Rule Function，PCRF)等网元。HSS 是一个数据库，里面存储着与签约用户有关的信息，属于 EPC 的用户信息存储与管理单元，协助完成用户的认证与鉴权工作，类似于 HLR。PCRF 主要负责策略控制决策与基于流量的计费。

## 8.2.3　4G 网络主要接口及协议

接口是不同网元之间进行信息交互的方式。为了使得各网元之间的交互有据可依，有共同的标准和准则，这就是接口协议，接口协议的架构就成为协议栈。协议栈采用"三层两面"的通用模型。其分层结构有利于简化设计，这里分为三层，分别是物理层、链路层(分组数据汇聚协议层 PDCP、无线链路控制层 RLC、媒体接入层 MAC)、网络层(非接入层 NAS、无线资源控制层 RRC)。物理层的主要功能是提供可靠的比特率传输。链路层主要是完成封装、透明传输等功能。网络层的主要功能是完成寻址、路由选择、资源配置等任务。"两面"是逻辑上的概念,这里分别是控制面协议和用户面协议,控制面协议负责控制信令的传输和处理,用户面协议负责业务数据的传送和处理。协议栈的通用模型如图 8.6所示。

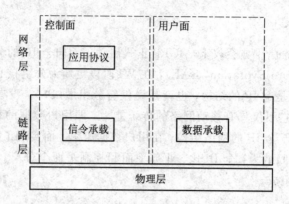

图 8.6　协议栈的通用模型

### 1. 空中接口(Uu)

eNodeB 为用户提供空中接口(Uu),其中"U"表示用户网络接口,"u"表示通用,用户设备 UE 可以通过 Uu 空中接口完成与 eNodeB 之间的无线通信。UE 通过该接口与eNodeB 建立信令和数据连接。Uu 空中接口可以实现用户面数据和控制面数据的交互,其中用户面上没有网络层的功能模块。Uu 协议如图 8.7 所示。

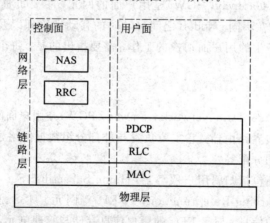

图 8.7　Uu 协议

### 2. X2 接口

eNodeB 之间通过 X2 接口完成通信。可以利用 X2 的控制面实现 SON(自组织网络)功能;X2 用户面的接口则是基于 GTP 协议来实现 eNodeB 间数据的传输。在这里需要指出的是,X2 接口为控制面提供的是基于 IP 可靠的连接,而为用户面提供的则是基于 IP 不可靠的连接。为了实现连接,控制面使用了流控传输协议 SCTP,它为 IP 网提供可靠的信令传输,该协议为 X2 AP。用户面则使用 GPRS 用户面隧道协议 GTP - U 实现不可靠连接。X2 接口协议如图 8.8 所示。

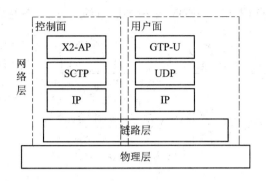

图 8.8　X2 接口协议

### 3. S1 接口

eNodeB 通过 S1 接口与核心网通信，S1 - MME 是与 EPC 控制面的 MME 连接的接口，该接口是 NAS 相关的信令传输的基础；S1 - U 是与 EPC 用户面 SGW 连接的接口，主要负责传输用户数据信息。S1 接口协议如图 8.9 所示。

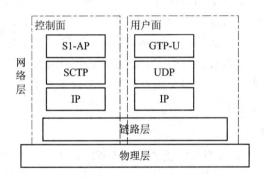

图 8.9　S1 接口协议

# 8.3　4G 的关键技术

## 8.3.1　正交频分复用(OFDM)技术

第四代移动通信系统主要是以正交频分复用(Orthogonal Frequency Division Multi-plexing，OFDM)为技术核心。OFDM 技术的特点是网络结构高度可扩展，具有良好的抗噪声性能和抗多信道干扰能力，可以提供比目前无线数据技术质量更高(速率高、时延小)的服务和更好的性能价格比，能为 4G 无线网提供更好的方案。例如，无线区域环路(WLL)、数字音频广播(DAB)等，都将采用 OFDM 技术。

### 1. OFDM 技术原理

在传统的并行数据传输系统中，整个信号频段被划分为 N 个相互不重叠的频率子信道。每个子信道传输独立的调制符号，然后再将 N 个子信道进行频率复用。这种避免信道频谱重叠看起来有利于消除信道间的干扰，但是这样又不能有效利用频谱资源。OFDM 是一种能够充分利用频谱资源的多载波传输方式。常规频分复用与 OFDM 的信道分配情况如图 8.10 所示。由此可以看出，OFDM 至少能够节约二分之一的频谱资源。

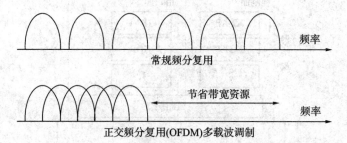

图 8.10　常规频分复用与 OFDM 的信道分配情况

　　OFDM 的主要思想是：将信道分成若干个正交子信道，将高速数据信号转换成并行的低速子数据流，调制到在每个子信道上进行传输。正交信号可以通过在接收端采用相关技术来分开，这样可以减少子信道之间的码间干扰(ISI)。由于每个子信道的带宽小于信道的相关带宽，因此每个子信道的带宽可以看成是平坦性衰落，从而可以消除码间干扰。而且由于每个子信道的带宽仅仅是原信道带宽的一小部分，所以信道均衡变得相对容易。

　　在 OFDM 传播过程中，高速信息数据流通过串并变换，分配到速率相对较低的若干子信道中传输，每个子信道中的符号周期相对增加，这样可减少因无线信道多径时延扩展所产生的时间弥散性对系统造成的码间干扰。另外，由于引入保护间隔，在保护间隔大于最大多径时延扩展的情况下，可以最大限度地消除多径带来的符号间干扰。如果用循环前缀作为保护间隔，还可避免多径带来的信道间干扰(ICI)。

**2. OFDM 技术的优缺点**

　　OFDM 系统越来越受到人们的广泛关注，其原因在于 OFDM 系统存在以下一些主要优点：

　　(1) 把高速数据流通过串并转换，使得每个子载波上的数据符号持续长度相对增加，从而可以有效地减小无线信道的时间弥散所带来的 ISI，这样就减小了接收机内均衡的复杂度，有时甚至可以不采用均衡器，仅通过采用插入循环前缀的方法消除 ISI 的不利影响。

　　(2) OFDM 系统由于各个子载波之间存在正交性，允许子信道的频谱相互重叠，因此与常规的频分复用系统相比，OFDM 系统可以最大限度地利用频谱资源。

　　(3) 各个子信道中这种正交调制和解调可以采用快速傅立叶变换(FFT)和快速傅立叶反变换(IFF)来实现。

　　(4) 无线数据业务一般都存在非对称性，即下行链路中传输的数据量要远大于上行链路中的数据传输量，如 Internet 业务中的网页浏览、FTP 下载等。另外，移动终端功率一般小于 1 W，在大蜂窝环境下传输速率低于 10 kb/s～100 kb/s；而基站发送功率可以较大，有可能提供 1 Mb/s 以上的传输速率。因此无论从用户数据业务的使用需求，还是从移动通信系统自身的要求考虑，都希望物理层支持非对称高速数据传输，而 OFDM 系统可以很容易地通过使用不同数量的子信道来实现上行和下行链路中不同的传输速率。

　　(5) 由于无线信道存在频率选择性，不可能所有的子载波都同时处于比较深的衰落情况中，因此可以通过动态比特分配以及动态子信道的分配方法，充分利用信噪比较高的子信道，从而提高系统的性能。

(6) OFDM 系统可以容易与其他多种接入方法相结合使用，构成 OFDMA 系统，其中包括多载波码分多址 MC - CDMA、跳频 OFDM 以及 OFDM - TDMA 等，使得多个用户可以同时利用 OFDM 技术进行信息的传递。

(7) 因为窄带干扰只能影响一小部分的子载波，因此 OFDM 系统可以在某种程度上抵抗这种窄带干扰。

但是由于 OFDM 系统内存在多个正交子载波，而其输出信号是多个子信道的叠加，因此与单载波系统相比，OFDM 系统存在如下主要缺点：

(1) 易受频率偏差的影响。由于子信道的频谱相互覆盖，这就对它们之间的正交性提出了严格的要求，然而由于无线信道存在时变性，在传输过程中会出现无线信号的频率偏移，例如，多普勒频移，或者由于发射机载波频率与接收机本地振荡器之间存在的频率偏差，都会使得 OFDM 系统子载波之间的正交性遭到破坏，从而导致子信道间的信号相互干扰，这种对频率偏差敏感是 OFDM 系统的主要缺点之一。

(2) 存在较高的峰值平均功率比。与单载波系统相比，由于多载波调制系统的输出是多个子信道信号的叠加，因此如果多个信号的相位一致时，所得到的叠加信号的瞬时功率就会远远大于信号的平均功率，导致出现较大的峰值平均功率比(PAPR)。这就对发射机内放大器的线性提出了很高的要求，如果放大器的动态范围不能满足信号的变化，则会为信号带来畸变，使叠加信号的频谱发生变化，从而导致各个子信道信号之间的正交性遭到破坏，产生相互干扰，使系统性能恶化。

### 3. OFDM 关键技术具体实现

OFDM 关键技术包括保护间隔和循环前缀、同步技术、信道估计和降峰均比技术。

1) 保护间隔和循环前缀

采用 OFDM 的一个主要原因是它可以有效地对抗多径时延扩展。通过把输入的数据流串并变换到 $N$ 个并行的子信道中，使得每个用于调制子载波的数据符号周期可以扩大为原始数据符号周期的 $N$ 倍，因此时延扩展与符号周期的比值也同样降低 $N$ 倍。为了最大限度地消除符号间干扰，还可以在每个 OFDM 符号之间插入保护间隔(Guard Interval)，而且该保护间隔长度 $T_g$ 一般要大于无线信道的最大时延扩展，这样一个符号的多径分量就不会对下一个符号造成干扰。在这段保护间隔内，可以不插入任何信号，即是一段空闲的传输时段。然而在这种情况中，由于多径传播的影响，则会产生信道间干扰(ICI)，即子载波之间的正交性遭到破坏，不同的子载波之间产生干扰，如图 8.11 所示。

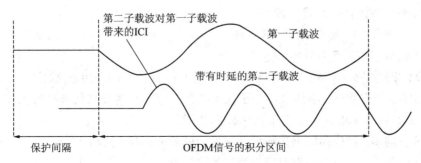

图 8.11　空闲保护间隔引起 ICI

　　由于每个 OFDM 符号中都包括所有的非零子载波信号，而且也同时会出现该 OFDM 符号的时延信号，因此上图中给出了第一个子载波和第二个子载波的延时信号，从图中可以看出，由于在 FFT 运算时间长度内，第一子载波与带有延时的第二子载波之间的周期个数之差不再是整数，所以当接收机试图对第一子载波进行解调时，第二子载波会对此造成干扰。同样，当接收机对第二子载波进行解调时，有时会存在来自第一子载波的干扰。

　　为了消除由于多径所造成的 ICI，OFDM 符号需要在其保护间隔内填入循环前缀信号，如图 8.12 所示。这样就可以保证在 FFT 周期内 OFDM 符号的延时副本内包含的波形的周期个数也是整数。这样，时延小于保护间隔 $T_g$ 的时延信号就不会在解调过程中产生 ICI。

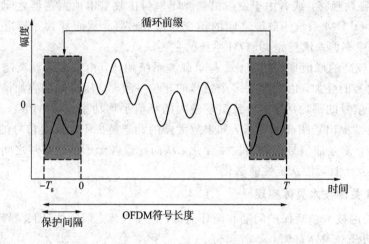

图 8.12　OFDM 符号的循环前缀

　　通常，当保护间隔占到 20% 时，功率损失也不到 1 dB。但是带来的信息速率损失达 20%，而在传统的单载波系统中存在信息速率（带宽）的损失。但是插入保护间隔可以消除 ISI 和多径所造成的 ICI 的影响，因此这个代价是值得的。

　　2）同步技术

　　同步在通信系统中占据非常重要的地位。例如，当采用同步解调或相干检测时，接收机需要提取一个与发射载波同频、同相的载波；同时还要确定符号的起始位置等。一般的通信系统中存在如下几个方面的同步问题：

　　（1）发射机和接收机的载波频率不同。

　　（2）发射机和接收机的采样频率不同。

　　（3）接收机不知道符号的定时起始位置。

　　OFDM 符号由多个子载波信号叠加构成，各个子载波之间利用正交性来区分，因此确保这种正交性对于 OFDM 系统来说是至关重要的，因此它对载波同步的要求也就相对较严格。在 OFDM 系统中存在如下几个方面的同步要求：

　　（1）载波同步：接收端的振荡频率要与发送的载波同频、同相。

　　（2）样值同步：接收端和发射端的抽样频率一致。

　　（3）符号定时同步：IFFT 和 FFT 起止时刻一致。

　　与单载波系统相比，OFDM 系统对同步精度的要求更高，同步偏差会在 OFDM 系统中引起 ISI 及 ICI。图 8.13 显示了 OFDM 系统中的同步要求,并且大概给出了各种同步在系统中所处的位置。

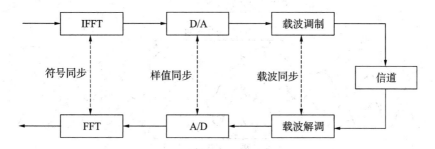

图 8.13　OFDM 系统内的同步示意图

(1) 载波同步。发射机与接收机之间的频率偏差导致接收信号在频域内发生偏移。如果频率偏差是子载波间隔的 $n$($n$ 为整数)倍,虽然子载波之间仍然能够保持正交,但是频率采用值已经偏移了 $n$ 个子载波的位置,则会造成映射在 OFDM 频谱内的数据符号的误码率高达 0.5。如果载波频率偏差不是子载波间隔的整数倍,则在子载波之间就会存在能量的"泄漏",导致子载波之间的正交性遭到破坏,从而在子载波之间引入干扰,使得系统的误码率性能恶化。图 8.14 给出了载波同步与不同步情况下的性能比较。

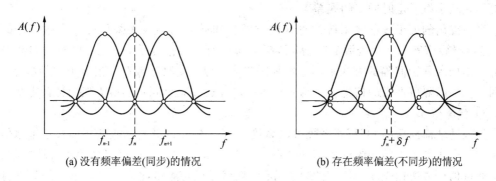

(a) 没有频率偏差(同步)的情况　　　　　(b) 存在频率偏差(不同步)的情况

图 8.14　载波同步与不同步情况下的性能比较

通常通过两个过程实现载波同步,即捕获(Acquisition)模式和跟踪(Tracing)模式。在跟踪模式中,只需要处理很小的频率波动;但是当接收机处于捕获模式时,频率偏差可以较大,可能是子载波间隔的若干倍。

接收机中第一阶段的任务就是要尽快地进行粗略频率估计,解决载波的捕获问题;第二阶段的任务就是能够锁定并且执行跟踪任务。把上述同步任务分为两个阶段的好处是:由于每一阶段内的算法只需要考虑其特定阶段内所要求执行的任务,因此可以在设计同步结构中引入较大的自由度。这也就意味着,在第一阶段(捕获阶段)内只需要考虑如何在较大的捕获范围内粗略估计载波频率,不需要考虑跟踪性能如何;而在第二阶段(跟踪阶段)内,只需要考虑如何获得较高的跟踪性能。

(2) 符号定时同步。由于在 OFDM 符号之间插入了循环前缀保护间隔,因此 OFDM 符号定时同步的起始时刻可以在保护间隔内变化,而不会造成 ICI 和 ISI,如图 8.15 所示。

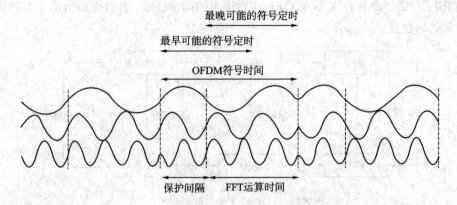

图 8.15　OFDM 符号定时同步的起始时刻

只有当 FFT 运算窗口超出了符号边界，或者落入符号的幅度滚降区间，才会造成 ICI 和 ISI。因此，OFDM 系统对符号定时同步的要求会相对较宽松，但是在多径环境中，为了获得最佳的系统性能，需要确定最佳的符号定时。尽管符号定时的起点可以在保护间隔内任意选择，但是容易得知，任何符号定时的变化，都会增加 OFDM 系统对时延扩展的敏感程度，因此系统所能容忍的时延扩展就会低于其设计值。为了尽量减小这种负面的影响，需要尽量减小符号定时同步的误差。

当前提出的关于多载波系统的符号定时同步和载波同步大多采用插入导频符号的方法，这会导致带宽和功率资源的浪费，降低系统的有效性。实际上，几乎所有的多载波系统都采用插入保护间隔的方法来消除符号间串扰。为了克服导频符号浪费资源的缺点，通常利用保护间隔所携带的信息完成符号定时同步和载波频率同步的最大似然估计算法。

3）信道估计

加入循环前周后的 OFDM 系统可以等效为 $N$ 个独立的并行子信道。如果不考虑信道噪声，$N$ 个子信道上的接收信号等于各自子信道上的发送信号与信道的频谱特性的乘积。如果通过估计方法预先获知信道的频谱特性，将各子信道上的接收信号与信道的频谱特性相除，即可实现接收信号的正确解调。

常见的信道估计方法有基于导频信道和基于导频符号（参考信号）两种，多载波系统具有时频二维结构，因此采用导频符号的辅助信道估计更灵活。导频符号辅助方法是在发送端的信号中某些固定位置插入一些已知的符号和序列，在接收端利用这些导频符号和导频序列按照某些算法进行信道估计。在单载波系统中，导频符号和导频序列只能在时间轴方向插入，在接收端提取导频符号估计信道脉冲响应。在多载波系统中，可以同时在时间轴和频率轴两个方向插入导频符号，在接收端提取导频符号估计信道传输函数。只要导频符号在时间和频率方向上的间隔相对于信道带宽足够小，就可以采用二维内插如滤波的方法来估计信道传输函数。

4）降峰均比技术

除了对频率偏差敏感之外，OFDM 系统的一个主要缺点就是峰值功率与平均功率比，简称峰均比（PAPR）过高的问题。即与单载波系统相比，由于 OFDM 符号是由多个独立的经过调制的信号相加而成的，这样的合成信号就有可能产生比较大的峰值功率，由此会带来较大的峰值平均功率比。

信号预畸变技术是最简单、最直接的降低系统内峰均比的方法。在信号被送到放大器之前，首先经过非线性处理，对有较大峰值功率的信号进行预畸变，使其不会超出放大器的动态变化范围，从而避免降低较大的 PAPR 的出现。最常用的信号预畸变技术包括限幅和压缩扩张方法。

(1) 限幅方法。信号经过非线性部件之前进行限幅，就可以使得峰值信号低于所期望的最大电平值。尽管限幅非常简单，但是它也会为 OFDM 系统带来相关的问题。首先，对 OFDM 符号幅度进行畸变，会对系统造成自身干扰，从而导致系统的 BER 性能降低。其次，OFDM 信号的非线性畸变会导致带外辐射功率值的增加，其原因在于限幅操作可以被认为是 OFDM 采样符号与矩形窗函数相乘，如果 OFDM 信号的幅值小于门限值时，则该矩形窗函数的幅值为 1；而如果信号幅值需要被限幅时，则该矩形窗函数的幅值应该小于 1。根据时域相乘等效于频域卷积的原理，经过限幅的 OFDM 符号频谱等于原始 OFDM 符号频谱与窗函数频谱的卷积，因此其带外频谱特性主要由两者之间频谱带宽较大的信号来决定，也就是矩形窗函数的频谱来决定。

为了克服矩形窗函数所造成的带外辐射过大的问题，可以利用其他的非矩形窗函数。总之，选择窗函数的原则就是：其频谱特性比较好，而且也不能在时域内过长，避免对更多个时域采样信号造成影响。

(2) 压缩扩张方法。除了限幅方法之外，还有一种信号预畸变方法就是对信号实施压缩扩张。在传统的扩张方法中，需要把幅度比较小的符号进行放大，而大幅度信号保持不变，一方面增加了系统的平均发射功率；另一方面使得符号的功率值更加接近功率放大器的非线性变化区域，容易造成信号的失真。因此给出一种改进的压缩扩张变换方法。在这种方法中，把大功率发射信号压缩，而把小功率信号进行放大，从而可以使得发射信号的平均功率相对保持不变。这样不但可以减小系统的 PAPR，而且还可以使得小功率信号抗干扰的能力有所增强。μ 律压缩扩张方法可以用于这种方法中，在发射端对信号实施压缩扩张操作，而在接收端要实施逆操作，恢复原始数据信号。压缩扩张变换的 OFDM 系统基带简图如图 8.16 所示。

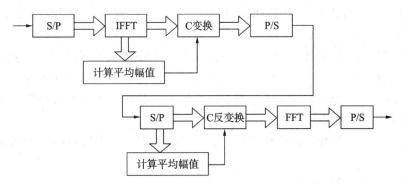

图 8.16　压缩扩张变换的 OFDM 系统基带简图

## 8.3.2　MIMO 技术

### 1. MIMO 原理

多输入多输出(Multiple Input Multiple Output，MIMO)的系统框图如图 8.17 所示。

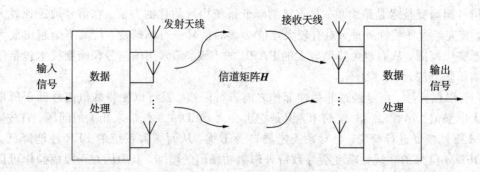

图 8.17　MIMO 的系统框图

MIMO 技术最早是由 Marconi 于 1908 年提出的，它利用多天线来抑制信道衰落。MIMO 技术是指在发射端和接收端分别设置多副发射天线和接收天线，其出发点是将多发送天线与多接收天线相结合以改善每个用户的通信质量（如差错率）或提高通信效率（如数据速率）。信道容量随着天线数量的增大而线性增大。也就是说可以利用 MIMO 信道成倍地提高无线信道容量，在不增加带宽和天线发送功率的情况下，频谱利用率可以成倍地提高。

利用 MIMO 技术可以成倍提高信道的容量，同时也可以提高信道的可靠性，降低误码率。前者是利用 MIMO 信道提供的空间复用增益，后者是利用 MIMO 信道提供的空间分集增益。目前 MIMO 技术领域另一个研究热点就是空时编码。常见的空时码有空时块码、空时格码。空时码的主要思想是利用空间和时间上的编码实现一定的空间分集和时间分集，从而降低信道误码率。

**2. MIMO 系统的核心技术**

MIMO 系统在一定程度上可以利用传播中多径分量，也就是说，MIMO 可以抗多径衰落，但是对于频率选择性深衰落，MIMO 系统依然是无能为力。目前解决 MIMO 系统中的频率选择性衰落的方案一般是利用均衡技术，还有一种是利用 OFDM。大多数研究人员认为 OFDM 技术是 4G 的核心技术，4G 需要极高频谱利用率的技术，而 OFDM 提高频谱利用率的作用毕竟是有限的，在 OFDM 的基础上合理开发空间资源，也就是 MIMO - OFDM，可以提供更高的数据传输速率。

另外 OFDM 由于码率低和加入了时间保护间隔而具有极强的抗多径干扰能力。由于多径时延小于保护间隔，所以系统不受码间干扰的困扰，这就允许单频网络（SFN）可以用于宽带 OFDM 系统，依靠多天线来实现，即采用由大量低功率发射机组成的发射机阵列消除阴影效应，来实现完全覆盖。

MIMO - OFDM 系统的核心技术主要包括信道估计、空时处理技术、同步技术、分集技术等。

1) MIMO - OFDM 的信道估计

在一个传输分集的 OFDM 系统中，只有在接收端有很好的信道信息时，空时码才能进行有效的解码。估计信道参数的难度在于，对于每一个天线每一个子载波都对应多个信道参数。但好在对于不同的子载波，同一空分信道的参数是相关的。根据这一相关性，可以得到参数的估计方法。MIMO - OFDM 系统信道估计方法一般有三种：非盲信道估计、盲信道估计和半盲信道估计。

(1) 非盲信道估计。非盲信道估计是通过在发送端发送导频信号或训练序列，接收端根据所接收的信号估计出导频处或训练序列处的信道参数，然后根据导频或训练序列处的信道参数得到数据信号处的信道参数。当信道为时变信道时，即使是慢时变信道，也必须周期性的发射训练序列，以便及时更新信道估计。这类方法的好处是估计误差小，收敛速度快，不足是由于发送导频或训练序列而浪费了一定的系统资源。

(2) 盲信道估计。盲信道估计是利用信道的输出以及与输入有关的统计信息，在无需知道导频或训练序列的情况下估计信道参数。其好处是传输效率高，不足是鲁棒性相对较差、收敛速度慢，而且运算量较大。

(3) 半盲信道估计。半盲信道估计是在盲信道估计的基础上发展起来的，它利用尽量少的导频信号或训练序列来确定盲信道估计算法所需的初始值，然后利用盲信道估计算法进行跟踪、优化、获得信道参数。由于盲信道算法运算复杂度较高，目前还存在很多问题，难以实用化。而半盲信道估计算法有望在非盲算法和盲算法的基础上进行折衷处理，从而降低运算复杂度。

2) 空时信号处理技术

空时信号处理是随着 MIMO 技术而诞生的新概念，与传统信号处理方式的区别在于其从时间和空间两方面同时研究信号的处理问题。从信令方案的角度看，MIMO 主要分为空时编码和空间复用两种。

(1) 空时编码。空时编码技术在发射端对数据流进行联合编码，以减小由于信道衰落和噪声所导致的符号错误率，同时增加信号的冗余度，从而使信号在接收端获得最大的分集增益和编码增益。

(2) 空间复用。空间复用是通过不同的天线尽可能多地在空间信道上传输相互独立的数据。MIMO 技术的空间复用就是在接收端和发射端使用多个天线，充分利用空间传播中的多径分量，在同一信道上使用多个数据通道发射信号，从而使得信道容量随着天线数量的增加而线性增加。这种信道容量的增加不占用额外的带宽，也不消耗额外的发射功率，因此是增加信道和系统容量的一种非常有效的手段。

3) MIMO - OFDM 系统同步技术

MIMO - OFDM 系统对定时和频偏敏感，因此时域和频率同步特别重要。MIMO - OFDM 系统同步问题包括载波同步、符号同步和帧同步。

(1) 载波同步。载波频率不同步会破坏子载波之间的正交性，不仅造成解调后输出的信号幅度衰减以及信号的相位旋转，而且更严重的是带来了子载波之间的 ICI，同时载波不同步还会影响到符号定时和帧同步的性能。一般来说，MIMO - OFDM 系统的子载波之间的频率间隔很小，因而所能容忍的频偏非常有限，即使很小的频偏也会造成系统性能的急剧下降，所以载波同步对 MIMO - OFDM 系统尤为重要。

(2) 符号同步。在接收数据流中寻找 OFDM 符号的分界是符号同步的任务。MIMO - OFDM 系统的符号不存在眼图，没有所谓的最佳抽样点，它的特征是一个符号由 $N$ 个抽样值($N$ 为系统的子载波数)组成，符号定时也就是要确定一个符号开始的时间。符号同步的结果用来判定各个 OFDM 符号中用来做 FFT 的样值的范围，而 FFT 的结果将用来解调符号中的各子载波。当符号同步算法定时在 OFDM 符号的第一个样值时，MIMO - OFDM 接收机的抗多径效应的性能达到最佳。理想的符号同步就是选择最佳的 FFT 窗，使子载波保持正交，并且 ISI(码间干扰)被完全消除或者降至最小。

（3）帧同步。帧同步是在 OFDM 符号流中找出帧的开始位置，也就是我们常说的数据帧头检测，在帧头被检测到的基础上，接收机根据帧结构的定义，以不同方式处理一帧中具有不同作用的符号。

4）分集技术

无线通信的不可靠性主要是由无线衰落信道时变和多径特性引起的，如何在不增加功率和不牺牲带宽的情况下，减少多径衰落对基站和移动台的影响就显得很重要。唯一的方法是采用抗衰落技术，而克服多径衰落的有效方法就是采用前面第五章介绍的各种分集技术。不同分集技术的适用场合不同，一般系统中都会考虑多种技术的结合。在 MIMO - OFDM 中，由于利用了时间、频率和空间三种分集技术，大大增加了系统对噪声、干扰、多径的容限。

### 8.3.3　软件无线电技术

软件无线电(Software-Defined Radio，SDR)是 20 世纪 90 年代初提出来的。以现代通信理论为基础，以数字信号处理为核心，以微电子技术为支持，其中心思想是构建一个具有开放性、标准化、模块化的通用数字硬件平台，通过实时的软件控制，实现各种无线电系统的通信功能，并使宽带模数转换器(A/D)及数模转换器(D/A)等模块尽可能地靠近射频天线的要求。这种由"A/D　DSP - D/A"硬件平台和各种功能软件模块组成的无线通信系统，通过软件改变硬件配置结构方式实现不同的通信功能，所以具有高度的灵活性、开放性的特点。

理想的软件无线电的组成结构如图 8.18 所示。软件无线电主要由天线、射频前端、宽带 A/D - D/A 转换器、通用和专用数字信号处理器以及各种软件组成。软件无线电的天线一般要覆盖比较宽的频段，要求每个频段的特性均匀，以满足各种业务的需求。射频前端在发射时主要完成上变频、滤波、功率放大等任务，接收时实现滤波、放大、下变频等功能。而模拟信号进行数字化后的处理任务全由 DSP 承担。为了减轻通用 DSP 的处理压力，通常把 A/D 转换器传来的数字信号经过专用数字信号处理器进行处理，降低数据流速率，并且把信号变至基带后，再将数据送给通用 DSP 进行处理。

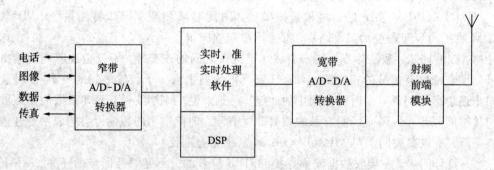

图 8.18　理想的软件无线电的组成结构

SDR 的核心技术主要有：

（1）宽带/分频段天线：软件无线电台要求能够从短波到微波相当宽的频段内进行工作，最好能研究一种新型的全向宽带天线，可以根据实际需要用软件智能地构造其工作频段和辐射特性。目前的可行性方案是采取组合式多频段天线。

（2）多载波功率放大器(MCPA)：理想的软件无线电在发射方向上把多个载波合成一路信号，通过上变频后，用一种 MCPA 对宽带的模拟混合信号进行低噪音放大。

（3）高速宽带 A/D-D/A 变换：A/D 的主要性能是采样速率和采样精度，理想的软件无线电台是直接在射频上进行 A/D 变换，要求必须具有足够的采样速率。

（4）高速并行 DSP：数字信号处理(DSP)芯片是软件无线电所必需的最基本的器件。软件对数字信号的处理是在芯片上进行的。

（5）软件无线电的算法：软件的构造，是把对设备各种功能的物理描述建立成数学模型(建模)，再用计算机语言描述的算法转换成用计算机语言编制的程序。

软件无线电中的算法具有以下特点：

① 对信号处理的实时性。对算法的要求在时空上很高。

② 软件无线电算法应具高度自由化(便于升级)，开放性(模块化，标准化)。

目前主要算法为数值法，但并不排斥其他算法或多种算法的结合。

# 8.4　4G 的业务应用

伴随着移动数据业务的迅猛发展，用户对移动互联网业务的需求越来越多，特别是用户已经习惯了"永远在线"这种保持与外界联系的感觉，进一步对移动通信网络的带宽、时延、QoS 保障等提出了更高的要求。在业务提供方式上，LTE 只提供数据业务。LTE 网络中的典型业务有：

### 1. 移动高清多媒体业务

人类的视听能力有限，假设以"高清电视投影到视网膜，高保真音响透射到耳膜"为模型，数字化后的信息比特流速率就应该是人类视听的极限，这个数值接近 1000 Mb/s。

对于个人业务，用户对当今大多数无线网络的视听速率感到非常失望。LTE 技术能够实现质量更好、速率更快的连接，其特点决定有可能向个别用户提供支持视频业务的足够带宽。

在线播放高清视频需要很高的带宽，LTE 使移动用户也能在线享受高清视频，因此"移动高清多媒体业务"应该是 LTE 网络无法被替代的优势所在，它可针对移动中的大屏幕终端设备提供高清多媒体业务。

### 2. 实时移动视频监控

由于要实时上传视频流到监控中心，视频监控对上传带宽要求很高。在 3G HSUPA(High Speed Uplink Packet Access，高速上行链路分组接入)系统中，上行峰值速率为 5.76 Mb/s(商用网还要比这低)，难以满足实时视频传递的要求。LTE 能很好地支持无线实时视频监控(50 Mb/s 上行带宽，LTE 可同时上传 8 路高清视频)。

### 3. 移动 Web 2.0 应用

Web 2.0 的主要特点是与用户通过浏览器获取信息的 Web 1.0 相对应，注重用户交互作用，用户既是浏览者，也是内容的创造者。Web 2.0 是网络文化传播的新载体，标志着以个人为中心的互联网时代的到来，强调双向互动和使用者的参与。

Web 2.0 并非替代 Web 1.0，如果说 Web 1.0 时代网络的使用是下载与阅读，那么

Web 2.0 时代则是上传与分享。简单地说，就是可以互相沟通，而不是像书本那样只能读。对于网站的内容，Web 1.0 是由媒体自行上传，而 Web 2.0 则是由网友共同创造。Web 2.0 应用的一些典型案例包括大众点评网、博客网、淘宝等。对于博客来说，借助 LTE 网络和手机终端，可以实现家人朋友间的内容共享（图片/视频/音频）、紧急报告和业务、厂家促销（电影、CD、MTV 等发行）、信息的推送等。通过这种方式，可以实现多媒体内容基于多种网络的共享。

**4. 支持移动接入的 3D 游戏**

手机网络游戏是指基于无线互联网，可供多人同时参与的手机游戏类型，目前细分为 WAP 网络游戏与客户端网络游戏。网络延时和带宽成为了当前限制多人在线游戏规模的主要因素，很多游戏要求高实时性，在游戏中每个节点都需要频繁交互。通过 LTE 网络支持的 3D 游戏具有以下特点：

（1）游戏更具吸引力。3D 游戏需要更高带宽和更低延迟，而 LTE 的高带宽和低延迟保证了移动 3D 游戏服务质量（QoS）和体验质量（QoE），3D 画质和流畅的背景转换，逐步具备了与专业游戏设备媲美的画面质量和响应速度。

（2）支持手机游戏社区。LTE 时代网络的发展将带来手机游戏社区的迅猛发展。

（3）更多参与者。将来的游戏平台是需要支持好友共同参与的游戏模式，因为对手越多游戏越有趣。

（4）游戏多元化。针对互联网用户量的急剧上升，追求休闲娱乐为主要趋势，需发展一个可以支撑游戏类型比较多的平台。

（5）互动性强。上行传输信息大幅增长。

（6）提高推广效率。以更低成本带来更多用户。

**5. 支持移动接入的远程医疗系统**

通过支持移动接入的远程医疗系统，可以实现生理参数的（心率、血压、血糖、呼吸频率等）实时上传、车内便携式高清视频监控及标清视频监控（上行）、医疗中心视频及数据的传送（下行）等。还可以实现上级医院医生与社区医生通过视频通信协作；上级医院医生与社区医生共享医疗图像，上级医院医生可以在图像上标注重点；提供会议接入服务，方便多科室和多地域专家加入会诊，实现资源共享，提高效率。

**6. 智能出租车**

出租车系统作为城市公共交通系统中重要的组成部分，其系统效率大大地影响了整个城市公交系统的效率。传统的出租车运营面临的问题有：① 高峰期供不应求，资源调配困难；② 非高峰期空车率偏高，造成能源浪费，运输成本上升；③ 道路信息获取不足（包括路线规划），运营效率低下。造成这些问题的主要原因为驾驶员、乘客、出租车运营商以及城市路网信息源之间的信息发布沟通不对称。

与高速移动网络结合的下一代智能出租车将 LTE 创新的网络技术应用于智能出租车系统，不仅可以有效地减少空车率、降低能耗和排污、缓解交通压力、提高城市交通运营的效率和质量，同时还能够提高交通安全性，拓展公共交通新盈利领域，对构建绿色节能的公交体系和创造新的产业价值链有重大的意义。该系统可以实现网络订车系统，司机、乘客信息交互；出租车拼车服务；LTE 网络视频监控和智能安防业务；丰富的 LTE 智能出租车车载业务。

### 7. 车载网真终端

网真会议解决方案结合了音频、视频和互动组件，为远端的参会者创造了有如"身临其境"的会议体验。"移动网真"的应用场合有集会、培训，高清视频客服及导游，实景导航业务，户外应急指挥，领导巡视，远程诊断等。

### 8. 高清视频即摄即传

高清视频即摄即传业务(也称移动采编播)，为传媒机构提供了独一无二的高清视频移动采编服务，相较于传统的采编播系统具有成本低廉、信号稳定、双向传输、快速反应等优势，将推动广电业务的传统运作方式发生根本变化，并将引领实况转播工作模式的深层变革。

### 9. 移动化电子学习

该业务将课堂学习带到了教室之外。电子化学习(E-Learning)的概念带来了每时每刻的学习体验。一个学生通过双向语音设备与远程的老师交流，就同样的发言稿、视频片段和其他多媒体内容进行课堂讨论。LTE 已使这样的高速而随时的电子化学习变为现实。

### 10. M2M

M2M(Machine to Machine)一般被认为是机器到机器的无线数据传输，有时也包括人对机器和机器对人的数据传输。有多种技术支持 M2M 网络中终端之间的传输协议。LTE 在 M2M 的通信方面有很大优势——它容易得到较高的数据速率，容易得到现有计算机 IP 网络的支持，更能适应在恶劣移动环境下完成任务。M2M 应用大体包括以下几类：

- 远程测量。
- 公共交通服务。
- 销售与支付。
- 远程信息处理/车内应用。
- 安全监督。
- 维修维护。
- 工业应用。
- 家庭应用。
- 通过遥测、电话、电视等手段求诊的医学应用。
- 针对车队、舰船的快速管理等。

## 8.5　4G 的无线网络规划与优化

在 4G 时代，移动通信技术的发展演进以及通信设备厂家间的激烈竞争，使得移动通信网存在多制式、多厂商、多层网络并存的现象。同时，随着移动通信的快速发展，用户规模和需求不断增长，为了满足用户的业务需求，人们不断进行网络建设，从而导致网络规模越来越大，网络节点数已以十万计。另外，运营企业要求 LTE 网络规划优化朝着高效率和低成本方向发展，并且由于 LTE 系统性能对系统内外干扰高度敏感，使得 LTE 网络规划和优化变得十分复杂。

### 8.5.1　无线网络规划与优化流程

无线网络规划与优化工作的总体流程如图 8.19 所示。

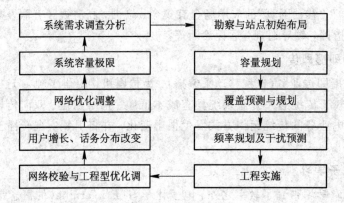

图 8.19　无线网络规划与优化工作的总体流程

**1. 网络规划资料收集与调查分析**

为了使所设计的网络尽可能达到运营商要求，适应当地通信环境及用户发展需求，必须进行网络设计前的调查分析工作。调查分析工作要求做到尽可能的详细，充分了解运营商需求，了解当地通信业务发展情况以及地形、地物、地貌和经济发展等信息。调研工作包括以下几个部分：

（1）了解运营商对将要建设的网络的无线覆盖、服务质量和系统容量等要求。

（2）了解服务区内地形、地物和地貌特征，调查经济发展水平、人均收入和消费习惯。

（3）调查服务区内话务需求分布情况。

（4）了解服务区内运营商现有网络设备性能及运营情况。

（5）了解运营商通信业务发展计划，可用频率资源，并对规划期内的用户发展做出合理预测。

（6）收集服务区的街道图、地形高度图，如有必要，需购买电子地图。

**2. 勘察、选址和传播模型校正**

基站的勘察、选址工作由运营商与网络规划工程师共同完成，网络规划工程师提出选址建议，由运营商与业主协商房屋或地皮租用事宜，委托设计院进行工程可行性勘察，并完成机房、铁塔设计。网络规划工程师通过勘察、选址工作，了解每个站点周围电波传播环境和用户密度分布情况，并得到站点的具体经纬度。

为了更准确地了解无线规划区内电波传播特性，规划工程师可将几类具有代表性的地形、地物、地貌特征区域内指定频段的测试数据或现有网络测试数据（已建网络）整理以后，输入网络规划软件进行传播模型的校正，供下一步规划计算中使用。

**3. 网络容量规划**

根据对规划区内的调研工作，综合所收集到的信息，结合运营商的具体要求，在对规划区内用户发展的正确预测基础上，根据营运商确定的服务等级，从而确定整个区域内重要部分的话务分布和布站策略、站点数目和投资规模等，充分考虑当地高层建筑、楼房和高塔的分布，基本确定站点分布及数目。对于站点的位置及覆盖半径，必须考虑到话务需求量，传播环境，上、下行信号平衡等对基站覆盖半径的限制，建站的综合成本等诸方面的因素。对网络进行初步容量规划，容量规划得出：

（1）满足规划区内话务需求所需的基站数。

（2）每个基站的站型及配置。

（3）每个扇区提供的业务信道数、话务量及用户数。

（4）每个基站提供的业务信道数、话务量及用户数。

（5）整个网络提供的业务信道数、话务量及用户数。

此步骤的规划是初步规划，通过无线覆盖规划和分析，可能要增加或减少一些基站，经过反复的过程，最终确定下基站数目和站点位置。

### 4. 无线覆盖设计及覆盖预测

无线覆盖规划最终目标是在满足网络容量及服务质量的前提下，以最少的造价对指定的服务区提供所要求的无线覆盖。无线覆盖规划工作有以下几个部分：

（1）初步确定工程参数如基站发射功率、天线选型（如增益、方向图等）、天线挂高、馈线损耗等，进行上、下行信号功率平衡分析、计算。通过功率平衡计算得出最大允许路径损耗，初步估算出规划区内在典型传播环境中不同高度基站的覆盖半径。

（2）将数字化地图、基站名称、站点位置以及工程参数网络规划软件进行覆盖预测分析，并反复调整有关工程参数、站点位置，必要时要增加或减少一些基站，直至达到运营商提出的无线覆盖要求为止。

### 5. 频率规划及干扰分析

频率规划决定了系统最大用户容量，也是减少系统干扰的主要手段。网络规划工程师运用规划软件进行频率规划，并通过同频、邻频干扰预测分析，反复调整相关工程参数和频点，直至达到所要求的同、邻频干扰指标。

### 6. 无线资源参数设计

合理地设置基站子系统的无线资源参数，保证整个网络的运行质量。从无线资源参数所实现的功能上来分，需要设置的参数有如下几类：

（1）网络识别参数。

（2）系统控制参数。

（3）小区选择参数。

（4）网络功能参数。

无线资源参数通过操作维护台子系统配置。网络规划工程师根据运营商的具体情况和要求，并结合一般开局的经验来设置，其中有些参数要在网络优化阶段根据网络运行情况做适当调整。无线网络规划工作由于技术性强，涉及的因素复杂且众多，所以它需要专业的网络规划软件来完成。规划工程师利用网络规划软件对网络进行系统的分析、预测及优化，从而初步得出最优的站点分布、基站高度、站型配置、频率规划和其他网络参数。网络规划软件在整个网络规划过程中起着至关重要的作用，它在很大程度上决定了网络规划与优化的质量。

### 8.5.2　LTE 无线网络规划要点

一个精品的网络需要符合覆盖连续、容量合理、成本最优三个基本条件，因此在进行 LTE 网络建设时，应重点考虑以下四个方面。

**1. 重点关注站高和下倾角**

（1）打造合理的蜂窝结构。由于受频谱资源的限制，LTE 网络多采用同频组网方式，在同频组网时，需要严格控制网络结构，尽量保持完整的蜂窝结构，以减小系统间的同频干扰，提升系统性能。

（2）严格控制下倾角。通过下倾角的调整，减小不同小区间覆盖重叠区面积，使天线上 3 dB 的重叠区域宽带仅满足最高速要求的切换带设置，减小系统间的同频干扰，从而实现干扰和移动性能之间的最佳平衡。

（3）合理规划基站站高。基站高度规划应特别注意避免越区覆盖。在城区，建议站高控制在 30～40 m，郊区建议控制在 50 m 以内。如果对现网高站进行搬迁调整，可以通过在周边新选址或选用多个替换站点等方式保证高站调整后的覆盖质量。

**2. 充分利用原有 2G、3G 站点**

根据 3G 站址优于 2G、现网站优于规划站的原则，需要在 LTE 网络建设中选择合适的站址，在保证覆盖质量的同时降低成本，加快网络建设速度。

（1）在网络覆盖需求的满足上，需充分考虑基站的有效覆盖范围，使系统满足覆盖目标的要求，充分保证重要区域和用户密集区的覆盖。在进行站点选择时，应进行需求预测，将基站设置在真正有话务和数据业务需求的地区。

（2）在站点选址上，基站站址在目标覆盖区内应尽可能平均分布，尽量符合蜂窝网络结构的要求，一般要求基站站址分布与标准蜂窝结构的偏差小于站间距的 1/4。

（3）LTE 网络规划还要注重多系统共址的要求。合理利用原有站点，减少投资；与异系统共址时，需要考虑异系统间的干扰隔离，采取措施，保证天面资源（如铁塔、抱杆、室外走线架等）上有足够的隔离空间，以满足多系统共存的要求。

（4）无线环境要求也要得到满足。天线高度在覆盖范围内应基本保持一致，不宜过高，且要求天线主瓣方向无明显阻挡，同时在选择站址时还应注意两个方面：一是新建基站应建在交通方便、市电可用、环境安全的地方，避免在大功率无线电发射台、雷达站或其他干扰源附近建站；二是在山区、密集的湖泊区、丘陵城市及有高层玻璃幕墙建筑的环境中选址时要注意信号反射及衍射的影响。

**3. 2G、3G、4G 天线独立调整**

在 LTE 天馈系统建设时，有两种主要的建设方案可选。

（1）独立天馈系统建设方案：能够灵活设置天线方位角、下倾角，但此方案受限于天面安装位置，网络建设成本较高。

（2）与 2G、3G 系统共天馈系统建设方案：可以节省天线安装位置，降低网络建设成本，但此方案的缺点主要是天线方位角和机械下倾角调整将会同时影响 2G、3G、4G 网络，射频优化难度增加。

目前，由于移动通信的技术演进、基站选点难度的增加，现网多数站点存在多运营商、多制式网络系统共存的现象，造成天面资源紧张，因此 LTE 天馈建设时多采用与 2G、3G 共天线建设方案。

**4. 重视特殊场景的精细规划**

在 LTE 网络的建设中，需要根据不同覆盖场景的特征和要求进行有针对性的网络精细化规划。

在高铁覆盖情况下，LTE 网络规划可以采用公网方式兼顾周边区域覆盖或以专网的方式进行高铁覆盖。同时，局部采用异频组网的方式降低网间干扰，提升网络性能，降低规划优化复杂度。另外，也可以采用多 RRU 共小区的方案，扩大单小区的覆盖距离，从而减少小区间的频繁切换，提升网络质量。

在实现地面景区覆盖时，需在保障覆盖的基础上考虑容量的需求，在宏站的基础上考虑微站的需求。而在水面景区覆盖时，应多目标优化，平衡水面与周边区域覆盖，提升现有站点的覆盖效果。

## 8.5.3　LTE 无线网络优化要点

**1. 优化网络覆盖**

对 LTE 无线网络的规划而言，优化网络覆盖，提升网络整体性能是首要任务，因此，在网络覆盖优化中应尽量做到以下几点：

(1) 选择合适的天线。机械下倾角超过 8° 的天线，需要降低站高或更换更大电下倾天线。

(2) 美化天线可调。美化天线罩要保证足够空间，保证天线可调。

(3) 天线主波瓣方向无明显阻挡。视距无阻拦物，保证信号传播路径可靠。

(4) 打造合理下倾角。严格控制干扰，天线下倾角要满足保障切换性能和小区间干扰最小的要求。

(5) 天线方位角应合理。天线方位角控制在 90° 以上。

(6) 做簇优化。连片建设保证覆盖优化调整，奠定网络性能基础。

**2. 继承现有网络**

充分继承 3G 参数，简化 LTE 参数优化，将有利于提升 LTE 网络优化的效率。在 LTE 与 2G、3G 站点比例接近 1:1 时，可以充分利用 3G 的参数优化结果，进行 LTE 网络的参数设置和优化。一方面，可利用 3G 网络确定 MCC、MNC 相对不变的参数；另一方面，LTE 中的 TA 可以与 3G 中的 LA 对应。通常 LTE 的 TA 区域不能出现跨 LA 区域的现象，否则语音业务 CSFB 的建立时长会加大，影响用户感知，原因在于当用户从 LTE 通过 CSFB 回 3G 或 2G 网络时，如果用户所在的位置区(LA)不同于联合注册时的 LA，UE 会发起 LAU 流程，导致 CSFB 的流程和时长变长。

在实际 LTE 网络 PCI 规划时，可以参考 3G 中扰码 PSC/PN 的规划。一般情况下，LTE 网络的 PCI(外设部件相互连接标准)规划原则有三种：

(1) 不冲突原则。在 LTE 组网中，多采用同频组网方式，因此需要保证同频的相邻小区之间的 PCI 不同。

(2) 不混淆原则。保证某个小区与同频的相邻小区的 PCI 不相等，并尽量选择干扰最优的 PCI,即 PCI 的模 3 和模 6 不相等。

(3) 最优化原则。保证相同 PCI 的小区具有足够的复用距离,并在同频相邻小区之间选择干扰最小的 PCI。

邻区规划是无线网络规划中重要的一环,其好坏直接影响到网络性能。因此,在 LTE 初始规划中邻区规划应遵循以下原则:

(1) 邻近原则。既要考虑空间位置上的相邻关系,也要考虑位置上不相邻但在无线意义上的相邻关系,地理位置上直接相邻的小区一般要作为邻区;对于市郊和郊县的基站,虽然站间距很大,但一定要把位置上相邻的作为邻区,保证及时切换,避免掉话。

(2) 互易性原则。邻区一般要求互为邻区,即 A 把 B 作为邻区,B 也要把 A 作为邻区。但在一些特殊场合,可能要求配置单向邻区。

(3) 邻区适当原则。对于密集城区和普通城区,由于站间距比较近,邻区应该多配置。目前对于同频、异频和异系统邻区最大配置数量有限,所以在配置邻区时,需注意邻区的个数,把确实存在邻区关系的配进来,不相干的一定要去掉,以避免占用邻区名额。实际网络中,既要配置必要的邻区,又要避免过多的邻区。

### 3. 发挥 SON 作用

充分发挥 SON 在网络优化中的作用,将有助于提升 LTE 网络的优化质量。SON 的功能是在 LTE 网络标准化阶段由移动运营商提出的。它主要是通过增强无线网元,实现无线网络的自主功能。SON 的关键优势在于可以提升操作维护效率,减少操作维护人力,提升网络容量和性能,实现可靠性和节能。

ANR 自动邻区关系,是 SON 功能的关键技术之一,可以实现邻区关系的自配置和自优化。邻区关系的配置是日常网络规划和网络优化的重点工作,也是影响整个网络性能的关键指标。正确、完整的邻区关系非常重要,邻区关系做得太少,会造成大量掉话;邻区关系做得过多,则导致测量报告的精确性降低。各小区的实际覆盖范围与天线高度、四周环境等都有着相当密切的关系,这就很容易漏定义或错定义相邻小区,造成切换成功率低,使小区之间存在漏覆盖或盲区,导致切换失败而掉话。因此准确的邻区关系配置是保证移动网络性能的基本要求。

PCI 冲突混淆检测和 SON 的配合将进一步提升 LTE 网络优化工作。当检测到 PCI 冲突/混淆时,通过 SON server 自动重新分配 PCI,并通过网管下发给 eNodeB。一般情况下,PCI 冲突/混淆检测方式有四种:

(1) 基于 X2 交互内容的 PCI 冲突/混淆检测。

(2) 基于已知邻区空口 CGI 测量的 PCI 混淆检测。

(3) 基于 ANR 过程发现的 PCI 混淆检测。

(4) 基于邻区配置的 PCI 冲突/混淆检测。

移动鲁棒性优化(MRO)原理的利用将有效减少优化工作量,并提高网络质量和性能。在覆盖已经达标的网络中,导致切换成功率低的主要原因是,切换门限参数设置不合理(切换门限配置过低或者过高)。由于切换过早导致的故障,需要提高切换门限;由于切换过晚导致的故障,需要降低切换门限。采用基于 MRO 的技术,基站能够自动检测切换过早还是过晚,从而自动优化调整基于邻区的门限参数,避免海量的人工优化工作。

# 习　题　8

1. 我国在 4G 发展中主要的贡献有哪些?

2. TD-LTE 技术标准有哪些?

3. FDD-LTE 技术标准有哪些?

4. TDD 与 FDD 主要差别在哪里?

5. 简述 4G 的无线接入网 E-UTRAN 组成。

6. 4G 相比于之前的移动通信系统,其主要的优势在哪里?

7. 4G 的主要关键技术有哪些? 各自的特点是什么?

8. LTE 网络规划的基本要点有哪些?

9. LTE 网络优化的目标和途径有哪些?

# 第 9 章　第五代(5G)移动通信系统

5G 与 4G、3G、2G 不同，5G 并不是一个单一的无线接入技术，也不是几个全新的无线接入技术，而是多种新型无线接入技术和现有无线接入技术集成后的解决方案的总称。从某种程度上讲，5G 是一个真正意义上的融合网络，是传输速率可以达到 10 Gb/s 的移动通信技术。

## 9.1　5G 概述

5G 是面向 2020 年以后移动通信需求而发展的移动通信系统。它具有超高的频谱利用率和功效，在传输速率和资源利用率等方面较 4G 移动通信有显著提升，其无线覆盖性能、传输时延、系统安全和用户体验等方面较 4G 移动通信也有显著改善。全球已有 100 多亿的终端设备可以实现相互连接，但这仅占 10%，换言之仍有 90% 的东西未被连接。因此，物联网(Internet of Things, IoT)才是未来需求最广的应用，而不是音乐、视频等，这就需要更高速的无线网络支撑。5G 移动通信就是与其他无线移动通信技术密切结合后而构成的一个无所不在的移动信息网络，满足今后 10 年移动互联网流量增加 1000 倍的发展需求。5G 移动通信系统的应用较 4G 移动通信而言得到了进一步的扩展，其对海量传感设备及机器到机器(Machine to Machine, M2M)通信的支撑能力将成为系统设计的重要指标之一。5G 系统具备超强的灵活性，具有网络自感知、自调整等智能化能力，尤其能够应对大流量数据传递、超高速率需求的急剧变大等未来移动信息社会难以预计的快速变化。

5G 的三个基本性能指标分别是用户体验速率、连接数密度和时延。除此以外，5G 在网络部署和运营效率等方面也进行了大幅度提高。频谱效率、能效、成本共同定义了 5G 的关键能力，六大性能指标分别是用户体验速率为 0.1~1 Gb/s、连接数密度达 $10^4$/km² 量级、端到端时延为毫秒量级、流量密度为数十 Tb/s·km²、峰值速率为数十吉比特每秒、移动性大于 500 km/h，由此体现出 5G 可满足的多样性业务与场景需求的能力。为了帮助大家更形象地理解 5G 的关键能力和与 4G 的对比，我国将其绘制成 5G 之花，如图 9.1 所示。其花瓣代表 5G 的六大性能指标，其中花瓣顶点代表相应指标的最大值；树叶代表三大效率指标。

### 1. 5G 的研发现状

5G 一度成为国内外移动通信领域的研究热点。2019 年 6 月 6 日中国工信部向中国电信、中国移动、中国联通、中国广电发放 5G 商用牌照，这意味着中国 5G 商用正式开始。早在 2013 年初，欧盟就在第 7 框架计划中启动了面向 5G 研发的 METIS (Mobile and Wireless Communications Enablers for The 2020 Information Society) 项目，由包括我国华为公司等 29 个参加方共同承担；韩国和中国分别成立了 5G 技术论坛和 IMT -2020(5G)

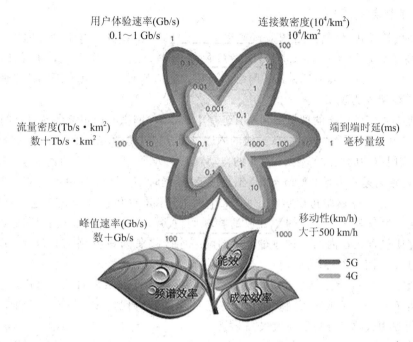

图 9.1　5G 之花

推进组。据统计，截止 2019 年 12 月中旬，全球已经有 31 个国家或地区发布了 56 个 5G 商用网络并提供 5G 商用服务，有 75 家运营商已在其网络中部署了符合 3GPP 标准的 5G 技术。

　　移动互联网和物联网的蓬勃发展是 5G 移动通信的主要驱动力。移动互联网和物联网将是未来各种新兴业务的基础性业务平台，现有固定互联网的各种业务将越来越多地通过无线方式提供给用户。云计算及后台服务的广泛应用对 5G 移动通信系统提出更高的传输质量与系统容量要求。5G 移动通信系统的主要发展目标是与其他无线移动通信技术密切衔接，为移动互联网的快速发展提供无所不在的基础性业务能力。

　　综合而言，5G 技术发展呈现出如下特点：

　　(1) 5G 更加注重用户体验，网络平均吞吐速率、传输时延以及对虚拟现实、3D、交互式游戏等新兴移动业务的支撑能力等成为衡量 5G 系统性能的关键指标。

　　(2) 与传统的移动通信系统理念不同，5G 系统不仅仅把点到点的物理层传输与信道编译码等经典技术作为核心目标，而是将更为广泛的多点、多用户、多天线、多小区协作组网作为重点，在体系构架上寻求系统性能的大幅度提高。

　　(3) 室内移动通信业务已占据应用的主导地位，5G 室内无线覆盖性能及业务支撑能力将作为系统优先设计目标，从而改变传统移动通信系统"以大范围覆盖为主、兼顾室内"的设计理念。

　　(4) 高频段频谱资源更多地应用于 5G 移动通信系统，但由于受到高频段无线电波穿透能力的限制，无线与有线的融合、光载无线组网等技术得到更为广泛的应用。

　　(5) 5G 无线网络可进行"软"配置，运营商可根据业务流量的动态变化实时调整网络资源，有效地降低网络运营的成本和能源的消耗。

**2. 5G 的特点**

(1) 速度快。5G 峰值网络的上行速率可达 10 Gb/s，按这个速度算，即便将 4G LTE 网络的最高速率提升至 1 Gb/s，也只有 5G 网络的十分之一。换言之，5G 网络的速度是 4G 网络的 10 倍。这意味着随着 5G 网络的商用，超高清视频、3D 电影、虚拟现实游戏等应用已经在终端成为现实。

(2) 低延时。5G 网络的理想端到端时延是 1 ms，4G 网络的理想端到端时延约为 10 ms，这是 5G 除速度之外不是简单的 4G 升级的原因。"低延时"是远程精确控制类(如自动驾驶汽车)工业级应用成功的关键。例如，汽车的自动驾驶，如果一个汽车开的速度是 120 km/h，1 ms 内移动的距离差不多是 30 cm，如果不是接近"零延时"的反应，后果不堪设想。

(3) 高连接。5G 网络可以承载 1000 亿个网络连接，这包括人与人相连、物与物相连、人与物相连，也就是一个更广阔和开放的物联网世界。5G 网络才能使物联网得以真正的腾飞，能够使包含人在内的万物通过公用的网络连接起来。5G 网络的高速率、低时延，是它能够胜任物联网的关键。

(4) 低能耗。5G 能让整个移动网络的每比特能耗降低到原来的千分之几，这对运营商来说意味着节省一大笔成本，同时也符合绿色环保的新时代要求。技术的进步，不应以消耗更多的能源为代价，否则创新就失去了意义。

一般认为，2G、3G、4G 系统都是服务于通信的，而 5G 是真正的变革到物联网，服务于全互联社会的构筑。可以说，5G 不单单是现有技术的演进，也不单单是纯粹的创新，它是二者的集大成者。

# 9.2　5G 的应用场景

5G 的应用场景有 eMBB、mMTC 和 uRLLC 三大场景。它们在不同程度上体现了连续广覆盖、热点高容量、低时延高可靠和低功耗大链接。下面将对此三大场景进行一一介绍。

(1) 增强移动宽带(Enhanced Mobile Broadhand，eMBB)。它实现了 5G 的最基本需求，3GPP R15 作为 5G 的第一个版本都是基于该场景开展的。它主要是增强用户在移动带宽上的体验，具体体验就是使用移动网络时网速的飞速提升，针对的是大流量移动带宽业务。5G 主要追求的是人与人之间极致的通信体验，对应大流量移动宽带业务：超高清视频直播、虚拟现实、高速移动上网等。该场景是三大场景中最先实现商用的部分，它理想的峰值速率将达到 20 Gb/s。eMBB 场景对应关键性指标如表 9.1 所示。

**表 9.1　eMBB 场景对应关键性指标**

| 关键指标 | 指标情况 |
|---|---|
| 峰值速率 | 下行：20 Gb/s　上行：10 Gb/s |
| 用户体验速率 | 下行：100 Mb/s　上行：50 Mb/s |
| 频谱效率 | 下行：30 (b/s)/Hz　上行：10 (b/s)/Hz |
| 控制面时延 | 20 ms |
| 用户面时延 | 4 ms |
| 带宽 | 低频：100 MHz　高频：1 GHz |

（2）大规模机器类通信(Massive Machine Type Communication，mMTC)。该场景侧重的是人与物之间的信息交互，要求实现万物互联，提供多连接的承载通道。其主要应用场景有：车联网、智能物流、工业物联等。对于大规模机器类通信，需要满足每平方千米内一百万个终端设备之间的通信需求，这对于低功耗和低成本有较高的要求，反而对高速率并没有过高的需求。总体来说，mMTC 场景就是为物联网而生，是大连接物联网，针对于大规模物联网业务。截止目前具体的业务指标还未完成，但期望的目标指标为 100 万/平方千米的连接密度，在广阔地区分布的设备可以续航 10 年，对于一般设备而言至少续航 2 至 5 年。对于设备而言一定要实现低成本。由此可以看出，mMTC 应用于低功耗、低带宽、低成本和时延要求不高的场景下。

（3）超高可靠低延迟通信(Ultra-reliable and Low Latency Communications，uRLLC)。在全球移动通信业界的设想中，uRLLC 具备高可靠、低时延、极高的可用性等全新极致特性。该场景主要应用在对于可靠性、时延要求超高的场景下，例如，无人驾驶汽车、工业互联自动化、远程手术等，尤其在安防行业中十分重要。uRLLC 的具体要求是：在用户时延 1 ms 内，传送 32 字节包的可靠性为 99.999%。

# 9.3  5G 网络架构

3GPP 定义了 5G 整体的网络架构及发展趋势，各大运营商在此基础上结合自身条件进行 5G 技术的部署与策略规划。例如，中国电信在 2018 年上海世界移动大会上发布了《中国电信 5G 技术白皮书》，这是全球运营商首次发布、全面阐述 5G 技术观点和总体策略的白皮书。该白皮书中指出，中国电信 5G 目标网络架构是"三朵云"，分别是"接入云""控制云""转发云"三个逻辑域。这样的网络架构是一个可以根据业务场景的不同实现对网络的灵活部署的融合网络。依赖于"三朵云"可以更快更稳地推动 5G 发展，从而发展更多产业链，如智慧校园、智慧社区等。图 9.2 就是《中国电信 5G 技术白皮书》中对"三朵云"5G 网络总体逻辑架构的描述。

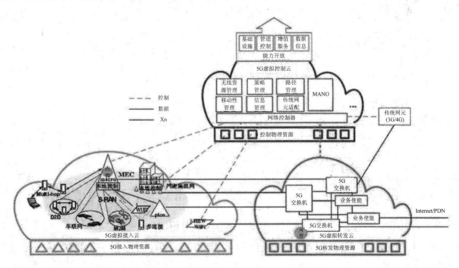

图 9.2  "三朵云"5G 网络总体逻辑架构

（1）控制云。在逻辑上控制云是 5G 网络的集中控制核心，完成整体策略控制和管理（会话、移动性、策略、信息等方面），多个虚拟化网络控制功能模块构成了控制云，换言之，控制云的基础就是虚拟化技术，通过各个虚拟化模块之间的不同逻辑连接实现对不同应用场景的控制与部署。

（2）接入云。顾名思义，接入云支持用户在多种应用场景和不同的业务需求下完成快速稳定的智能无线接入功能，可以实现多种无线接入技术的高效率融合，从而大幅度提升网络资源的利用率，用户的业务体验也随之而提升。

（3）转发云。转发云主要实现基于数据流的高速转发与处理，由于 5G 网络实现了核心网与控制面的彻底分离，所以大量的数据转发与处理都由转发云来承担。转发云是在控制云的路径管理和资源调度下工作的，正因如此，转发云才在保证业务 QoS 的需求下实现不同应用场景下不同业务数据流的高效转发和处理。

从网络体系架构上来看，5G 网络延续了前几代移动通信系统的总体架构，仍然由无线接入网（RAN）和核心网两部分构成。无线接入网一般将基站部署于接入网侧，主要负责无线接入以及管理部分，为满足用户（UE）快速、可靠接入到网和提供较好的服务质量，RAN 必须合理且高效利用频谱资源。核心网中一般都部署着各种核心网的网元，完成用户和网络的连接，并通过各个网元保证用户的正常使用以及提供相应的服务。

### 9.3.1　5G 无线接入网（NG - RAN）

NG - RAN 就是 5G 无线接入网，包括两种节点类型：一种是 5G 基站 gNB，它向用户提供新空口（New Radio，NR）用户面和控制面协议和功能；另一种是升级后的 4G 基站 ng - eNB，它向用户提供 E - UTRA 用户面和控制面协议和功能。gNB 用于 5G 独立组网，而 ng - eNB 的作用则是为了向下兼容 4G 网络。NG - RAN 的架构图如图 9.3 所示。

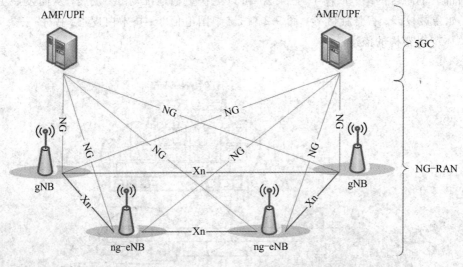

图 9.3　NG - RAN 的架构图

gNB 和 ng - eNB 继承了以前 eNodeB 的一些功能，并进行了一定的扩展，大致功能可概括为以下几点：

（1）小区间无线资源管理。

（2）无线承载控制。

（3）连接移动性控制。

（4）无线准入控制。

（5）测量配置与规定。

（6）动态资源分配。

根据集中化无线接入网(Centralized RAN，C‑RAN)的架构，RAN 被划分为三个部分：中央处理单元(Centralized Unit，CU)、分布式单元(Distributed Unit，DU)和天线单元(Active Antenna Unit，AAU)。其中，CU 负责处理高层协议，如 RRC、PDCP，主要进行非实时的配置以及控制类的决策；DU 负责处理实时性较高的协议(MAC 和 RLC)和物理层的高层部分的功能；AAU 则负责处理物理层的低层部分的功能，还包括射频与天线等。在具体进行接入网部署时，一般采用 DU 和 RU 共站的部署方式，多个 RU 可以由 1个 DU 提供服务。

无线接入网的传输分为三级：AAU 和 DU 之间的前传、DU 和 CU 之间的中传、CU和核心网之间的回传，如 9.4 所示。

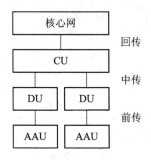

图 9.4　无线接入网的三部分

## 9.3.2　核心网(5GC)

从整个移动通信建立过程来看，核心网主要分为控制面和用户面两部分，并且实现控制面和用户面的彻底分离。控制面主要承载信令或控制类信息，包括手机身份验证、注册、移动性管理等；用户面主要承载数据流量，完成数据的转发。对于 5G 核心网的部署，3GPP 采用基于服务的网络架构(Service‑based Architecture，SBA)来进行构建。5G 核心网具有三大功能，分别是移动管理、会话管理和数据传输。

5G 核心网的控制面中负责移动性和会话管理的网络功能(Network Function，NF)为接入和移动性管理功能(Access and Mobility Management Function，AMF)、会话管理功能(Session Management Function，SMF)，AMF 主要负责用户的接入管理和移动性管理，类似于 4G 核心网中 MME 的接入和移动性功能；SMF 则负责用户会话管理功能，类似于4G 核心网中 MME 和 SGW/PGW 控制面中与会话管理相关的所有功能。另外，控制面中负责用户数据管理的 NF 为统一数据管理(Unified Data Management，UDM)和认证服务器功能(Authentication Server Function，AUSF)，其中 UDM 主要负责数据的统一管理，类似于 HSS 中用户数据信息的管理，AUSF 主要是与 UDM 一起负责处理用户鉴权数据相关的事宜，类似于 4G 中 MME 和 HSS 中的鉴权功能。以上是 5G 核心网从 EPC 功能分解后得到的 NF，除此以外，控制面还新增了一系列与网络平台有关的 NF：负责对外开放网络数据的网络开放功能（Network Exposure Function，NEF）、对网络功能进行登记和管理的网络存储功能（NF Repository Function，NRF）以及用来管理网络切片相关的网络切片选择功能（Network Slice Selection Function，NSSF）。与控制面相比，用户面就简单很多，所有都由用户面功能（User Plane Function，UPF）完成，它完成的功能类似于 4G 核心网 SGW/PGW 中用户面的路由和数据转发的功能。5G 各 NF 与 4G 核心网 EPC 中各网元对比如表 9.2 所示。具体的 5G 核心网的架构如图 9.5 所示。

**表 9.2　5G 核心网中 NF 与 4G 核心网中网元的对比**

| 4G 核心网网元 | 功　能 | 5G 核心网 NF |
|---|---|---|
| MME | 移动性管理 | AMF |
| | 鉴权功能 | AUSF |
| | 会话管理 | SMF |
| SGW/PGW | 会话管理功能 SGW－C/PGW－C | SMF |
| | 用户面功能 SGW－U/PGW－U | UPF |
| HSS | 数据管理 | UDM |
| | 鉴权功能 | AUSF |
| PCRF | 计费策略功能 | PCF |

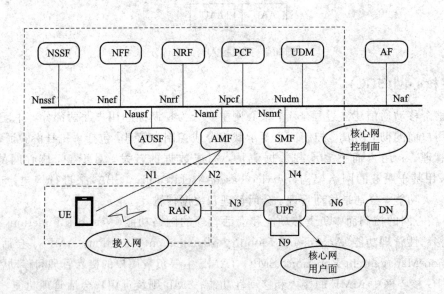

图 9.5　5G 核心网的架构

根据 3GPP 的定义，5G 网络架构按照是否依赖现有 4G 网络进行了部署，分类出两种标准，即非独立组网（Non-Standalone，NSA）和独立组网（Standalone，SA）。NSA 中终端与基站可同时连接，也称为双连接；SA 中则是终端与基站单连接。

在两大标准下共有 7 大选项，下面主要以选项 3x 和选项 2 为例进行讲解。

**1. NSA**

在 NSA(非独立组网)架构下，5G 基站依然连接 4G 核心网。NSA 采用双连接方式，利用旧 4G 核心网 EPC，通过将 5G NR 控制面锚定于 4G LTE 之上的方式进行建设。NSA 以现阶段成熟且规模庞大的 4G 网络为基础，可快速发展 5G 网络。不仅降低了 5G 由于技术和业务不成熟所带来的风险，而且更能有效控制运营成本，受到广大运营商的青睐。然而如果长此以往，5G 则只能支持 eMBB 场景下的业务。NSA 选项如图 9.6 所示。其虚线为控制面，实线为用户面，核心网依旧采用 4G 的 EPC，控制面都是由 4G 来负责，数据面可分流到 5G NR 基站。

**2. SA**

在 SA(独立组网)架构下，5G 不再依赖已有的 4G 网络架构，5G NR 直接接入 5G 核心网，是相对更为完整独立的 5G 网络。SA 的完成将主要被用于支持 eMBB、mMTC 和 uRLLC 场景下的业务。简单来说，SA 将是 5G 架构的最终形态，如图 9.7 所示。其基站和核心网都需要重新部署，代价会很高。从 4G 一步到位，完成选项 2 的网络部署，这样的投资比较高，具有一定的风险。

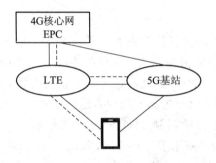

图 9.6　非独立组网(NSA)选项 3x

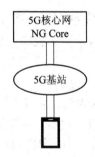

图 9.7　独立组网(SA)选项 2

### 9.3.3　5G 网络的主要接口及协议

5G 移动通信系统各网元功能之间的交互依旧无法离开接口和相关协议。由图 9.3 可知，gNB 和 ng‐eNB 通过 Xn 接口相互连接。gNB 和 ng‐eNB 都需通过 NG 接口连接到 5GC。5G 接口协议仍使用"三层两面"协议栈的通用模型。

**1. NG 接口**

NG 接口分为用户面接口 NG‐U 和控制面接口 NG‐C。其分述如下：

(1) NG‐U 连接 NG‐RAN 和 UPF，提供用户面非保证的 PDU 数据交付。协议栈底层依旧采用 UDP、IP 协议。

(2) NG‐C 连接 NG‐RAN 和 AMF，提供 NG 接口管理、UE 上下文管理、UE 移动性管理、PDU 会话管理等功能。在协议栈中，IP 协议为信令提供点到点传输服务，信令的可靠交付则由 SCTP 协议提供保障。

**2. Xn 接口**

两个 NG‐RAN 节点由 Xn 接口连接。Xn 接口根据协议栈的通用模型可分为用户面接口 Xn‐U 和控制面接口 Xn‐C。其分述如下：

　　（1）Xn－U 提供数据转发和流控制两个功能，由于 GTP－U 是基于 UDP、IP 网络之上，因此为数据提供的是非保证服务。

　　（2）Xn－C 提供 Xn 接口管理、UE 移动性管理（包含上下文传输和寻呼等）以及双连接等功能。

# 9.4　5G 关键技术

　　为提升其业务支撑能力，5G 在无线接入网和核心网中都有新的突破。在无线接入网内，引入能进一步提高接入的速度和灵活性以及能够提升频谱效率潜力的技术，如大规模MIMO(Massive Multiple Input Multiple Output，大规模多路输入多路输出，简称 Massive MIMO)、自组织网络(Self-organizing Network，SON)、全双工技术、多载波技术和设备到设备通信(D2D)等；在核心网内，采用更灵活、更智能的网络架构和关键技术，如超密集异构网络技术、网络功能虚拟化(NFV)、软件定义网络(SDN)和网络切片技术等。

## 9.4.1　无线接入网的关键技术

### 1. 大规模 MIMO 技术

　　多天线技术作为提高系统频谱效率和传输可靠性的有效手段，已经应用于多种无线通信系统，如 LTE、LTE－A、WLAN 等。天线数量越多，频谱效率和可靠性提升越明显。尤其是当发射天线和接收天线数量很大时，MIMO 信道容量将随收发天线数中的最小值近似线性增长。因此，采用大数量的天线，为大幅度提高系统的容量提供了一个有效的途径。由于多天线所占空间、实现复杂度等技术条件的限制，目前的无线通信系统中收发端配置的天线数量都不多，例如，在 LTE 系统中最多采用了 4 根天线，LTE－A(LTE－Advanced，LTE 技术的后续演进)系统中最多采用了 8 根天线。但由于其巨大的容量和可靠性增益，针对大天线数的 MIMO 系统相关技术的研究吸引了研究人员的关注，如单个小区情况下，基站配有大大超过移动台天线数量的天线的多用户 MIMO 系统的研究等。

　　2010 年，贝尔实验室的 Marzetta 研究了多小区、TDD(Time Division Duplexing)情况下，各基站配置无限数量天线的极端情况的多用户 MIMO 技术，提出了大规模 MIMO 的概念，发现了一些与单小区、有限数量天线情况的不同特征。之后，众多的研究人员在此基础上研究了基站配置有限天线数量的情况。在大规模 MIMO 中，基站配置数量非常大（通常为几十到几百根，是现有系统天线数量的 10 倍以上）的天线，在同一个时频资源上同时服务若干个用户。在天线的配置方式上，这些天线可以是集中地配置在一个基站上，形成集中式的大规模 MIMO，也可以是分布式地配置在多个节点上，形成分布式的大规模MIMO。

　　大规模 MIMO 技术带来的好处主要体现在以下几个方面：

　　（1）大规模 MIMO 的空间分辨率与现有 MIMO 相比显著增强，能深度挖掘空间维度资源，使得网络中的多个用户可以在同一时频资源上利用大规模 MIMO 提供的空间自由度与基站同时进行通信，从而在不需要增加基站密度和带宽的条件下大幅度提高频谱效率。

　　（2）大规模 MIMO 可将波束集中在很窄的范围内，从而大幅度降低干扰。

(3) 可大幅降低发射功率,从而提高功率效率。

(4) 当天线数量足够大时,最简单的线性预编码和线性检测器趋于最优,并且噪声和不相关干扰都可忽略不计。

大规模 MIMO 技术是 5G 的重要关键技术之一,它比 4G 时代的 MIMO 更加强大,可以实现 64 天线通道。当然,每天线之间的距离不可能跟 4G 时代一样,否则根本无法投入商业使用。大规模 MIMO 的天线主要是以阵列形式存在,这就是大规模 MIMO 的主要组成——天线阵列。为什么大规模 MIMO 技术可以实现 64 天线通道并且保证每个通道的通信质量呢? 这主要是由于一项叫做波束赋形的技术,此项技术在 5G 时代得到立体化提升,演进为 3D 波束赋形,它可以实现更为精准的用户指向,也成为了大规模 MIMO 的一项重要组成部分。总体来说,天线阵列负责发送端与接收端天线的排列与分布,3D 波束赋形则负责信号的精准传递,当然这种传递一定会保证较高的信号强度。

### 2. 自组织网络(SON)技术

在传统的移动通信网络中,网络部署、运维等基本依靠人工的方式,需要投入大量的人力,这给运营商带来巨大的运行成本,并且随着移动通信网络的发展,依靠人工的方式难以实现网络的优化。因此,为了解决网络部署、优化的复杂性问题,降低运维成本相对总收入的比例,使运营商能高效运营、维护网络,在满足客户需求的同时,自身也能够持续发展,由下一代移动网络(Next Generation Mobile Networks,NGMN)联盟中的运营商主导,联合主要的设备制造商提出了自组织网络(SON)的概念。自组织网络的思路是在网络中引入自组织能力(网络智能化),包括自配置、自优化、自愈合等,实现网络规划、部署、维护、优化和排障等各个环节的自动进行,最大限度地减少人工干预。目前,自组织网络成为新铺设网络的必备特性,逐渐进入商用,并展现出显著的优势。

5G 系统采用了复杂的无线传输技术和无线网络架构,使得网络管理远远比现有网络的管理复杂。网络深度智能化是保证 5G 网络性能的迫切需要,因此,自组织网络成为 5G 的重要技术。

5G 是融合、协同的多制式共存的异构网络。从技术上看,存在多层、多无线接入技术的共存,导致网络结构非常复杂,各种无线接入技术内部和各种覆盖能力的网络节点之间的关系错综复杂,网络的部署、运营、维护将成为一个极具挑战性的工作。为了降低网络部署、运营和维护的复杂度和成本,提高网络运维质量,5G 网络应该能支持更智能的、统一的 SON 功能,能统一实现多种无线接入技术、多覆盖层次的联合自配置、自优化、自愈合。

目前,针对 LTE、LTE - A 以及 Wi-Fi 的 SON 技术发展已经比较完善,逐渐开始在新部署的网络中应用。但现有的 SON 技术都是面向各自网络,从各自网络的角度出发进行独立的自部署和自配置、自优化和自愈合,不能支持多网络之间的协同。因此,需要研究支持协同异构网络的 SON 技术,如支持在异构网络中的基于无线回传的节点自配置技术、异系统环境下的自优化技术(如协同无线传输参数优化技术、协同移动性优化技术)、协同能效优化技术、协同接纳控制优化技术等,以及在异系统下的协同网络故障检测和定位,从而实现自愈合功能。

5G 采用超密集的异构网络节点部署方式,在宏站的覆盖范围内部署大量的低功率节点,并且存在大量的未经规划的节点,因此,在网络拓扑、干扰场景、负载分布、部署方式、移动性方面都表现出与现有无线网络明显不同之处，网络节点的自动配置和维护将成为运营商面临的重要挑战。例如，邻区关系由于低功率节点的随机部署远比现有系统复杂，需要发展面向随机部署、超密集网络场景的新的自动邻区关系技术，以支持网络节点即插即用的自配置功能；由于可能存在多个主要的干扰源，以及由于用户移动性、低功率节点的随机开启/关闭等导致的干扰源的随机、大范围变化，使得干扰协调技术的优化更为困难；由于业务等随时间和空间的动态变化，使得网络部署应该适应这些动态变化。因此，应该对网络动态部署技术进行优化，例如，小站的动态与半静态开启/关闭的优化、无线资源调配的优化；为了保证移动平滑性，必须通过双连接等形式避免频繁切换和对切换目标小区进行优化选择；由于无线回传网络结构复杂，规模庞大，也需要自组织网络功能以实现回传网络的智能化。由于 5G 采用大规模 MIMO 无线传输技术，使得空间自由度大幅度增加，从而带来天线选择、协作节点优化、波束选择、波束优化、多用户联合资源调配等方面的灵活性。对这些技术的优化，是 5G 系统 SON 技术的重要内容。

### 3. 全双工技术

全双工技术指同时、同频进行双向通信的技术。由于在无线通信系统中网络侧和终端侧存在固有的发射信号对接收信号的自干扰，而现有的无线通信系统中，由于技术条件的限制，不能实现同时、同频的双向通信，双向链路都是通过时间或频率进行区分的，对应于 TDD 和 FDD 模式。由于不能进行同时、同频双向通信，理论上浪费了一半的无线资源（频率和时间）。

由于全双工技术理论上可提高频谱利用率一倍的巨大潜力，可实现更加灵活的频谱使用，同时由于器件技术和信号处理技术的发展，同时、同频的全双工技术逐渐成为研究热点，是 5G 系统充分挖掘无线频谱资源的一个重要方向。但全双工技术同时也面临一些具有挑战性的难题。由于接收和发送信号之间的功率差异非常大，导致严重的自干扰（典型值为 70 dB），因此实现全双工技术应用的首要问题是自干扰的抵消。近年来，研究人员发明了各类干扰抵消技术，包括模拟端干扰抵消、对已知的干扰信号的数字端干扰抵消及它们的混合方式、利用附加的放置在特定位置的天线进行干扰抵消的技术等，以及后来的一些改进技术。通过这些技术的联合应用，在特定的场景下，能消除大部分的自干扰。研究人员也开发了实验系统，通过实验来验证全双工技术的可行性，在部分条件下达到了全双工系统理论容量的 90% 左右。虽然这些实验证明了全双工技术是可行的，但这些实验系统都基本是单基站、小终端数量的，没有对大量基站和大量终端的情况进行实验验证，并且现有结果显示，全双工技术并不能在所有条件下都获得理想的性能增益。例如，天线抵消技术中需要多个发射天线，对大带宽情况下的消除效果还不理想，并且大多只能支持单数据流工作，不能充分发挥 MIMO 的能力，因此，还不能适用于 MIMO 系统；MIMO 条件下的全双工技术与半双工技术的性能分析还大多是一些简单的、面向小天线数的仿真结果的比较，特别是对大规模 MIMO 条件下的性能差异还缺乏深入的理论分析，需要在建立更合理的干扰模型的基础上对之进行深入系统的分析。目前，对全双工系统的容量分析大多是面向单小区、用户数比较少，并且是发射功率和传输距离比较小的情况，缺乏对多小区、大用户数等条件下的研究结果，因此在多小区大动态范围下的全双工技术中的干扰消除技术、资源分配技术、组网技术、容量分析与 MIMO 技术的结合，以及大规模组网条件下的实验验证，是需要深入研究的重要问题。

**4. 基于滤波器组的多载波技术**

由于在频谱效率、对抗多径衰落、低实现复杂度等方面的优势，OFDM 技术被广泛应用于 4G LTE 和 Wi-Fi 系统中，但 OFDM 技术也存在很多不足之处。例如，需要插入循环前缀以对抗多径衰落，从而导致无线资源的浪费；对载波频偏的敏感性高，具有较高的峰均比；另外，各子载波必须具有相同的带宽，各子载波之间必须保持同步，各子载波之间必须保持正交等，限制了频谱使用的灵活性。此外，由于 OFDM 技术采用了方波作为基带波形，载波旁瓣较大，从而在各载波同步不能严格保证的情况下使得相邻载波之间的干扰比较严重。在 5G 系统中，由于支撑高数据速率的需要，将可能需要高达 1 GHz 的带宽。但在某些较低的频段，难以获得连续的宽带频谱资源，而在这些频段，某些无线传输系统(如电视系统)存在一些未被使用的频谱资源(空白频谱)。但是，这些空白频谱的位置可能是不连续的，并且可用的带宽也不一定相同，采用 OFDM 技术难以实现对这些可用频谱的使用。灵活有效地利用这些空白的频谱，是 5G 系统设计的一个重要问题。

基于滤波器组的多载波(Filter-bank Based Multi-Carrier，FBMC)技术被认为是解决以上问题的有效手段。在基于滤波器组的多载波技术中，发送端通过合成滤波器组来实现多载波调制，接收端通过分析滤波器组来实现多载波解调。合成滤波器组和分析滤波器组由一组并行的成员滤波器构成，其中各个成员滤波器都是由原型滤波器经载波调制而得到的调制滤波器。与 OFDM 技术不同，在 FBMC 中，由于原型滤波器的冲击响应和频率响应可以根据需要进行设计，各载波之间不再必须是正交的，不需要插入循环前缀；能实现各子载波带宽设置、各子载波之间的交叠程度的灵活控制，从而可灵活控制相邻子载波之间的干扰，并且便于使用一些零散的频谱资源；各子载波之间不需要同步，同步、信道估计、检测等可在各子载波上单独进行处理，因此尤其适合于难以实现各用户之间严格同步的上行链路。但 FBMC 的缺点是，由于各载波之间相互不正交，子载波之间存在干扰；采用非矩形波形，会导致符号之间存在时域干扰，需要通过采用一些技术来进行干扰的消除。

**5. 基于 NOMA 技术**

5G NR 设计过程中最重要的一项决定，就是采用了基于 OFDM 优化的波形和多址接入技术。对于多址接入技术，5G 可能采用非正交多址接入(Non-orthogonal Multiple Access，NOMA)来达到抗干扰、接纳更多用户的目的。NOMA 技术与以往的多址接入技术不同，它采用非正交的功率域来区分用户。非正交是指多用户在同一频率同一时隙上进行数据传输，用功率的不同来对用户进行区分。这样不仅系统频谱效率得到有效提升，更增加了系统的接入容量。NOMA 子信道的数据传输依旧使用 OFDM 技术实现，即子信道之间相互正交且互不干扰，但是一个子信道不再像 4G 一样只分配给一个用户，而是实现多用户共享。当然，这样会导致同一子信道上的多个用户之间产生用户间干扰问题，面对此问题，可在接收端采用串行干扰删除技术进行多用户检测。

5G 的新型 NOMA 技术主要以华为公司提出的稀疏码多址接入(Sparse Code Multiple Access，SCMA)、电信科学技术研究院提出的图样分割多址接入(Pattern Division Multiple Access，PDMA)和中兴通讯提出的多用户共享接入(Multi-User Shared Access，MUSA)为典型代表。

#### 6. 设备到设备(D2D)技术

传统的移动通信系统都是以基站为中心实现整个小区的覆盖,设备间的信息传递一定是需要经过基站进行传递的。设备到设备(Device-to-Device,D2D)技术,顾名思义是可以实现邻近的通信终端之间的直接通信,而无需依靠基站的。D2D如果在通信网中建立起来,它的优势非常突出,不仅可以提供较高的信道质量,可以实现较高的数据速率,并且在时延和功耗上都比较低,可以保证通信网络更加智慧。D2D在一定程度上解决了5G时代的万物互联和大规模的数据传输问题。D2D的通信图如图9.8所示。这里要指出的是D2D不单单只是手机,它包括一切机器设备,也正因如此,它才能实现万物互联。

图 9.8　D2D 的通信图

D2D可实现100 m左右的直接覆盖,具有D2D功能的设备在整个D2D通信链路中也可充当中继来对信息进行转发,从而扩大整个通信网络。当然,D2D通信模式和一般通信模式之间是完全可以实现相互无感切换的。D2D通信模式可以缓解基站等设备的压力,从而它成为5G时代的一种补充通信方式。D2D通信模式可广泛应用于应急通信、车载通信、智能家居等场景。

#### 7. 超密集异构网络(UDN)技术

由于5G系统既包括新的无线传输技术,又包括现有的各种无线接入技术的后续演进,因此可以说5G网络是多种无线接入技术,如5G、4G和Wi-Fi等技术的共存,既有负责基础覆盖的宏站,也有承担热点覆盖的低功率小站,如Micro、Pico、Relay和Femto等多层覆盖的多无线接入技术多层覆盖异构网络。在这些数量巨大的低功率节点中,一些是运营商部署,经过规划的宏节点低功率节点;更多的可能是用户部署,没有经过规划的低功率节点,并且这些用户部署的低功率节点类型不是固定的,从而使得网络拓扑和特性变得极为复杂。

根据统计,在1950年至2000年的50年间,相对于语音编码技术、MAC和调制技术的改进带来的不到10倍的频谱效率的提升和采用更宽的带宽带来的传输速率的几十倍的提升,由于小区半径的缩小从而使频谱资源的空间复用带来的频谱效率提升的增益达到2700倍以上。因此,减小小区半径和提高频谱资源的空间复用率,以提高单位面积的传输能力,是保证未来支持1 000倍业务量增长的核心技术。以往的无线通信系统中,减小小区半径是通过小区分裂的方式完成的。但随着小区覆盖范围的变小,以及最优的站点位置往往不能得到,进一步的小区分裂难以进行,只能通过增加低功率节点数量的方式提升系统容量,这就意味着站点部署密度的增加。根据预测,未来无线网络中,在宏站的覆盖区域中,各种无线传输技术的各类低功率节点的部署密度将达到现有站点部署密度的10倍以上,站点之间的距离达到10 m,甚至更小,支持高达每平方千米25 000个用户,甚至将来激活用户数和站点数的比例达到1∶1,即每个激活的用户都将有一个服务节点,从而形成超密集异构网络。

在超密集异构网络中,网络的密集化使得网络节点离终端更近,带来了功率效率、频谱效率的提升,大幅度提高了系统容量,以及业务在各种接入技术和各覆盖层次间分担的灵活性。虽然超密集异构网络展示了美好的前景,由于节点之间距离的减少,将导致一些与现有系统不同的问题。在 5G 网络中,可能存在同一种无线接入技术之间同频部署的干扰、不同无线接入技术之间由于共享频谱的干扰、不同覆盖层次之间的干扰,如何解决这些干扰带来的性能损伤,实现多种无线接入技术、多覆盖层次之间的共存,是一个需要深入研究的重要问题;由于近邻节点传输损耗差别不大,可能存在多个强度接近的干扰源,导致更严重的干扰,使现有的面向单个干扰源的干扰协调算法不能直接适用于 5G 系统;由于不同业务和用户的服务质量(Quality of Service,QoS)要求的不同,不同业务在网络中的分担、各类节点之间的协同策略、网络选择、基于用户需求的系统能效最低的小区激活、节能配置策略是保证系统性能的关键问题。为了实现大规模的节点协作,需要准确、有效地发现大量的相邻节点;由于小区边界更多、更不规则,导致更频繁、更为复杂的切换,难以保证移动性性能,因此,需要针对超密集异构网络场景发展新的切换算法;由于用户部署的大量节点突然随机地开启和关闭,使得网络拓扑和干扰图样随机、动态地变化,各小站中的服务用户数量往往比较少,使得业务的空间和时间分布出现剧烈的动态变化,因此,需要研究适应这些动态变化的网络动态部署技术;站点的密集部署将需要庞大、复杂的回传网络,如果采用有线回传网络,会导致网络部署的困难和运营商成本的大幅度增加。为了提高节点部署的灵活性,降低部署成本,利用和接入链路相同的频谱和技术进行无线回传传输,是解决这个问题的一个重要方向。无线回传方式中,无线资源不仅为终端服务,而且为节点提供中继服务,使无线回传组网技术非常复杂,因此,无线回传组网关键技术,包括组网方式、无线资源管理等是重要的研究内容。

## 9.4.2　核心网的关键技术

### 1. 网络功能虚拟化(NFV)

网络功能虚拟化(Network Function Virtualization,NVF)技术是指通过使用 x86 等通用性硬件和虚拟化技术使得整个网络设备的功能不再依赖于硬件设备,可以实现资源共享,有利于新业务的发展和推广。不依赖于硬件设备,不仅降低了建设成本,更降低了对硬件设备的维护难度和投入。

NFV 由三部分组成:一是虚拟网络功能(Virtualized Network Function,VNF),主要负责将各网元的功能通过软件来实现;二是网络功能虚拟化基础设施(NFV Infrastructure,NFVI),主要完成与计算、存储、交换相关的资源转化为相应的虚拟资源池;三是网络功能虚拟化管理与编排(NFV Management and Orchestration,NFV - MANO),主要对以上两个部分进行管理和编排。

正因为有了 NFV 技术,5G 核心网才能进一步将网元按功能进行分解,形成 NF。这样一来,我们不难发现,NFV 让核心网中的功能更加独立化,并且分工更加明确。它成为了5G 的重要基础关键技术,NFV 不是简简单单将所有硬件设备更替成软件,它的实现必须依赖于非常强大的虚拟化软件管理平台才行。

### 2. 软件定义网络(SDN)

软件定义网络(Soft Defined Networking,SDN)技术是源于 Internet 的一种新技术。

在传统的 Internet 网络架构中，控制和转发是集成在一起的，网络互联节点（如路由器、交换机）是封闭的，其转发控制必须在本地完成，使得它们的控制功能非常复杂，网络技术创新复杂度高。为了解决这个问题，美国斯坦福大学研究人员提出了软件定义网络的概念，其基本思路将路由器中的路由决策等控制功能从设备中分离出来，统一由中心控制器通过软件来进行控制，实现控制和转发的分离，从而使得控制更为灵活，设备更为简单。在软件定义网络中，分成应用层、控制层和基础设施层，其中控制层通过接口与基础设施层中的网络设施进行交互，从而实现对网络节点的控制。因此，在这种架构中，路由不再是分布式实现的，而是集中由控制器定义的。软件定义网络自提出后引起了广泛的关注，各研究机构进行了接口的标准化工作、关键技术的研究和实验，部分厂商也推出了解决方案等。但总体来说，SDN 技术还有待进一步完善。

现有的无线网络架构中，基站、服务网关、分组网关除完成数据平面的功能外，还需要参与一些控制平面的功能，如无线资源管理、移动性管理等在各基站的参与下完成，形成分布式的控制功能，网络没有中心式的控制器，使得与无线接入相关的优化难以完成，并且各厂商的网络设备如基站等往往配备制造商自己定义的配置接口，需要通过复杂的控制协议来完成其配置功能，并且其配置参数往往非常多，配置和优化非常复杂，网络管理非常复杂，使得运营商对自己部署的网络只能进行间接控制，业务创新方面能力严重受限。因此，将 SDN 的概念引入无线网络，形成软件定义无线网络，是无线网络发展的重要方向。

在软件定义无线网络中，将控制平面从网络设备的硬件中分离出来，形成集中控制，网络设备只根据中心控制器的命令完成数据的转发，使得运营商能对网络进行更好的控制，简化网络管理，更好地进行业务创新。在现有的无线网络中，不允许不同的运营商共享同一个基础设施为用户提供服务。而在软件定义网络中，通过对基站资源进行分片实现基站的虚拟化，从而实现网络的虚拟化，不同的运营商可以通过中心控制器实现对同一个网络设备的控制，支持不同运营商共享同一个基础设施，从而降低运营商的成本，同时也可以提高网络的经济效益。由于采用了中心控制器，未来无线网络中的不同接入技术构成的异构网络的无线资源管理、网络协同优化等也将变得更为方便。目前，软件定义网络已经吸引了许多研究人员的兴趣，就其网络架构等方面进行了分析与研究。虽然存在诸多的好处，SDN 在无线网络中的应用将面临资源分片和信道隔离、监控与状态报告、切换等技术挑战，这些关键技术的研究刚刚开始，还需要深入地研究。

### 3. 网络切片

网络切片是实现一张网分成多个虚拟网络，可以用于多种服务和多个行业的关键技术。但是，网络切片的实现，必须是在实现 NFV/SDN 之后才行。5G 中最基础的切片就是三大应用场景：eMBB、uRLLC 和 mMTC。它们之间彼此独立，互不影响，每张网都有不同的业务和对应的 QoS 进行管理。当然，三大应用场景还可以根据不同的需求进行进一步的切片。

5G 可根据不同类型资源和 QoS 的管理对网络进行切片，整个切片一定是包含了无线、承载和核心网的。由此可见，5G 网络切片包括两个维度：纵向与横向，其中纵向切片为无线、承载、核心，横向切片为实现不同功能的端到端网络。这就是 5G 网络的基本特征之一：纵向分子网，横向协同（横向划分后各层之间协同工作）。具体的 5G 网络切片示意图如图 9.9 所示。

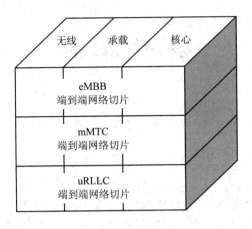

图 9.9　5G 网络切片示意图

# 习　题　9

1. 5G 的需求主要体现在哪些方面？
2. 5G 的三大场景是什么？
3. 5G 的网络架构是怎么样的？
4. 5G 网络的优势有哪些？
5. 5G 关键技术有哪些？

# 参 考 文 献

[1]　曹达仲，侯春萍，由磊，等. 移动通信原理、系统及技术[M]. 2 版. 北京：清华大学出版社，2011.

[2]　王华奎，李艳萍，张立，等. 移动通信原理与技术[M]. 北京：清华大学出版社，2009.

[3]　罗文兴. 移动通信技术[M]. 北京：机械工业出版社，2010.

[4]　吴伟陵，牛凯. 移动通信原理[M]. 2 版. 北京：电子工业出版社，2010.

[5]　啜钢，李卫东. 移动通信原理与应用技术[M]. 北京：人民邮电出版社，2010.

[6]　蔡跃明，吴启晖，等. 现代移动通信[M]. 2 版. 北京：机械工业出版社，2011.

[7]　杨家玮，张文柱，李钊，等. 移动通信[M]. 北京：人民邮电出版社，2010.

[8]　陈威兵，刘光灿，等. 移动通信原理[M]. 北京：清华大学出版社，2015.

[9]　张传福，赵立英，张宇，等. 5G 移动通信系统及关键技术[M]. 北京：电子工业出版社，2018.

[10]　解文博，解相吾. 移动通信技术与设备[M]. 北京：人民邮电出版社，2015.

[11]　达尔曼（瑞典）. 4G 移动通信技术权威指南[M]. 堵久辉，缪庆育，译. 北京：人民邮电出版社，2012.

[12]　魏红. 移动通信技术[M]. 3 版. 北京：人民邮电出版社，2015.

[13]　李兆玉，何维，戴翠琴. 移动通信[M]. 北京：电子工业出版社，2017.

[14]　魏红，游思琴. 移动通信技术与系统应用[M]. 北京：人民邮电出版社，2010.

[15]　刘威，李莉，陈海燕. 无线网络技术[M]. 2 版. 北京：电子工业出版社，2017.

[16]　MISHRA A R. 蜂窝网络规划与优化基础[M]. 中京邮电通信设计院，无线通信研究所，译. 北京：机械工业出版社，2004.

[17]　张玉艳，方莉. 第三代移动通信[M]. 北京：人民邮电出版社，2009.

[18]　刘毅，刘红梅，等. 深入浅出 5G 移动通信[M]. 北京：机械工业出版社，2019.

[19]　任永刚，张亮. 第五代移动通信系统展望[J]. 信息通信，2014(8)：70 - 75.

[20]　董利，陈金鹰，刘世林，等. 第五代移动通信初探[J]. 通信与信息技术，2013(5)：30 - 34.

[21]　彭小平. 第一代到第五代移动通信的演进[J]. 中国新通信，2007(4)：18 - 22.

[22]　杨明达. 4G 通信技术热点及前景[A]. "ICT 助力两型社会建设"学术研讨会论文集，2008.

[23]　汪丁鼎，许光斌，等. 5G 无线网络技术与规划设计[M]. 北京：人民邮电出版社，2019.